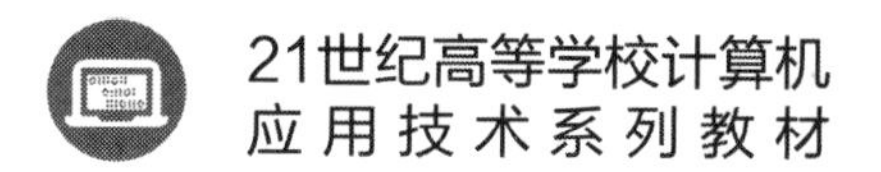

MySQL
数据库设计与应用

肖宏启 杨丰嘉 柳均 编著

清華大学出版社
北京

内容简介

MySQL是目前最流行的关系数据库管理系统之一。本书以MySQL 8.0数据库管理系统为平台，以任务(项目)教学法为编写主线，介绍了数据库系统的基本概念和应用技术。本书共10个教学单元，包括数据库设计概述，MySQL的安装与配置，数据库和表的基本操作，表数据的增、删、改操作，表记录的检索，索引和视图，存储过程与触发器，事务与锁机制，数据库高级管理，银行业务系统数据库的设计与实现等内容。

本书以教务管理系统作为教学项目，以“网上书店”数据库作为单元实训项目，采用“学习要点—内容示例—归纳总结—习题实训”的结构体系设计每单元内容。最后一单元以一个具体的项目开发设计过程，将数据库原理知识与实际数据库开发结合在一起。

本书提供了教学PPT、教学大纲、项目库、习题库等多种资源来辅助教师教学和学生学习。

本书可作为应用型本科、高职高专、成人教育的计算机相关专业的教材，也可作为从事计算机软件工作的科研人员、工程技术人员，以及其他相关人员的培训教材或参考书。

图书在版编目(CIP)数据

MySQL数据库设计与应用/肖宏启，杨丰嘉，柳均编著. —北京：清华大学出版社，2021.8（2024.2重印）
21世纪高等学校计算机应用技术系列教材
ISBN 978-7-302-58410-0

Ⅰ. ①M… Ⅱ. ①肖… ②杨… ③柳… Ⅲ. ①SQL语言－程序设计－教材 Ⅳ. ①TP311.132.3

中国版本图书馆CIP数据核字(2021)第115628号

责任编辑：黄　芝
封面设计：刘　键
责任校对：焦丽丽
责任印制：刘海龙

出版发行：清华大学出版社
网　　址：https://www.tup.com.cn，https://www.wqxuetang.com
地　　址：北京清华大学学研大厦A座　　**邮　　编**：100084
社 总 机：010-83470000　　**邮　　购**：010-62786544
投稿与读者服务：010-62776969，c-service@tup.tsinghua.edu.cn
质量反馈：010-62772015，zhiliang@tup.tsinghua.edu.cn
课件下载：https://www.tup.com.cn，010-83470236
印 装 者：三河市科茂嘉荣印务有限公司
经　　销：全国新华书店
开　　本：185mm×260mm　　**印　　张**：15.5　　**字　　数**：379千字
版　　次：2021年8月第1版　　**印　　次**：2024年2月第5次印刷
印　　数：7001～9000
定　　价：49.80元

产品编号：092557-01

前言

新一轮科技革命和产业变革带动了传统产业的升级改造。党的二十大报告强调“必须坚持科技是第一生产力、人才是第一资源、创新是第一动力，深入实施科教兴国战略、人才强国战略、创新驱动发展战略，开辟发展新领域新赛道，不断塑造发展新动能新优势”。建设高质量高等教育体系是摆在高等教育面前的重大历史使命和政治责任。高等教育要坚持国家战略引领，聚焦重大需求布局，推进新工科、新医科、新农科、新文科建设，加快培养紧缺型人才。

本书根据计算机相关专业人才培养的需要，结合高等院校对学生开发数据库技能要求、行业企业相应岗位能力要求，以“实用、好用、够用”为原则来编写。本书内容知识连贯，逻辑严密，实例丰富，内容翔实，可操作性强，深入浅出地展示了 MySQL 数据库的特性，系统全面地讲解了 MySQL 数据库的应用技巧。

本书是编者在多年的教学实践以及项目实战开发的基础上，参阅大量国内外相关教材后，几经修改而成的，主要特点如下。

(1) 面向企业实际需求，以培养能力为目标。本书面向企业的实际工作需要，以企业实际应用项目为素材，以积累项目经验、培养应用能力、形成企业工作规范为目标，按照项目开发的工作过程组织编写。

(2) 以项目为载体，以任务为驱动。全书以“教务管理系统”数据库和“网上书店”数据库开发项目为载体，将学习过程、工作过程与学生知识技能的培养联系起来。

(3) 配套资源丰富。免费提供包括教学 PPT、教学大纲、项目库、习题库等教学资源。

本书主要面向应用型本科及高等职业院校计算机类相关专业的学生，内容构造体现“以应用为主体”，对数据库中的基本概念和技术进行了清楚准确的解释并结合实例加以说明，让读者能较轻松地掌握每个知识点，体现了高校应用型本科及高等职业教育教学以实践体系为主及以技术应用能力培养为主的目标，符合现代高等职业教育对教材的需求。

本书由肖宏启、杨丰嘉、柳均编写，肖宏启统编全稿。

本书内容是编者多年从事数据库技术课程教学和项目实战开发经验的总结。由于时间仓促，加之编者水平所限，书中难免会有疏漏与不妥之处，敬请广大读者批评指正。

编　者

2021 年 4 月

目录

单元 1 数据库设计概述

本单元主要介绍数据库设计的相关概念，主要包括数据库与数据库管理系统的简介、数据模型的概念、结构化查询语言 SQL、数据库的体系结构、E-R 图的设计方法，以及数据库的设计方法。通过本单元的学习，读者应该了解什么是数据模型和结构化查询语言 SQL，并且掌握 E-R 图和数据库的设计方法。

本单元主要学习目标如下：

- 了解数据库的相关概念和数据管理技术的发展。
- 熟悉数据模型的概念和常见的数据模型。
- 掌握 E-R 图的设计过程。
- 掌握关系数据库的规范化。
- 了解数据库设计步骤。

1.1 数据库概述

数据库技术是现代信息科学与技术的重要组成部分。数据库技术产生于 20 世纪 60 年代末，其主要目的是有效地管理和存取大量的数据资源。随着计算机技术的不断发展，数据库技术已成为计算机科学的重要分支。今天，数据库技术不仅应用于事务处理，还进一步应用到了情报检索、人工智能、专家系统、计算机辅助设计等领域。数据库的建设规模、数据库信息量的规模及使用频度已成为衡量一个企业、一个组织乃至一个国家信息化程度高低的重要标志。

下面以小张同学新学期第一天的学习生活为例来说明数据库技术与人们的生活息息相关。早上起床，小张想知道今天要上哪些课程，所以他登录学校的“教务管理信息系统”，在“选课数据库”中查询到他今天的上课信息，包括课程名称、上课时间、地点、授课教师等；接着，小张走进食堂买早餐，当他刷餐卡时，学校的“餐饮管理信息系统”根据他的卡号在“餐卡数据库”里读取“卡内金额”，并将“消费金额”等信息写入数据库；课后小张去图书馆借书，他登录“图书馆管理信息系统”后通过“图书数据库”查询书籍信息，选择要借阅的书籍，当他办理借阅手续时，该系统将小张的借阅信息（包括借书证号、姓名、图书编号、借阅日期等）写入数据库；晚上，小张去超市购物，“超市结算信息系统”根据条码到“商品数据库”中查询物品名称、单价等信息，并计算结算金额、找零等数据。由此可见，数据库技术的应用已经深入人们生活的方方面面，科学地管理数据，为人们提供可共享的、安全的、可靠的数据变得尤为重要。

1.1.1 数据库的基本概念

在系统地学习数据库技术之前，需要先了解数据库技术中涉及的基本概念，主要包括：信息、数据、数据库、数据库管理系统及数据库系统。

1. 信息(Information)

信息是现实世界事物的存在方式或运动状态的反映，它通过符号(如文字、图像等)和信号(如有某种含义的动作、声音等)等具体形式表现出来。信息具有可感知、可存储、可加工、可再生等自然属性，是各行各业不可或缺的资源。

2. 数据(Data)

数据是描述事物的符号记录，可以是数字、文字、图形和声音等。数据是数据库中存储的基本对象，是信息的载体。人们在日常生活中为了交流信息，需要描述各种各样的事物，这时采用的通常是自然语言。例如，在学校内要描述一个学生通常会说："张明是一名2020年入学的计算机科学系的男学生，2001年9月出生，北京人"。但是计算机是不能直接识别以上自然语言的。在计算机中，为了存储和处理这些事务，就需要抽取出这些事务的部分特征，组成一条记录来描述。例如，我们对学生最感兴趣的是姓名、性别、出生日期、籍贯、系别、入学时间，可以这样来描述一个学生：

```
(张明,男,2001.9,北京,计算机科学系,2020)
```

以上这条记录就是数据。对于这条记录，了解其含义的人会得到如下信息：张明是一名学生，男，2020年入学，在计算机科学系学习，2001年9月出生，北京人。而不了解其含义的人，就不能得出以上信息。可见，数据的形式还不能完全表达其内容，需要经过数据解释。所谓数据解释，就是对数据含义的说明，数据的含义称为数据的语义，也就是数据承载的信息，数据与其语义是不可分的。因此，数据是信息的载体，是符号表示；信息是数据的内容，是数据解释。

3. 数据库(Database,DB)

数据库，简单来说，就是存放数据的仓库。只不过这个仓库是长期存储在计算机中的，是有组织的、可共享的相关数据集合。数据库具有如下特性。

(1) 数据库是具有逻辑关系和确定意义的数据集合。

(2) 数据库是针对明确的应用目标而设计、建立和加载的。每个数据库都具有一组用户，并为这些用户的应用需求服务。

(3) 一个数据库反映了客观事务的某些方面，而且需要与客观事务的状态保持一致。

(4) 数据库中存放的数据独立于应用程序。数据的存取操作由数据库管理系统(DataBase Management System，DBMS)负责，极大地减少了应用程序维护的成本；而且数据库中的数据可以被新的应用程序所使用,增强了数据库的共享性和易扩充性。

(5) 数据库集中了各种应用程序的数据,这些数据可以长期存储在计算机的辅助存储器中,用户只有向数据库管理系统提出某些明确请求时,才能到数据库中对数据进行各种操作。

(6) 数据库将多个应用程序的数据统一存储并集中使用,将数据库中的多个文件组织起来,相互之间建立密切的联系,尽可能避免同一数据的重复存储,减少和控制了数据冗余,保证了整个系统数据的一致性。

4. 数据库管理系统(DataBase Management System,DBMS)

数据库管理系统是一种操纵和管理数据库的大型软件,用于建立、使用和维护数据库。它对数据库进行统一的管理和控制,以保证数据库的安全性和完整性。用户通过数据库管理系统访问数据库中的数据,数据库管理员也通过数据库管理系统进行数据库的维护工作。数据库管理系统使多个应用程序和用户可以用不同的方法在同一时刻或不同时刻去建立、修改和询问数据库。数据库管理系统是数据库系统的核心,是管理数据的软件,是数据库系统的一个重要组成部分。数据库管理系统帮助用户把抽象的逻辑数据处理转换为计算机中具体的物理数据处理。这样,用户可以对数据进行抽象的逻辑处理,而不必理会这些数据在计算机中的布局和物理位置。

数据库管理系统功能强大,主要包括以下几个方面。

(1) 数据定义功能。数据库管理系统提供数据定义语言(Data Definition Language,DDL),用于描述数据的结构、约束性条件和访问控制条件,为数据库构建数据框架,以便操作和控制数据。

(2) 数据操纵功能。数据库管理系统提供数据操纵语言(Data Manipulation Language,DML),用于操纵数据,实现对数据库的基本操作,如追加、删除、更新、查询等。数据库管理系统对相应的操作过程进行确定和优化。

(3) 数据库的运行管理功能。包括多用户环境下的并发控制、安全性检查和存取限制控制,完整性检查和执行,运行日志的组织管理,事务的管理和自动恢复。这些功能保证了数据库系统的正常运行。

(4) 数据组织、存储与管理功能。数据库管理系统要分类组织、存储和管理各种数据,包括数据字典、用户数据、存取路径等,需确定以何种文件结构和存取方式在存储级别上组织这些数据,以及如何实现数据之间的联系。数据组织和存储的基本目标是提高存储空间利用率,选择合适的存取方法以提高存取效率。

(5) 数据库的保护功能。数据库管理系统对数据库的保护通过以下四个方面来实现:数据库的恢复、数据库的并发控制、数据库的完整性控制、数据库的安全性控制。数据库管理系统的其他保护功能还有系统缓冲区的管理以及数据存储的某些自适应调节机制等。

(6) 数据库的维护功能。包括数据库的数据载入、转换、转储,数据库的重组织以及性能监控等功能,这些功能由各个实用程序来完成。

(7) 数据库接口功能。数据库管理系统提供数据库的用户接口,以适应各类不同用户的不同需要。

5. 数据库系统(Database System,DBS)

数据库系统是计算机系统的重要组成部分,是指引入了数据库后的计算机系统。DBS通常由硬件、软件、数据库、人员组成。

(1) 硬件。是指构成计算机系统的各种物理设备,包括存储所需的外部设备。硬件的配置应能满足整个数据库系统的需要。

(2) 软件。包括操作系统、数据库管理系统及应用程序。

(3) 数据库。是指长期存储在计算机内的有组织、可共享的数据的集合。

(4) 人员。主要有以下四类。

第一类为系统分析员和数据库设计人员。系统分析员负责应用系统的需求分析和规范说明,他们和最终用户及数据库管理员一起确定系统的硬件配置,并参与数据库系统的概要设计。数据库设计人员负责数据库中数据的确定,数据库各级模式的设计。

第二类为应用程序员。他们负责编写使用数据库的应用程序。这些应用程序可对数据进行检索、建立、删除或修改。

第三类为最终用户。他们利用系统的接口或查询语言访问数据库。

第四类为数据库管理员(DataBase Administrator,DBA)。他们负责数据库的总体信息控制。DBA的具体职责包括:决定数据库中的信息内容和结构,决定数据库的存储结构和存取策略,定义数据库的安全性要求和完整性约束条件,监控数据库的使用和运行,改进数据库的性能,对数据库进行重组和重构,以提高系统的性能。

数据库系统的结构如图1-1所示。

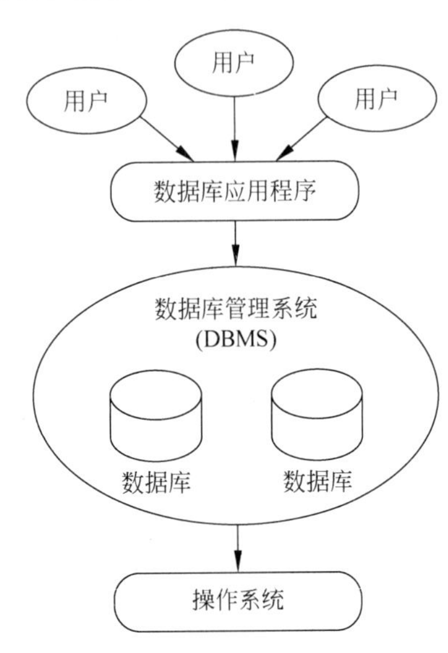

图1-1　数据库系统的结构

1.1.2 结构化查询语言

为了更好地提供从数据库中简单有效地读取数据的方法,1974年Boyce和Chamberlin提出了一种称为SEQUEL的结构化查询语言。1976年,BM公司的San Jose研究所在研究关系数据库管理系统System R时将其修改为SEQUEL2,即目前的结构化查询语言(Strctured Query Language,SQL),它是一种专门用来与数据库通信的标准语言。

SQL集数据查询(Data Query)、数据操纵(Data Manipulation)、数据定义(Data Definition)和数据控制(Data Control)功能于一体,充分体现了关系数据语言的特点。

1. 风格统一

SQL不是某个特定数据库供应商专有的语言,所有关系型数据库都支持SQL。SQL风格统一,可以独立完成数据库生命周期中的全部活动,包括定义关系模式、录入数据以建立数据库、查询、更新、维护、数据库重构、数据库安全性控制等一系列操作,这就为数据库应用系统开发提供了良好的环境。例如，用户在数据库投入运行后，还可根据需要随时在不影响数据库运行的情况下修改，从而使系统具有良好的可扩展性。

2. 高度非过程化

非关系数据模型的数据操纵语言是面向过程的，用其完成某项请求时必须指定存取路径。而用 SQL 进行数据操作时，用户只须提出“做什么”，不必指明“怎么做”，因此用户无须了解存取路径，存取路径的选择以及 SQL 语句的操作过程都由系统自动完成。这不但大大减轻了用户负担，而且有利于提高数据独立性。

3. 面向集合的操作方式

SQL 采用集合操作方式，不仅查找结果可以是元组的集合，而且一次插入、删除、更新操作的对象也可以是元组的集合。非关系数据模型采用的是面向记录的操作方式，任何一个操作的对象都是一条记录。例如，查询所有平均成绩在 80 分以上的学生姓名，用户必须说明完成该请求的具体处理过程，即如何用循环结构按照某条路径把满足条件的学生记录一条一条地读出来。

4. 以同一种语法结构提供两种使用方式

SQL 既是自含式语言，又是嵌入式语言。作为自含式语言，它能够独立用于联机交互的使用方式，用户可以在终端键盘上直接输入 SQL 语句对数据库进行操作。作为嵌入式语言，SQL 语句能够嵌入高级语言(如 C，Java)程序中，供程序员设计程序时使用。在两种不同的使用方式下，SQL 的语法结构基本一致。这种以统一的语法结构提供两种不同的使用方式的特点，为用户带来极大的灵活性与方便性。

5. 语言简洁，易学易用

SQL 语句非常简洁。SQL 功能很强，为完成核心功能，只用了六个命令，包括 SELECT、CREATE、INSERT、UPDATE、DELETE、GRANT(REVOKE)。另外，SQL 也非常简单，很接近英语自然语言，因此容易被用户学习和掌握。SQL 目前已成为应用最广的关系数据库语言。

1.2 常见的数据库

1. Oracle

Oracle 是甲骨文公司的一款关系数据库管理系统(Relational Database Management System，RDBMS)，在数据库领域一直处于领先地位。Oracle 产品系列齐全，几乎囊括所有应用领域，大型，完善，安全，可以支持多个实例同时运行。它能在几乎所有主流平台上运行，支持所有的工业标准，采用完全开放策略，可以使客户选择最适合的解决方案，对开发商给予全力支持。可以说，Oracle 是目前世界上使用最广泛的关系数据库管理系统之一，通常大型企业都会选择 Oracle 作为后台数据库来处理海量数据。

2. SQL Server

SQL Server是由微软公司开发的一个大型关系数据库管理系统，具有使用方便、可伸缩性好、与相关软件集成度高等优点，为用户提供了一个安全、可靠、易管理的高端客户机/服务器数据库平台，现在已经广泛应用于电子商务、银行、保险等各行业。它最初是由Microsoft、Sybase和Ashton-Tate三家公司共同开发的，于1988年推出了第一个OS/2版本。在Windows NT推出后，Microsoft与Sybase在SQL Server的开发上正式分开，Microsoft将SQL Server移植到Windows NT系统上，专注于开发推广SQL Server的Windows NT版本；Sybase则专注于SQL Server在UNIX操作系统上的应用。

3. MySQL

MySQL是一个关系数据库管理系统，由瑞典MySQL AB公司开发，目前属于甲骨文公司旗下产品，是最流行的关系数据库管理系统之一。在Web应用方面，MySQL是最好的关系数据库管理系统应用软件之一。

MySQL具有跨平台的优点，它不仅可以在Windows平台上使用，还可以在UNIX、Linux和Mac OS等平台上使用。由于其体积小、速度快、总体拥有成本低，尤其是开放源码这一特点，一般中小型网站的开发都选择MySQL作为网站后台数据库。

4. DB2

DB2是由美国IBM公司开发的一种关系数据库管理系统，它主要运行在UNIX、Linux、Windows及IBM i(旧称OS/400)服务器等平台上。

DB2主要应用于大型应用系统，具有较好的可伸缩性，支持从大型机到单用户等各种环境，可应用于所有常见的服务器操作系统平台。DB2支持标准的SQL，并且提供了高层次的数据完整性、安全性、可恢复性，以及从小规模到大规模应用程序的执行能力，适用于海量数据的存储。DB2的查询优化器功能强大，其外部连接改善了查询性能，支持多任务并行查询。DB2具有很好的网络支持能力，每个子系统可以连接十几万个分布式用户，可同时激活上千个活动线程，对大型分布式应用系统尤为适用。但相对于其他数据库管理系统而言，DB2的操作比较复杂。

5. Access

Access是由微软公司开发的一种关系数据库管理系统，是目前最流行的关系数据库管理系统之一。Access的核心是Microsoft Jet数据库引擎，是一个把数据库引擎的图形用户界面和软件开发工具结合在一起的数据库管理系统。

Access可以满足小型企业客户机/服务器解决方案的要求，是一种功能较完备的系统，它几乎包含了数据库领域的所有技术和内容，利用它可以创建、修改和维护数据库及数据库中的数据，并且可以利用向导来完成对数据库的一系列操作。

6. SQLite

SQLite是一种轻型数据库，它是遵守ACID(数据库事务正确执行的四个特性)原则的关系数据库管理系统,包含在一个相对小的C库中。它的设计目标是嵌入式的,而且目前已经在很多嵌入式产品中使用了它,它占用资源非常少,能够支持Windows、Linux、UNIX等主流操作系统,同时能够和很多程序语言相结合。

1.3 数据管理技术的发展

任何一种技术都不是凭空产生的,而是经历了长期的发展过程,通过了解数据库技术的发展历史,可以理解现在的数据库技术是基于什么样的需求而诞生的。数据库技术是随着数据管理任务的需求而产生的,管理数据是数据库最核心的任务。数据处理是指对各种数据进行收集、加工、存储和传播的一系列活动的总和。数据管理则是指对数据进行的分类、组织、编码、存储、检索和维护,它是数据处理的核心问题。

计算机设计的初衷是进行复杂的科学计算。随着计算机技术的快速发展,人们开始利用计算机进行数据的管理。总体来说,数据管理技术的发展经历了如下几个阶段:人工管理阶段、文件系统阶段、数据库系统阶段。

1.3.1 人工管理阶段

在20世纪50年代中期以前,计算机主要用于科学计算,硬件方面没有磁盘等直接存取设备,只有磁带、卡片和纸带;软件方面没有操作系统和管理数据的软件。数据的输入、存取等,需要人工操作。人工管理阶段处理数据非常麻烦和低效,该阶段具有如下特点。

(1) 数据不在计算机中长期保存,用完就删除。当时的计算机主要应用于科学计算,并不需要长期保存数据,只是在需要时输入数据,完成计算后就可以删除数据。

(2) 没有专门的数据管理软件,数据需要应用程序自己管理。当时并没有相关的软件来管理数据,数据需要由应用程序自己来管理。应用程序不仅要规定数据的逻辑结构,还要设计数据的物理结构,如存储结构、存取方法等。

(3) 数据是面向应用程序的,不同应用程序之间无法共享数据。数据是面向应用的,一组数据只能对应一个应用程序。当多个应用程序涉及某些相同的数据时,必须各自定义,无法相互利用、相互参照,产生了大量的冗余数据。

(4) 数据不具有独立性,完全依赖于应用程序。由于是使用应用程序管理数据,当数据的逻辑结构或物理结构发生变化时,必须也对应用程序做相应的修改。

人工管理阶段的应用程序与数据集的对应关系如图1-2所示。

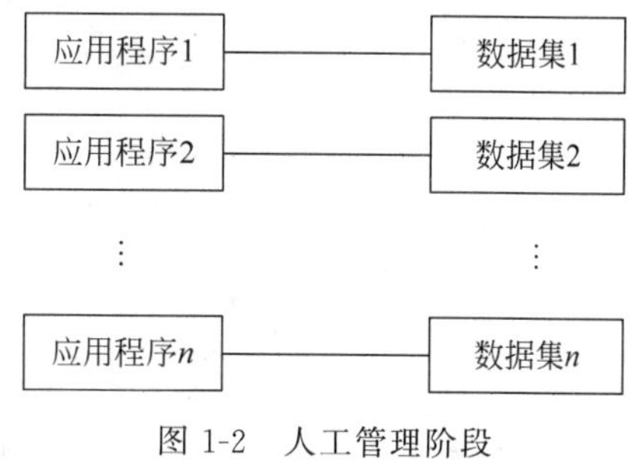

图1-2 人工管理阶段

1.3.2 文件系统阶段

从20世纪50年代后期到20世纪60年代中期,硬件方面有了磁盘等直接存取设备,软件方面有了操作系统，数据管理进入了文件系统阶段。在这个阶段，数据以文件为单位保存在外存储器上，由操作系统管理，程序和数据分离，实现了以文件为单位的数据共享。文件系统阶段具有如下特点。

1. 数据实现了长期保存

由于计算机逐步被应用于数据管理领域，数据可以以文件的形式长期保存在外存储器上，以供应用程序进行查询、修改、插入、删除等操作。

2. 由文件系统管理数据

由专门的软件即文件系统管理数据，文件系统把数据组织成相互独立的数据文件，采用“按文件名访问，按记录存取”的技术对文件进行各种操作。文件系统提供存储方法负责应用程序和数据之间的转换，使得应用程序与数据之间有了一定的独立性，程序员可以更专注于算法的设计而不必过多地考虑物理细节，而且数据在存储上的改变不一定反映到应用程序上，在很大程度上减少了维护应用程序的工作量。

3. 数据共享率低，冗余度高

在文件系统中，文件仍然是面向应用程序的。当不同的应用程序具有部分相同的数据时，必须要建立各自的文件，由于不能共享相同数据，导致数据的冗余度高。同时，这部分相同数据的重复存储和独立管理极易导致数据的不一致，给数据的修改和维护带来困难。

4. 数据独立性差

文件系统中的文件是为某一特定的应用程序服务的，数据和应用程序之间是相互依赖的关系，要想改变数据的逻辑结构也要相应地修改应用程序和文件结构的定义。对应用程序进行修改，也会引起文件结构的改变。因此数据和应用程序之间缺乏独立性，文件系统并不能完全反映客观世界事物之间的内在联系。

文件系统阶段的应用程序与文件的对应关系如图 1-3 所示。

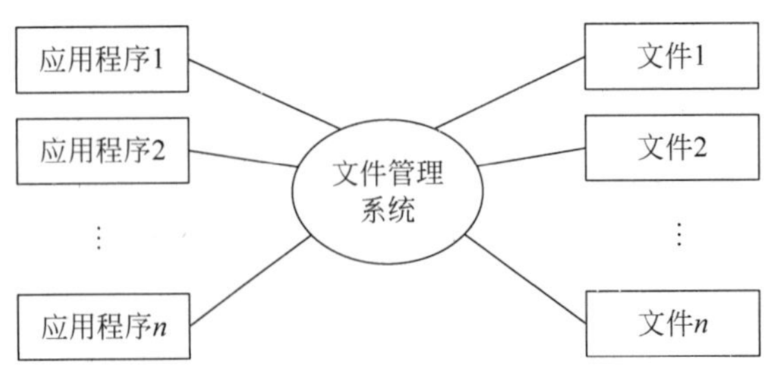

图 1-3　文件系统阶段

1.3.3　数据库系统阶段

20 世纪 60 年代后期以来，随着计算机性能的日益提高，其应用领域也日益扩大，数据量急速增长，同时多种应用、多种语言互相交叉地共享数据集合的要求也越来越多。这一时期，计算机硬件技术快速发展，大容量磁盘、磁盘阵列等基本的数据存储技术日趋成熟并投入使用，同时价格不断下降；而软件方面，编制和维护系统软件及应用程序所需的成本却在不断增加；在处理方式上，联机实时处理要求更多，人们开始考虑分布式处理。以上种种导致文件系统作为数据管理手段已经不能满足应用的需要。为了满足和解决实际应用中多个用户、多个应用程序共享数据的要求，从而使数据能为尽可能多的应用程序服务，数据库这样的数据管理技术应运而生。数据库的特点是数据不再只针对某一个特定的应用，而是面向全组织，共享性高，冗余度低，程序与数据之间具有一定的独立性，由数据库对数据进行统一控制。数据库系统阶段具有如下特点。

（1）数据结构化。数据库系统实现了整体数据的结构化，这是数据库主要的特征之一。这里所说的"整体"结构化，是指在数据库中的数据不只是针对某个应用程序，而是面向整体的。

（2）数据共享。因为数据是面向整体的，所以数据可以被多个用户、多个应用程序共享使用，可以大幅度地减少数据冗余，节约存储空间，避免数据之间的不相容性与不一致性。

例如，企业为所有员工统一配置即时通信和电子邮箱软件，若两种软件的用户数据（如员工姓名、所属部门、职位等）无法共享，就会出现如下问题。

① 两种软件各自保存自己的数据，数据结构不一致，无法互相读取。软件的使用者需要向两个软件分别录入数据。

② 由于相同的数据保存两份，会造成数据冗余，浪费存储空间。

③ 若修改其中一份数据，而忘记修改另一份数据，就会造成数据的不一致。

使用数据库系统后，数据只需保存一份，其他软件都通过数据库系统存取数据，就实现了数据的共享，解决了前面提到的问题。

（3）数据独立性高。数据的独立性包含逻辑独立性和物理独立性。其中，逻辑独立性是指数据库中数据的逻辑结构和应用程序相互独立，物理独立性是指数据物理结构的变化不影响数据逻辑结构。

（4）数据由数据库管理系统统一管理和控制。数据库为多个用户和应用程序所共享，对数据库中数据的存取很多时候是并发的，即多个用户可以同时存取数据库中的数据，甚至可以同时存取数据库中的同一个数据，为确保数据库数据的正确有效和数据库系统的有效运行，数据库管理系统提供以下几方面的数据控制功能。

① 数据安全性控制。防止因不合法使用而造成数据的泄露和破坏，保证数据的安全和机密。

② 数据完整性控制。系统通过设置一些完整性规则，以确保数据的正确性、有效性和相容性。

③ 并发控制。当多个用户同时存取、修改数据库时，可能由于相互干扰而给用户提供不正确的数据，并使数据库遭到破坏，因此必须对多用户的并发操作加以控制和协调。

④ 数据恢复。当数据库被破坏或数据不可靠时，系统有能力将数据库从错误状态恢复到最近某一时刻的正确状态。

数据库系统阶段的应用程序与数据的对应关系如图 1-4 所示。

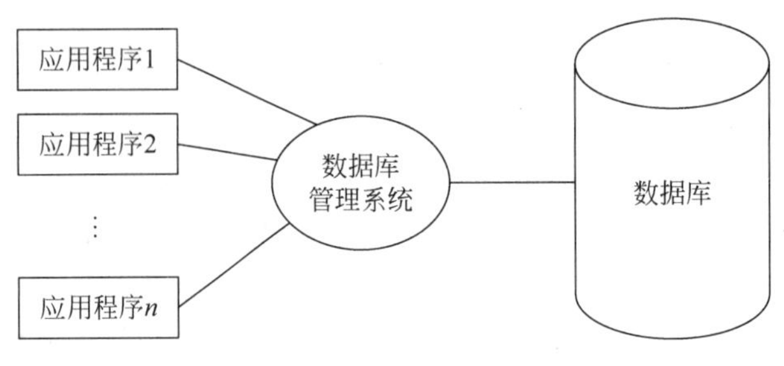

图 1-4 数据库系统阶段

1.4 数据模型

1.4.1 数据模型的概念

模型是现实世界特征的模拟与抽象，例如日常生活中所见到的汽车模型、航空模型等都是具体的模型，人们见到这些模型就联想到真实的事物。数据模型(Data Model)也是一种模型，它是数据特征的抽象。数据模型是数据库系统的核心与基础，它从抽象层次上描述了系统的静态特征、动态行为和约束条件，为数据库系统的信息表示与操作提供了一个抽象的框架。数据模型所描述的内容有三部分：数据结构、数据操作和数据的约束条件。

(1) 数据结构。主要描述数据的类型、内容、性质以及数据间的联系等，是对系统静态特征的描述。数据结构是数据模型的基础，数据操作和约束都是建立在数据结构上的，不同的数据结构具有不同的操作和约束。通常按照数据结构的类型来命名数据模型，例如层次结构、网状结构和关系结构的数据模型分别被命名为层次模型、网状模型和关系模型。

(2) 数据操作。主要描述在相应的数据结构上进行的操作类型和操作方式，是对系统动态特征的描述。

(3) 数据的约束条件。主要描述数据结构内数据间的语法、词义联系、制约和依存关系，以及数据动态变化的规则，以保证数据的正确、有效和相容。它是一组完整性规则的集合，用以限定符合数据模型的数据库状态及其变化。

1.4.2 数据模型的分类

现有的数据库系统都是建立在某种数据模型之上的。数据模型应满足三个要求：一是能比较真实地模拟现实世界，二是容易让人理解，三是在计算机中比较容易实现。一种数据模型要同时满足这三个要求会比较困难，因此在数据库系统中针对不同的使用对象和应用目的会分别采用不同的数据模型。不同的数据模型实际上也是提供给我们模型化数据和信息的不同工具。根据应用的不同目的，目前广泛使用的数据模型有两类，它们分别属于两个不同的层次。

(1) 概念模型。又称信息模型，是一种面向用户、面向客观世界的模型，主要用来描述世界的概念化结构。它按用户的观点对数据和信息建模，帮助数据库的设计人员在设计的初始阶段，摆脱计算机系统及数据库管理系统的具体技术问题，集中精力分析数据以及数据之间的联系等，与具体的数据库管理系统无关。概念模型是现实世界到信息世界的第一次抽象，用于信息世界的建模，是数据库设计人员的有力工具，也是数据库设计人员与用户之间交流的语言。

（2）数据模型。它直接面向数据库的逻辑结构，是对现实世界的第二次抽象。它按计算机系统的观点对数据建模，主要用于数据库管理系统的实现。目前最常用的数据模型主要包括层次模型、网状模型、关系模型。

数据建模是对现实世界的各类数据的抽象组织，以确定数据库的管辖范围、数据的组织形式等。数据建模大致分为三个阶段，分别为概念建模阶段、逻辑建模阶段和物理建模阶段，相应的产物分别是概念模型、逻辑模型和物理模型，具体如图 1-5 所示。

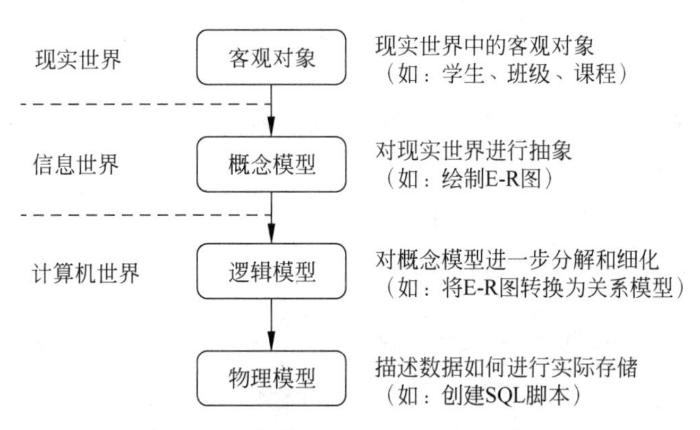

图 1-5 现实世界转换为计算机世界的过程（数据建模）

在图 1-5 中，概念模型是现实世界到计算机世界的中间层，它将现实世界中的客观对象（如学生、班级、课程）抽象成信息世界的数据。逻辑模型是指数据的逻辑结构，可以选择层次模型、网状模型或关系模型。在完成逻辑模型后，最后使用物理模型描述数据如何进行实际存储，也就是将逻辑模型转换成计算机能够识别的模型。

1.4.3 概念模型及其表示方法

1. 信息世界的基本概念

（1）实体（Entity）。是指客观世界中存在并且可以相互区分的事物，可以是具体的人、事、物等实际对象，也可以是抽象的概念和联系。一个学生、一个部门、一门课、一次选课、部门与职工的关系等都是实体。

（2）属性（Attribute）。是指实体所具有的某一特性，一个实体包含若干属性。例如，职工实体可以由职工号、姓名、性别、年龄、学历、部门等属性描述。（1001，张明，男，33，研究生，技术部）这个属性组合用来描述一个职工实体。

（3）码（Key）。是指唯一标识实体的属性或属性集。例如，职工号是职工实体的码。

（4）域（Domain）。是指属性的取值范围。例如，职工号的域为 4 位整数。

（5）实体型（Entity Type）。具有相同属性的实体必然具有共同的特征和性质，可以用实体名及其属性名集合来抽象刻画这些实体。例如，职工（职工号，姓名，性别，年龄，学历，部门）就是一个实体型。

(6) 实体集(Entity Set)。同类实体的集合称为实体集。例如,全体职工就是一个实体集。

(7) 联系(Relationship)。在客观世界中,事物内部及事物之间是普遍存在联系的,这些联系在信息世界中表现为实体(型)内部的联系和实体(型)之间的联系。实体内部的联系通常是指组成实体的各属性之间的联系。实体之间的联系通常是指不同实体型之间的联系。

2. 概念模型的表示方法

概念模型的表示方法有很多,最常用的表示方法为实体-联系方法(Entity-Relationship Approach),简称E-R方法,该方法使用E-R图(Entity-Relationship Diagram,实体-联系图)来描述现实世界的概念模型。E-R方法又称E-R模型(Entity-Relationship Model)。

(1) 实体型用矩形表示。在矩形框内写实体名。

(2) 属性用椭圆形表示。在椭圆框内写属性名,并用无向边将其与相应的实体连接起来。例如,学生实体具有学号、姓名、性别、年龄等属性,用E-R图表示如图1-6所示。

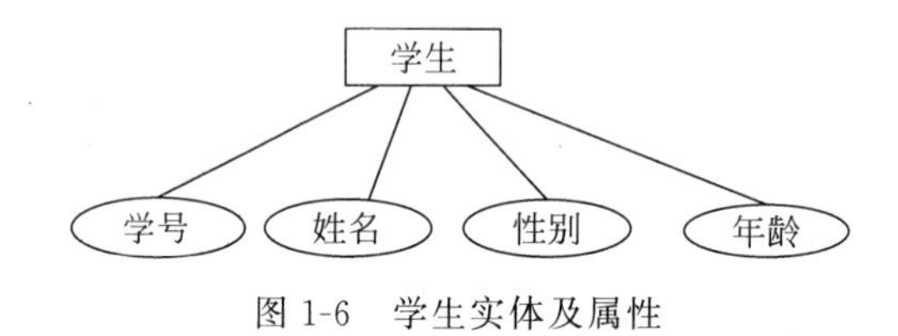

图1-6 学生实体及属性

(3) 联系用菱形表示。在菱形框内写联系名,并用无向边分别与有关实体连接起来,同时在无向边旁边标注联系的类型。两个实体型之间的联系通常有以下三种。

① 一对一联系(1∶1)。在该联系中,对于实体集A中的每一个实体,实体集B中至多有一个(也可以没有)实体与之联系,反之亦然,记为1∶1。其联系如图1-7所示。例如,一个学生只能有一个学生证,一个学生证只能属于一个学生,则学生和学生证之间的联系就是一对一的联系。

② 一对多联系(1∶n)。在该联系中,对于实体集A中的每一个实体,实体集B中有n($n \geqslant 0$)个实体与之联系;反之,对于实体集B中的每一个实体,实体集A中至多有一个实体与之联系,记为1∶n。其联系如图1-8所示。例如,一个学生可以有多个手机号码,但一个手机号码只能实名认证给一个学生,则学生与手机号码之间的联系就是一对多的联系。

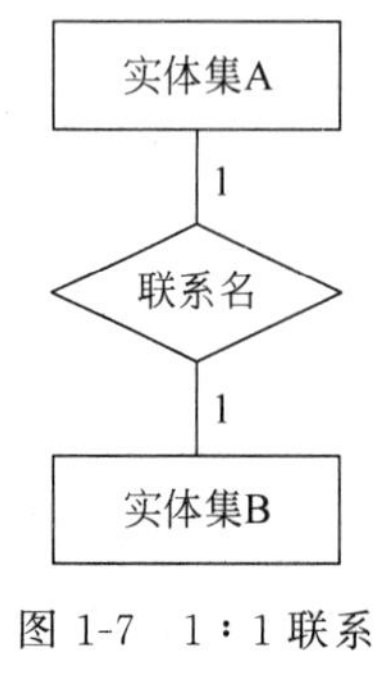

图1-7 1∶1联系

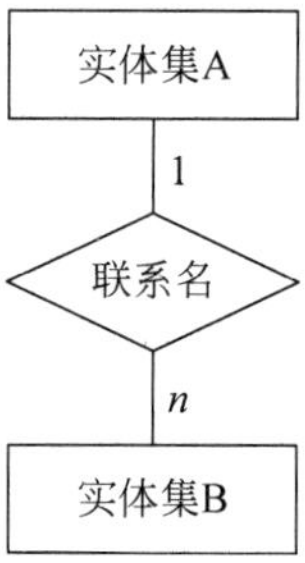

图1-8 1∶n联系

③ 多对多联系($m:n$)。在该联系中,对于实体集 A 中的每一个实体,实体集 B 中有 n($n\geqslant 0$)个实体与之联系;反之,对于实体集 B 中的每一个实体,实体集 A 中也有 m($m\geqslant 0$)个实体与之联系,记为 $m:n$。其联系如图 1-9 所示。例如,一个项目可以有多个学生参加,而一个学生也可以参加多个项目,则项目和学生之间的联系就是多对多的联系。

实际上,一对一联系是一对多联系的特例,而一对多联系又是多对多联系的特例。

通常,两个以上的实体型之间也存在着一对一、一对多、多对多联系。例如,对于课程、教师与参考书三个实体集来说,一门课程可以由若干个教师讲授,使用若干本参考书,每一个教师只讲授一门课程,每一本参考书只供一门课程使用,则课程、教师与参考书三者之间的联系是一对多的,如图 1-10 所示。

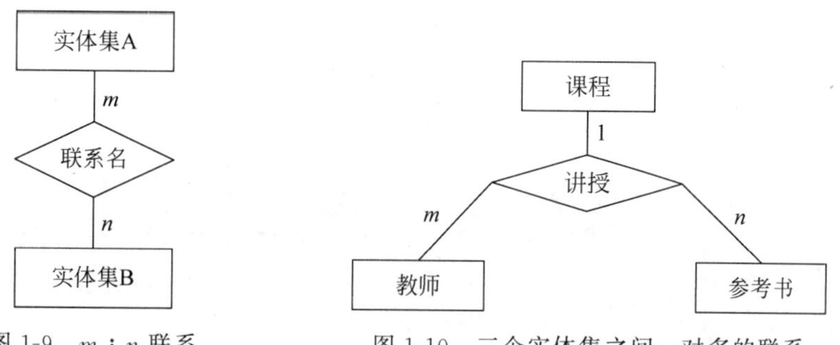

图 1-9　$m:n$ 联系　　图 1-10　三个实体集之间一对多的联系

再如,对于供货商、工程、材料三个实体集来说,一个供货商可以供给多个工程多种材料,而每个工程可以使用多个供货商提供的材料,每种材料又可以由不同的供货商提供,则供货商、工程、材料三者之间的联系是多对多的,如图 1-11 所示。

同一个实体集内的各实体之间也存在一对一、一对多、多对多的联系。例如,职工实体集内部具有领导与被领导的联系,即某一职工(干部)“领导”若干名职工,而一个职工仅被另外一个职工直接领导,因此这是同一实体集内一对多的联系,如图 1-12 所示。

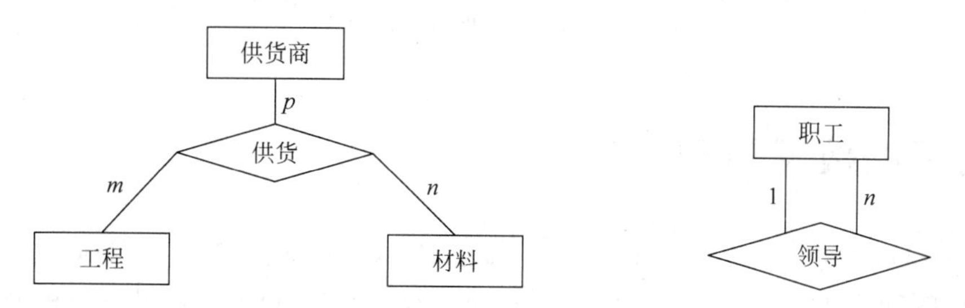

图 1-11　三个实体集之间多对多的联系　　图 1-12　同一实体集内 $1:n$ 联系

注意,如果联系也具有属性,则这些属性也要用无向边与该联系连接起来。例如,学生与课程之间存在学习的联系,学习就有“成绩”这一属性。学生与班级、学生与课程的 E-R 图,分别如图 1-13 和图 1-14 所示。

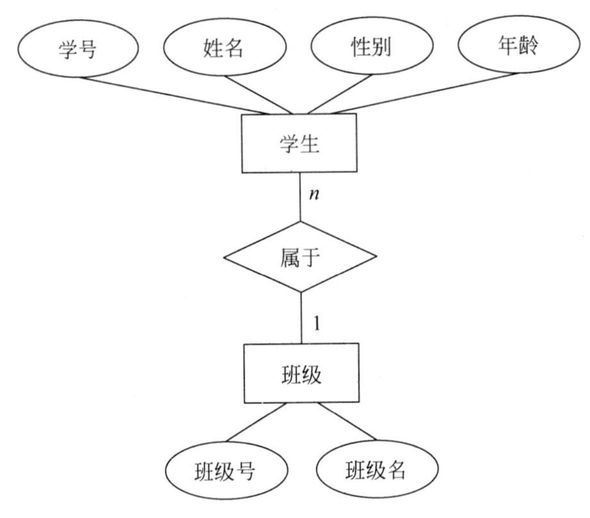

图 1-13 学生与班级的 E-R 图

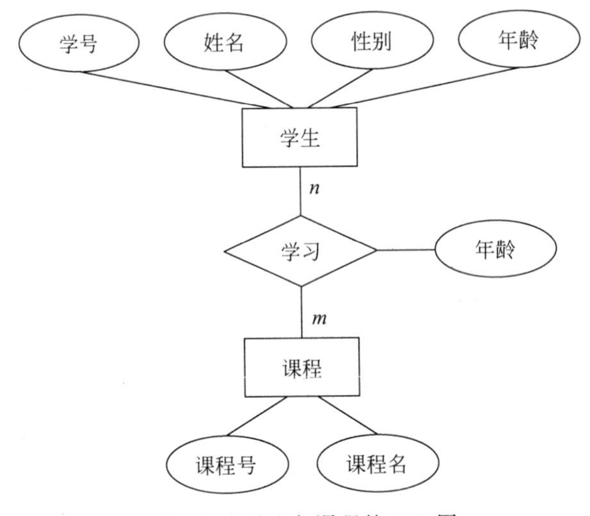

图 1-14 学生与课程的 E-R 图

1.5 常见的数据模型

数据库领域中常见的数据模型有四种：层次模型、网状模型、关系模型、面向对象模型。其中，层次模型和网状模型统称为非关系模型，出现较早，现在已经逐渐被关系模型取代。关系模型的开发虽相对较晚，但由于其优点很多，具有很强的实用性，一直被广泛使用。下面分别介绍这几种数据模型。

1. 层次模型(Hierarchical Model)

层次模型用树形结构表示各类实体及实体间的联系。它是数据库系统中最早出现的数据模型。层次模型的特点如下。

(1) 有且仅有一个结点无双亲结点,称为根结点。

(2) 除根结点之外的其他结点有且仅有一个双亲结点。层次模型如图 1-15 所示。

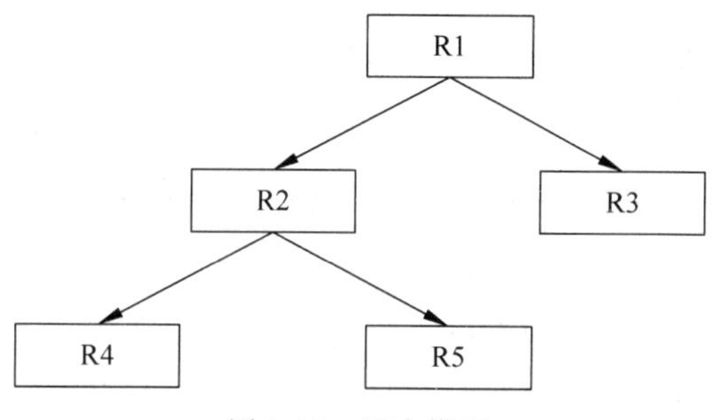

图 1-15 层次模型

在层次模型中,每个结点表示一个记录类型,记录类型之间的联系用结点之间的连线实现,这样就会导致层次模型只能表示 $1:n$ 的联系。尽管有许多辅助手段可以实现 $m:n$ 的联系,但都比较复杂,不易掌握。

2. 网状模型(Network Model)

网状模型用网络结构表示各类实体及实体间的联系。网状模型的特点如下。

(1) 允许一个以上的结点无双亲结点。

(2) 一个结点可以有多于一个的双亲结点。

网状模型有很多种,图 1-16 所示为几种典型的网状模型图例。

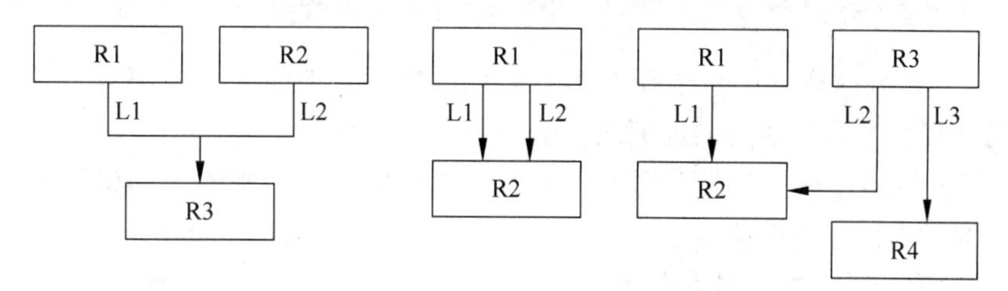

图 1-16 网状模型

3. 关系模型(Relational Model)

关系模型用二维表的形式表示各类实体及实体间的联系。关系模型是目前最重要的一种数据模型。

1) 关系模型的数据结构

关系模型的数据结构就是一种二维表结构,它由行列组成。表 1-1 所示为学生信息表。

表 1-1 学生信息表(一)

学号	姓名	性别	年龄	班级
J2011001	张飞	男	21	201
J2011002	李静	女	20	201
J2011003	张明	男	21	201
J2021001	王丽	女	19	202

续表

学号	姓名	性别	年龄	班级
J2021002	李思	男	22	202
J2021003	李白	女	21	202
J2031001	刘芳	女	19	203
J2031002	赵明	男	20	203

表中涉及一些常见术语，对其解释如下。

(1) 关系(Relation)。关系一词与数学领域有关，它是集合基础上的一个重要概念，用于反映元素之间的联系和性质。从用户的角度来看，关系模型的数据结构是二维表，即通过二维表来组织数据。一个关系对应一张二维表，表中的数据包括实体本身的数据和实体间的联系，表1-1表示学生信息的二维表。

(2) 元组(Tuple)。表中的一行就是一个元组，又称记录。

(3) 属性(Attribute)。表中的一列称为一个属性。列的值就是属性值，属性值的取值范围为域(Domain)。

提示：根据不同的习惯，属性也可以称为字段(Field)。

(4) 分量。每一行对应的列的属性值，即元组中的一个属性值。

(5) 关系模式。对关系的描述称为关系模式。一般表示为关系名(属性1，属性2，……，属性 n)。例如，表1-1中的二维表的关系模式如下。

```
学生(学号,姓名,性别,年龄)
```

(6) 候选键或候选码。关系中存在多个属性或属性集都能唯一标识该关系的元组，这些属性或属性集称为该关系的候选键或候选码。

(7) 主键或主码。在一个关系的若干候选键中指定一个用来唯一标识该关系的元组，这个被指定的候选键称为主关键字，或简称为主键、关键字、主码。每一个关系都有且只能有一个主键，通常用较小的属性集作为主键。

(8) 主属性和非主属性。包含在任何一个候选键中的属性称为主属性，不包含在任何一个候选键中的属性称为非主属性。

(9) 外键或外码。当关系中的某个属性或属性集虽然不是该关系的主键，或者只是主键的一部分，但它却是别的关系的主键时，则称其为外键或者外码。

例如，学生的学号具有唯一性，学号可以作为学生实体的键，而学生姓名可能存在重名，不适合作为键。通过键可以为两张表建立联系，如图1-17所示。

在图1-17中，班级表中的"班级号"是该表的键，学生表中的"班级号"表示学生所属的班级，两者建立一对多的联系，即一个班级中有多个学生。其中，班级表的"班级号"称为主键(Primary Key)，学生表的"班级号"称为外键(Foreign Key)。

2) 关系模型的数据操作与完整性约束

关系模型的数据操作主要有查询、插入、删除和修改，这些操作必须满足关系模型的完整性约束条件。关系模型的完整性约束条件如下。

(1) 实体完整性规则(Entity Integrity Rule)。该规则要求关系中的元组在组成主键的

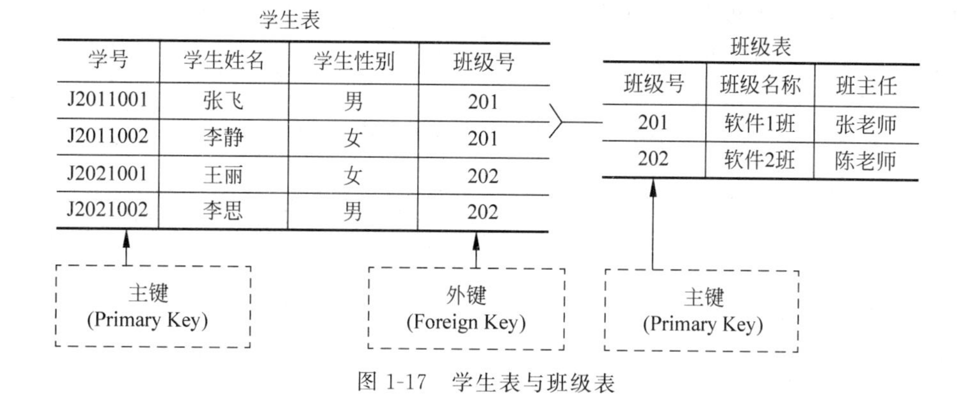

学生表

学号	学生姓名	学生性别	班级号
J2011001	张飞	男	201
J2011002	李静	女	201
J2021001	王丽	女	202
J2021002	李思	男	202

班级表

班级号	班级名称	班主任
201	软件1班	张老师
202	软件2班	陈老师

图 1-17　学生表与班级表

属性上不能有空值且值必须唯一。

(2) 参照完整性规则(Reference Integrity Rule)。该规则用于约束相关联的数据表间的数据保持一致。通过建立外键可以实现数据表之间的参照完整性。

(3) 用户定义的完整性规则。针对某一具体数据库的约束条件并由相关的应用环境而确定。

3) 关系模型的优缺点

关系模型的优点如下。

(1) 数据结构单一。在该模型中,不管是实体还是实体之间的联系,都用关系来表示,而关系都对应一张二维表,数据结构简单、清晰。

(2) 关系规范化,并建立在严格的数学理论基础之上。

(3) 概念简单,用户容易理解和掌握,操作方便。

关系模型的缺点主要有:存储路径透明,查询效率不如非关系数据模型。

4. 面向对象模型(Object Oriented Model)

面向对象模型采用面向对象的方法来设计数据库,其数据库存储的数据以对象为单位,每个对象由属性和方法组成,具有类和继承等特点。

1) 面向对象模型中的常见概念

(1) 类(Class)。类是对客观世界中具有共同特征的事务的抽象。例如,学生是一个类,汽车也是一个类。

(2) 对象(Object)。对象是客观世界中概念化的实体,是类的具体实现。如一个学生、一辆汽车。

(3) 封装(Encapsulation)。利用抽象数据类型将数据和数据的操作结合在一起,使其构成一个不可分割的独立实体,并且尽可能隐藏内部的细节,只保留一些对外接口来与外部联系。

(4) 继承(Inheritance)。在一个现有类的基础上去构建一个新类,构建出来的新类被称作子类或派生类,现有类被称作父类或基类,子类会自动拥有父类所有可继承的属性和方法。

2) 面向对象模型的优点

(1) 适合处理丰富的数据类型,如图片、声音、视频、文本、数字等。

(2) 开发效率高。面向对象模型提供强大的特性,如封装、继承、多态等,允许开发者不编写特定对象的代码就可以构成对象并提供解决方案，有效地提高了开发效率。

（3）提高了数据访问的性能。

3）面向对象模型的缺点

（1）没有准确的定义。该模型很难提供一个准确的定义来说明面向对象的数据库管理系统应建成什么样。

（2）维护起来比较麻烦。当对象的定义被改变或移植到其他数据库时，操作起来比较困难。

（3）不适合所有应用。该模型更适合于数据对象之间存在复杂关系的应用，并不适合所有应用。

1.6 关系数据库的规范化

在设计关系数据库时，不是随便哪种关系模式设计方案都可行，更不是任何一种关系模式都可以投入应用，一个好的关系模式必须满足一定的规范化要求。用户在设计关系数据库时，每一个关系都要遵守不同的规范要求。不同的规范化程度可用范式来衡量。范式(Normal Form)是符合某一种级别的关系模式的集合，是衡量关系模式规范化程度的标准，符合标准的关系才是规范化的。范式可以分为多个等级：第一范式(1NF)、第二范式(2NF)、第三范式(3NF)、BC范式(BCNF)、第四范式(4NF)、第五范式(5NF)等。满足最低要求的为第一范式，在第一范式基础上进一步满足一些要求的为第二范式，其余以此类推。通常情况下，数据规范到第三范式就可以了。将这三个范式应用到数据库设计中，能够减少数据冗余，消除插入异常、更新异常和删除异常。

1.6.1 第一范式(1NF)

如果关系模式R中所有的属性都是不可分解的，则称该关系模式R满足第一范式(First Normal Form)，简称1NF，记作R∈1NF。表1-2中的联系方式属性可以分成系别和班级两个属性，故不符合1NF的要求。如何将该表规范成1NF呢？可以有以下两种方法。

表1-2 学生信息表(一)

学号	姓名	性别	年龄	联系方式
J2011001	张飞	男	20	机械工程系201班，18600000000
D2021002	李静	女	19	电子工程系202班，15600000000
X2011003	张明	男	21	信息工程系201班，17100000000

一种方法是将联系方式属性展开，如表1-3所示。

表1-3 学生信息表(二)

学号	姓名	性别	年龄	系别	班级	联系电话
J2011001	张飞	男	20	机械工程系	201班	18600000000
D2021002	李静	女	19	电子工程系	202班	15600000000
X2011003	张明	男	21	信息工程系	201班	17100000000

另一种方法是将该关系分解为两个关系，如表 1-4 和表 1-5 所示。

表 1-4 学生信息表(三)

学号	姓名	性别	年龄
J2011001	张飞	男	20
D2021002	李静	女	19
X2011003	张明	男	21

表 1-5 联系方式表

学号	系别	班级	联系电话
J2011001	机械工程系	201 班	18600000000
D2021002	电子工程系	202 班	15600000000
X2011003	信息工程系	201 班	17100000000

在关系数据库中，1NF 是对关系模式设计的最基本要求。

1.6.2 第二范式(2NF)

在学习 2NF 之前，需要先了解一下函数依赖、完全函数依赖和部分函数依赖的概念。

通俗地讲，假设 A、B 是关系模式 R 中的两个属性或属性组合，A 的值一旦给定，B 的值就能唯一确定，称 A 函数确定 B 或 B 函数依赖于 A，记作 A→B。例如，对于教学关系 R(学号，姓名，年龄，性别，系名，系主任，课程名，成绩)，其中学号属性的值一旦确定了，姓名属性的值也就唯一确定了，姓名函数依赖于学号，记作：学号→姓名。此关系中的函数依赖还有：学号→年龄，学号→性别，学号→系名，学号→系主任，系名→系主任，(学号，课程名)→成绩，(学号，姓名)→系名，等等。

如果 A→B 是 R 的一个函数依赖，且对于 A 的任何一个真子集 A′，A′→B 都不成立，则称 A→B 是完全函数依赖。反之，如果 A′→B 成立，则称 A→B 是部分函数依赖。例如，在教学关系 R 中，对于(学号，课程名)→成绩这个函数依赖，学号→成绩和课程名→成绩都不成立，所以(学号，课程名)→成绩是完全函数依赖；而对于(学号，姓名)→系名这个函数依赖，学号→系名成立，所以(学号，姓名)→系名是部分函数依赖。

那么什么是第二范式(2NF)呢？

如果一个关系模式 R∈1NF，且 R 中的每一个非主属性都完全函数依赖于键，则称该关系模式 R 满足第二范式(Second Normal Form)，简称 2NF，记作 R∈2NF。

例如表 1-3 所示的学生信息表，学号能唯一地标识出该表中的每一行，所以学号是该表的主键。学号为“J2011001”的学生姓名是“张飞”，学生姓名完全能由学号来决定，也就是说有一个学号就会有且只有一个姓名与它对应，则称姓名完全函数依赖于学号，也可以说学号决定了姓名。同理，表 1-3 中的性别、年龄、系别、班级、联系电话属性也完全函数依赖于学号，符合 2NF 的要求。

2NF 是在 1NF 的基础上建立起来的，要求实体的非主属性必须完全函数依赖于主键，不能存在仅函数依赖于主键一部分的属性，如果存在则要把这个属性和主键的这一部分分离出来形成一个新的关系。

为了使读者更好地理解，下面通过表 1-6 演示不满足第二范式的情况。

表 1-6 学生成绩表

学号	课程号	姓名	课 程 名	成绩
J2011001	1001	张飞	公共英语	86
D2021002	1002	李静	MySQL 数据库技术	88
X2011003	1003	张明	Java 程序设计	95

在表 1-6 中，“学号”和“课程号”属性组成复合主键，“成绩”完全函数依赖于该主键，但是“姓名”和“课程名”都只是部分函数依赖于主键，“姓名”可以由“学号”确定，并不需要“课程号”，而“课程名”由“课程号”决定，并不依赖于“学号”。所以该关系模式就不符合 2NF。

采用上述方式设计的学生成绩表存在如下问题。

(1) 插入异常。如果一个学生没有选过课，则该学生无法插入。

(2) 删除异常。如果删除一个学生的所有选课信息，则该学生也会被删掉。

(3) 更新异常。由于姓名冗余，修改一个学生时，需要修改多条记录。如果稍有不慎，漏改某些记录，就会出现更新异常。

可以将其分解为三个符合 2NF 的表，如表 1-7～表 1-9 所示。

表 1-7 学生信息表

学 号	姓名
J2011001	张飞
D2021002	李静
X2011003	张明

表 1-8 课程信息表

课程号	课程名
1001	公共英语
1002	MySQL 数据库技术
1003	Java 程序设计

表 1-9 成绩表

学号	课程号	成绩
J2011001	1001	86
D2021002	1002	88
X2011003	1003	95

1.6.3 第三范式(3NF)

如果一个关系模式 R∈2NF，且 R 中的每个非主属性都不传递函数依赖于键，则称该关系模式 R 满足第三范式(Third Normal Form)，简称 3NF，记作 R∈3NF。所谓传递函数依赖，是指假设 A、B、C 是关系模式 R 中的三个属性或属性组合，如果 $A \rightarrow B$，$B \not\subseteq A$，$B \nrightarrow A$，$B \rightarrow C$，则称 C 对 A 传递函数依赖，传递函数依赖记作 $A \rightarrow C$。

为了使读者更好地理解，下面通过表 1-10 演示不满足第三范式的情况。

在表 1-10 中，“班主任”对“学号”的依赖，是因为“班主任”依赖于“班级号”，“班级号”依赖于“学号”而产生的。这样就构成了传递依赖，因此不符合 3NF。

采用上述方式设计的学生信息表存在如下问题。

(1) 插入异常。新插入的学生的班级如果在 1C、2C、3C 之外，其班主任就无从得知。

表 1-10 学生信息表(一)

学号	姓名	性别	年龄	班级号	班主任
J2011001	张飞	男	20	1C	陈老师
J2011002	李逵	男	20	1C	陈老师
D2021002	李静	女	19	2C	张老师
X2011003	张明	男	21	3C	李老师

(2) 删除异常。如果删除某个班级下的所有学生,该班级对应的班主任也被删除。

(3) 更新异常。如果修改某个学生的班级,班主任也必须随之修改;如果修改某个班级的班主任,又因为班主任存在冗余,容易发生漏改。

要想让这个关系模式符合 3NF,可以将班级号与班主任拆分到单独的表中,如表 1-11 和表 1-12 所示。

表 1-11 学生信息表(二)

学号	姓名	性别	年龄	班级号
J2011001	张飞	男	20	1C
J2011002	李逵	男	20	1C
D2021002	李静	女	19	2C
X2011003	张明	男	21	3C

表 1-12 班级信息表

班级号	班主任	班级号	班主任
1C	陈老师	2C	张老师
1C	陈老师	3C	李老师

1.7 数据库设计

1.7.1 数据库设计概述

数据库设计是建立数据库及其应用系统的技术,是信息系统开发过程中的关键技术。数据库设计的主要任务是对于一个给定的应用环境,根据用户的各种需求,构造出最优的数据库模式,建立数据库及其应用系统,使之能够有效地对数据进行管理。数据库设计的内容主要有两个方面,分别是结构特性设计和行为特性设计。结构特性设计是指确定数据库的数据模型,在满足要求的前提下尽可能地减少冗余,实现数据共享。行为特性设计是指确定数据库应用的行为和动作,应用的行为由应用程序体现,所以行为特性的设计主要是应用程序的设计。在数据库领域中,通常会把使用数据库的各类系统称为数据库应用系统。因此,在进行数据库设计时,要和应用系统的设计紧密联系起来,也就是把结构特性设计和行为特性设计紧密结合起来。

针对数据库的设计,人们不断地研究与探索,在不同阶段从不同角度提出了各种数据库设计方法,这些方法运用软件工程的思想,提出了各种设计准则和规程,都属于规范设计法。

依据规范设计的方法，考虑数据库及其应用系统开发的全过程，人们将数据库系统设计分为六个阶段：需求分析、概念结构设计、逻辑结构设计、数据库物理设计、数据库实施、数据库运行和维护，如图1-18所示。

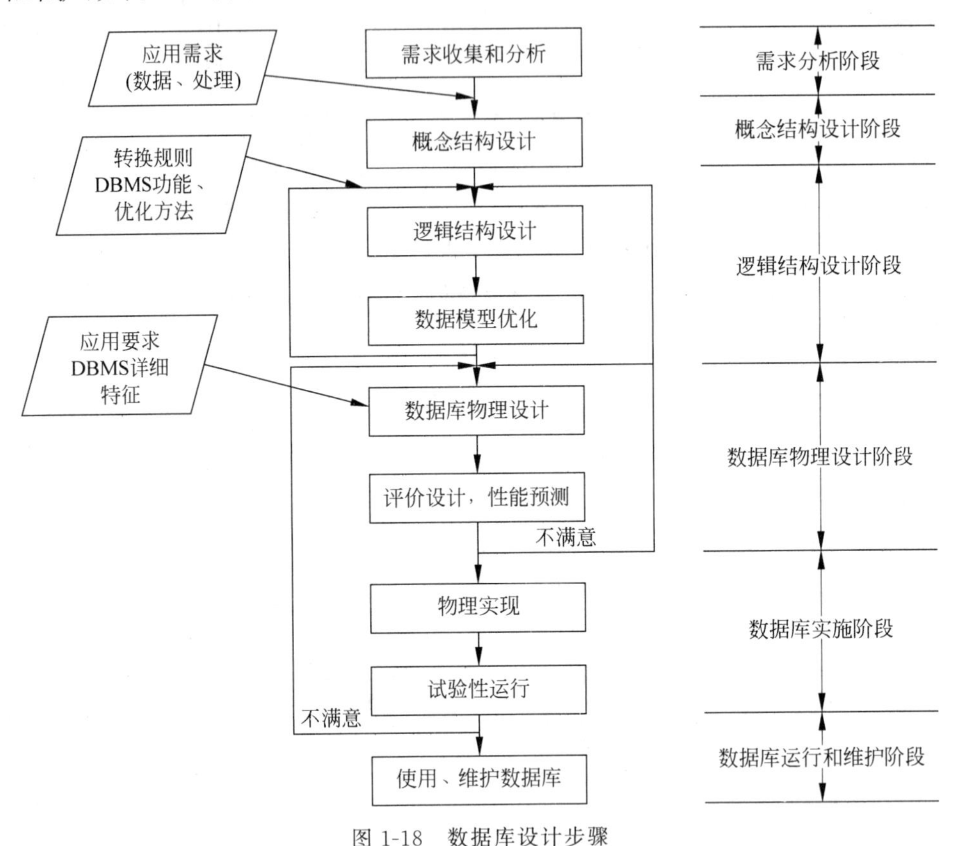

图1-18　数据库设计步骤

1.7.2　需求分析

需求分析就是分析用户的各种需求。进行数据库设计首先必须充分地了解和分析用户需求(包括数据与处理)。作为整个设计过程的起点，需求分析是否充分和准确，决定了在其上构建数据库的速度与质量。需求分析没做好，会导致整个数据库设计不合理、不实用，必须重新再设计。

需求分析的任务，就是对现实世界要处理的对象进行详细调查，充分了解现有系统的工作情况或手工处理工作中存在的问题，尽可能多地收集数据，明确用户的各种实际需求，然后在此基础上确定新的系统功能，新系统还得充分考虑今后可能的扩充与改变，不能仅按当前应用需求来设计。

调查用户实际需求通常按以下步骤进行。

(1) 调查现实世界的组织机构情况。确定数据库设计与组织机构中的哪些部门相关，了解这些部门的组成情况及职责，为分析信息流程做准备。

(2) 调查相关部门的业务活动情况。要调查相关部门需要输入和使用什么数据，这些数据该如何加工与处理，各部门需要输出哪些信息，这些信息输出到哪些部门，输出信息的格式是什么，这些都是调查的重点。

(3) 在熟悉了业务活动的基础上，协助用户明确对新系统的各种实际需求，包括信息要求、处理要求、安全性与完整性要求，这也是调查过程中非常重要的一点。

(4) 确定新系统的边界。对前面的调查结果进行初步分析，确定哪些功能现在就由计算机完成，哪些功能将来准备让计算机完成，哪些功能由人工完成。由计算机完成的功能就是新系统应该实现的功能。

在调查过程中根据不同的问题与条件，可以采用不同的调查方法。

(1) 开调查会。通过与用户座谈的方式来了解业务活动情况及用户需求。

(2) 设计调查表请用户填写。提前设计一个合理的针对业务活动的调查表，并将此表发给相关的用户进行针对性调查。

(3) 查阅记录。查阅与原系统有关的数据记录。

(4) 询问。对某些调查中的问题，可以找专人询问。

(5) 请专人介绍。请业务活动过程中的用户或对业务熟练的专家介绍业务相关知识和活动情况，设计人员从中了解并询问相关问题。

(6) 跟班作业。通过亲自参与各部门业务活动来了解用户的具体需求，但是这种方法比较耗时。

调查过程中的重点在于“数据”与“处理”。通过调查、收集与分析，获得用户对数据库的如下要求。

(1) 信息需求。它是指用户需要从数据库中获得信息的内容与实质。也就是将来要往系统中输入什么信息及从系统中得到什么信息，由用户对信息的要求就可以导出对数据的要求，即在数据库中需存储哪些数据。

(2) 处理要求。用户要实现哪些处理功能，对数据处理响应时间有什么样的要求及要采用什么样的数据处理方式。

(3) 安全性和完整性要求。数据的安全性措施和存取控制要求，数据自身的或数据间的约束限制。

了解了用户的实际需求以后，还需要进一步分析和表达用户的需求。在众多的分析方法中，结构化分析(Structured Analysis，SA)方法是一种简单实用的方法。SA 方法从最上层的系统组织结构入手，采用自顶向下、逐层分解的方式分析系统。

经过需求分析阶段后会形成系统需求说明书，说明书中要包含数据流图、数据字典、各类数据的统计表格、系统功能结构图和必要的说明。该说明书在数据库设计的全过程中非常重要，是各阶段设计所依据的文档。

1.7.3 概念结构设计

概念结构设计是整个数据库设计的关键，是将需求分析阶段得到的用户需求进行总结、归纳，并抽象成信息结构即概念模型的过程。

概念结构设计通常有以下四类方法。

(1) 自顶向下。首先定义全局概念结构的框架，再逐步细化。

(2) 自底向上。首先定义各局部应用的概念结构，再按一定规则将它们集成起来，最后得到全局概念结构。

(3) 逐步扩张。首先定义最重要的核心概念结构，然后向外扩张，以滚雪球的方式逐步生成其他概念结构，直至全局概念结构。

(4) 混合策略。将自顶向下和自底向上相结合，先用自顶向下方法设计一个全局概念结构的框架，然后再以它为框架集成由自底向上方法设计的各局部概念结构。

在设计过程中通常先自顶向下进行需求分析，然后再自底向上设计概念结构。其方法如图 1-19 所示。

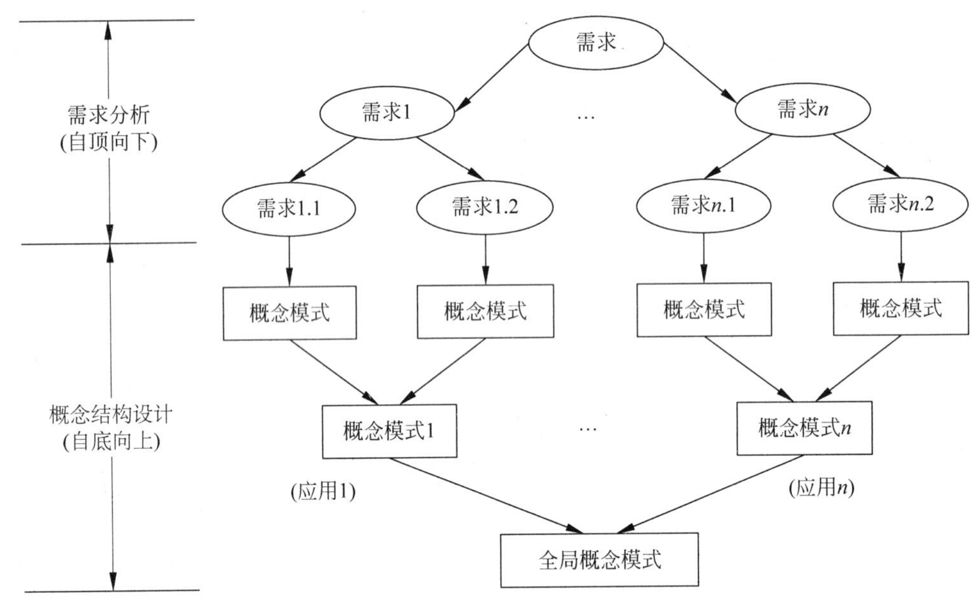

图 1-19　自顶向下需求分析与自底向上概念结构设计

概念结构设计主要应用 E-R 图来完成。按照图 1-19 所示的自顶向下进行需求分析与自底向上进行概念结构设计的方法，概念结构的设计可以按照以下步骤进行。

1. 对数据进行抽象并设计局部 E-R 图

概念结构是对现实世界的一种抽象。抽象就是对客观的人、事、物和概念进行处理，把所需要的共同特性抽取出来而忽略非本质的内容，并把这些共同特性用概念精准地描述出来，组成模型。抽象通常有以下三种方法。

(1) 分类(Classification)。定义某一类概念作为现实世界中一组对象的类型，这些对象具有某些共同的特性和行为。在 E-R 模型中，实体型就是这种抽象。例如，张明是学生，具有学生们共同的特性和行为。

(2) 聚集(Aggregation)。定义某一类型的组成成分。在 E-R 模型中若干属性的聚集组成了实体型。例如，学生有学号、姓名、系别、专业、班级等属性。有时某一类型的组成成分也可能是一个聚集，例如，部门有部门名称、位置及经理等属性，而经理又有姓名、年龄、性别等属性。

(3) 概括(Generalization)。定义类型之间的一种子集联系。例如，学生是一个实体型，小学生、本科生也是实体型，但小学生和本科生均是学生的子集。

概念结构设计首先就是要利用上面的抽象机制对需求分析阶段收集到的数据分类、组织(聚集),形成实体型、属性和键,确定实体型之间的联系类型(一对一、一对多或多对多),进而设计 E-R 图。在设计的过程中应该遵循这样一个原则:现实世界中的事物能作为属性对待的,尽量作为属性对待。这点可以按以下两条准则来考虑。

(1) 作为属性,不能再具有需要描述的性质,也就是属性是不可分的数据项。

(2) 属性不能与其他实体型有联系,即 E-R 图所表示的联系是实体型之间的联系。

只要满足了以上两条准则,通常就可作为属性对待。例如,职工是一个实体型,可以包括职工号、姓名、年龄等属性,如果职称没有与工资、福利挂钩就可以将其作为该实体型的属性,但如果不同的职称有不同的工资和住房标准等,则职称作为一个实体型会更合适,它的属性可以包括职称代码、工资、住房标准等。

2. 将各局部 E-R 图进行合并,形成初步 E-R 图

各局部 E-R 图设计完成后,还需要对它们进行合并,集成为系统整体的 E-R 图,当然,形成的这个 E-R 图只是一个初步的 E-R 图。局部 E-R 图的集成有以下两种方法。

(1) 一次集成法。一次性地将所有局部 E-R 图合并为全局 E-R 图。此方法操作比较复杂,不易实现。

(2) 逐步集成法。先集成两个局部 E-R 图,然后用累加的方式合并进去一个新的 E-R 图,这样一直继续下去,直到得到全局的 E-R 图。此方法降低了合并的复杂度,效率高。

无论采用哪种方法生成全局 E-R 图,在这个过程中都要考虑消除各局部 E-R 图之间的冲突和冗余。因为在合并过程中,各个局部应用所对应的问题不同,而且通常是由不同的设计人员进行局部 E-R 图设计,这样就会导致各局部 E-R 图之间有可能存在冲突,因此合并局部 E-R 图时要注意消除各局部 E-R 图中的不一致,以形成一个能为全系统所有用户共同理解和接受的统一概念模型。各局部 E-R 图之间的冲突主要有以下三类。

(1) 属性冲突。主要包括:属性域冲突,即属性值的类型、取值范围或取值集合不同,例如"年龄",有的部门用日期表示,有的部门用整数表示;属性取值单位冲突,例如"体重",有的以千克为单位,有的以磅为单位。该冲突需要各部门协商解决。

(2) 命名冲突。主要包括:同名异义,即不同意义的对象在不同的局部应用中具有相同的名字,例如"单位",可以表示职工所在的部门,也可以表示物品的重量或体积等属性;异名同义(一义多名),即意义相同的对象在不同的局部应用中有不同的名字,例如"项目",有的部门称为项目,而有的部门称为课题。该冲突也可以通过讨论、协商来解决。

(3) 结构冲突。主要包括:同一对象在不同的应用中具有不同的抽象。例如,"职称"在某一局部应用中作为实体,在另一局部应用中作为属性。在解决该冲突时就是把属性变为实体或把实体变为属性,使同一对象具有相同的抽象。

另外,同一实体在不同局部 E-R 图中的属性个数和排列顺序也可能不完全一致。解决方法是使该实体的属性取各局部 E-R 图中属性的并集,再适当调整属性的顺序。

此外,实体之间的联系也可能在不同的局部 E-R 图中呈现不同的类型。例如 E1 与 E2 在一个局部 E-R 图中是一对一联系,而在另一个局部 E-R 图中是多对多联系;又或者在一个局部 E-R 图中 E1 与 E2 有联系,而在另一个局部 E-R 图中 E1、E2 和 E3 三者之间有联系。解决方法是根据应用语义对实体联系的类型进行整合或调整。

3. 消除不必要的冗余,形成基本 E-R 图

在合并后的初步 E-R 图中,可能存在冗余的数据和冗余的联系。所谓冗余的数据,是指可由基本数据导出的数据,冗余的联系是指可由其他联系导出的联系。冗余的数据和联系容易破坏数据库的完整性,增加数据库维护的难度,应该消除。但是,并不是所有的冗余都要消除,有时为了提高效率是可以允许冗余的存在的。因此在概念结构设计阶段,哪些冗余信息要消除,哪些可以保留,需要根据用户的整体需求来确定。消除了冗余的初步的 E-R 图称为基本 E-R 图,它代表了用户的数据要求,决定了下一步的逻辑结构设计,是成功创建数据库的关键。

1.7.4 逻辑结构设计

概念结构设计阶段得到的 E-R 图是反映了用户需求的模型,它独立于任何一种数据模型,独立于任何一个数据库管理系统。逻辑结构设计阶段的任务就是将上一阶段设计好的基本 E-R 图转换为与选用的数据库管理系统产品所支持的数据模型相符合的逻辑结构。

目前的数据库应用系统通常采用支持关系模型的关系数据库管理系统,所以这里只讨论关系数据库的逻辑结构设计,也就是只介绍将 E-R 图向关系模型转换的原则与方法。

关系模型的逻辑结构是一组关系模式的集合。概念结构设计阶段得到的 E-R 图是由实体、实体的属性和实体间的联系三个要素组成的。所以 E-R 图向关系模型的转换要解决的问题是如何将实体、实体的属性和实体间的联系转换为关系模式。在转换过程中要遵循的原则如下。

(1) 一个实体集转换为一个关系模式,实体的属性就是关系的属性,实体的键就是关系的键。

(2) 可以将 1∶1 联系转换为一个独立的关系模式,也可以与任意一端对应的关系模式合并。若为前者,则与该联系相连的各实体的键及联系本身的属性均转换为关系的属性,且每个实体的键均是该关系的候选键。若为后者,则需要在某一关系模式的属性中加入另一个关系模式的键和联系本身的属性。

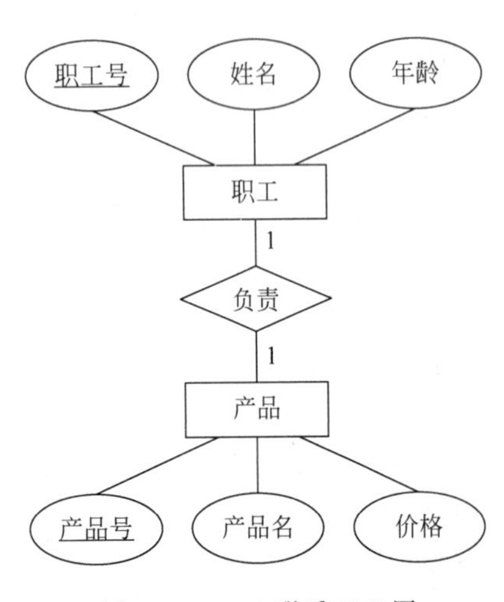

图 1-20 1∶1 联系 E-R 图

【例 1-1】 将图 1-20 所示的含有 1∶1 联系的 E-R 图按上述规则转换为关系模式。

方案 1:联系转换为一个独立的关系模式:

职工(<u>职工号</u>,姓名,年龄);

产品(<u>产品号</u>,产品名,价格);

负责(<u>职工号</u>,<u>产品号</u>)。

方案 2:"负责"与"职工"关系模式合并:

职工(<u>职工号</u>,姓名,年龄,产品号);

产品(<u>产品号</u>,产品名,价格)。

方案 3：“负责”与“产品”关系模式合并：

职工(职工号,姓名,年龄)；

产品(产品号,产品名,价格,职工号)

(3) 可以将 1∶n 联系转换为一个独立的关系模式,也可以与联系 n 端对应的关系模式合并。如果为前者,则与该联系相连的各实体的键及联系本身的属性均转换为关系的属性,而关系的键为 n 端实体的键；如果为后者,可以在 n 端实体中增加由联系对应的 1 端实体的键和联系的属性构成的新属性,新增属性后原关系的键不变。

【例 1-2】 将图 1-21 所示的含有 1∶n 联系的 E-R 图转换为关系模式。

方案 1：联系转换为一个独立的关系模式：

仓库(仓库号,地点,面积)；

产品(产品号,产品名,价格)；

仓储(仓库号,产品号,数量)。

方案 2：与 n 端对应的关系模式合并：

仓库(仓库号,地点,面积)；

产品(产品号,产品名,价格,仓库号,数量)。

(4) 可以将 m∶n 联系转换为一个关系模式。与该联系相连的各实体的键以及联系本身的属性均转换为关系的属性,关系的键为各个实体键的组合。

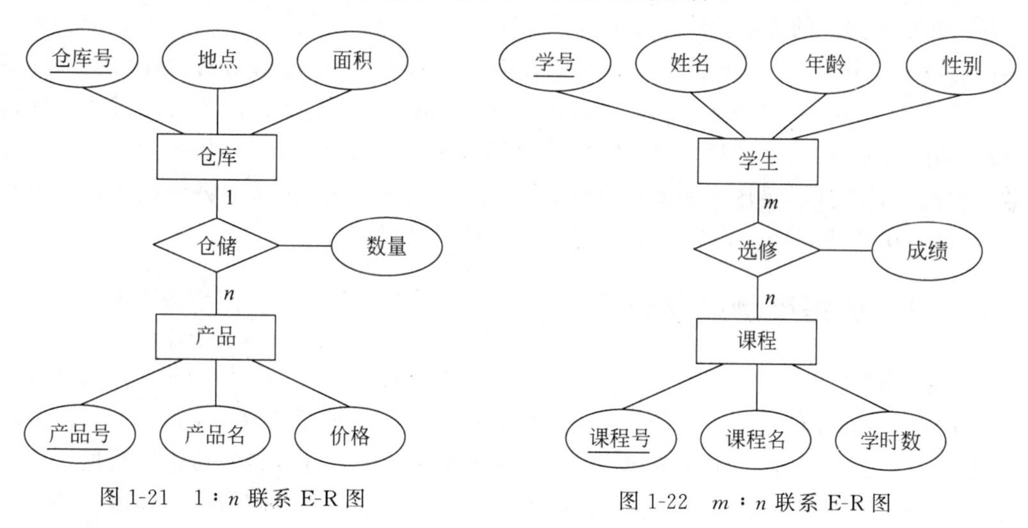

图 1-21　1∶n 联系 E-R 图

图 1-22　m∶n 联系 E-R 图

【例 1-3】 将图 1-22 所示的含有 m∶n 联系的 E-R 图转换为关系模式。

转换后的关系模式为：

学生(学号,姓名,年龄,性别)；

课程(课程号,课程名,学时数)；

选修(学号,课程号,成绩)。

(5) 三个或三个以上实体间的一个多元联系可以转换为一个关系模式。与该多元联系相连的各实体的键以及联系本身的属性均转换为关系的属性,而关系的键由与联系相连的各个实体的键组合而成。

【例 1-4】 将图 1-23 所示的含有多实体间 $m:n$ 联系的 E-R 图转换为关系模式。

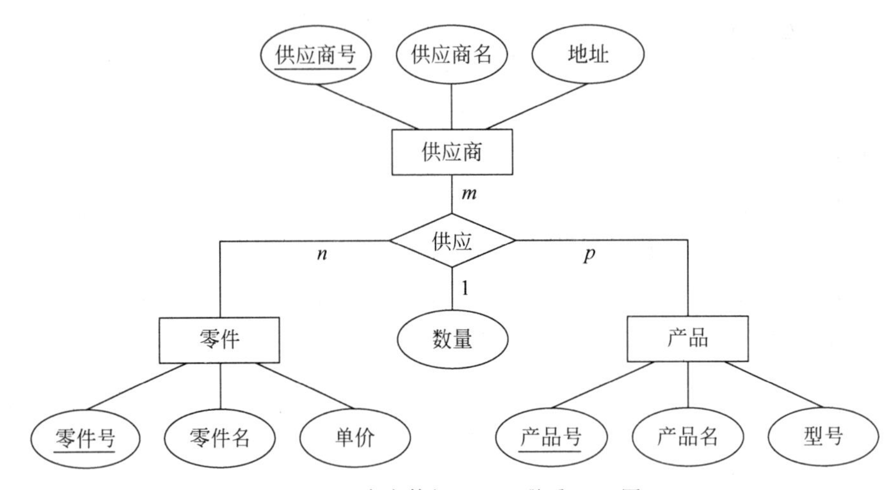

图 1-23　多实体间 $m:n$ 联系 E-R 图

供应商(供应商号,供应商名,地址);
零件(零件号,零件名,单价);
产品(产品号,产品名,型号);
供应(供应商号,零件号,产品号,数量)。

(6) 具有相同键的关系模式可以合并。

经过以上步骤后,已经将 E-R 图按规则转换成关系模式,但逻辑结构设计的结果并不是唯一的。为了进一步提高数据库应用系统的性能,还应该根据客观需要对结果进行规范化处理,消除异常,改善完整性、一致性,提高存储效率。除此之外,还要从功能及性能上评价数据库模式是否能满足用户的要求,可以采用增加、合并、分解关系的方法优化数据模型的结构,最后得到规范化的关系模式,形成逻辑结构设计说明书。

1.7.5　数据库物理设计

数据库在物理设备上的存储结构与存取方法称为数据库的物理结构。它与给定的计算机系统相关。数据库的物理设计就是为一个给定的逻辑数据模型选取一个最适合应用要求的物理结构的过程。此阶段是以逻辑结构设计阶段的结果为依据,结合具体的数据库管理系统特点与存储设备特性进行设计,确定数据库在物理设备上的存储结构和存取方法。该阶段分以下两步来进行。

(1) 首先确定数据库的物理结构,在关系数据库中主要指的是存储结构与存取方法。

(2) 从时间效率和空间效率两个方面来对数据库的物理结构进行评价。如果评价结果满足原设计要求,就能进入数据库实施阶段,否则就要修改,甚至重新设计物理结构,如果还不能满足要求,甚至要回到逻辑结构设计阶段修改数据模型。

1.7.6　数据库实施

在数据库实施阶段,设计人员运用关系数据库管理系统提供的数据语言及其宿主语言,根据逻辑结构设计和物理设计的结果建立数据库，编制和调试应用程序，组织数据入库，并进行试运行。

1.7.7 数据库运行和维护

数据库应用系统经过试运行后，即可投入正式运行，在数据库系统运行过程中必须不断对其进行评价、调整和修改。在该阶段，对数据库经常性的维护工作是由 DBA 完成的，主要包括以下几点。

(1) 数据库的转储和恢复。它是系统正式运行后最重要的维护工作之一。DBA 要针对不同的应用要求制订不同的转储计划，以保证突发故障时能尽快将数据库恢复到某种一致的状态，并将对数据库的破坏降到最低。

(2) 数据库的安全性、完整性控制。数据库在运行过程中，安全性要求也会发生变化，此时 DBA 要根据实际情况修改原有的安全性控制。同样，数据库的完整性约束条件也会发生变化，也需要 DBA 及时修改，以满足用户要求。

(3) 数据库性能的监督、分析和改造。运行过程中，监督系统运行，对监测数据进行分析，找出改进系统性能的方法是 DBA 的又一重要任务。DBA 对这些数据要认真分析，判断当前系统运行状况是否需要改进以达到最佳状态。

(4) 数据库的重组织和重构造。数据库运行一段时间后，由于不断的增、删、改操作，会导致数据库的物理存储情况变坏，数据的存取效率降低，数据库的性能下降，这时 DBA 就需要对数据库进行部分重组织(只针对频繁改动的表进行)。重组织，就是按原设计要求重新安排存储位置、回收垃圾、减少指针链等，使系统性能得以提高。数据库的重组织并不修改原设计的逻辑和物理结构，但数据库的重构造需要部分修改数据库的模式和内模式。

数据库应用系统的设计过程就是以上步骤的不断反复过程。

1.7.8 案例：教务管理系统数据库设计

本节以教务管理系统的数据库设计为例。设计时做了一定的简化，忽略了一些异常情况的考虑，旨在重点阐述数据库设计步骤。

1. 基本需求分析

某学校需要开发一套教务管理系统。为了收集数据库需要的信息，设计人员与系统用户通过交谈、填写调查表等方式进行了系统的需求调研，得出系统要实现的功能有：学生可以通过该系统查看所有选修课程的相关信息，包括课程名、学时、学分，然后选择选修的课程(一个学生可以选修多门课程，一门课程可以由多个学生选修)；学生可以通过该系统查看相关授课教师的信息，包括教师姓名、性别、学历、职称；教师可以通过该系统查看选修自己课程的学生的信息，包括学号、姓名、性别、出生日期、班级(假定本校一个教师可以教授多门课程，一门课程只能由一个教师任教)；在考试结束后，教师可以通过该系统录入学生的考试成绩，学生可以通过该系统查看自己的考试成绩。

2. 概念结构设计

(1) 通过分析,得到该系统中的实体以及实体的属性,如图 1-24 所示。

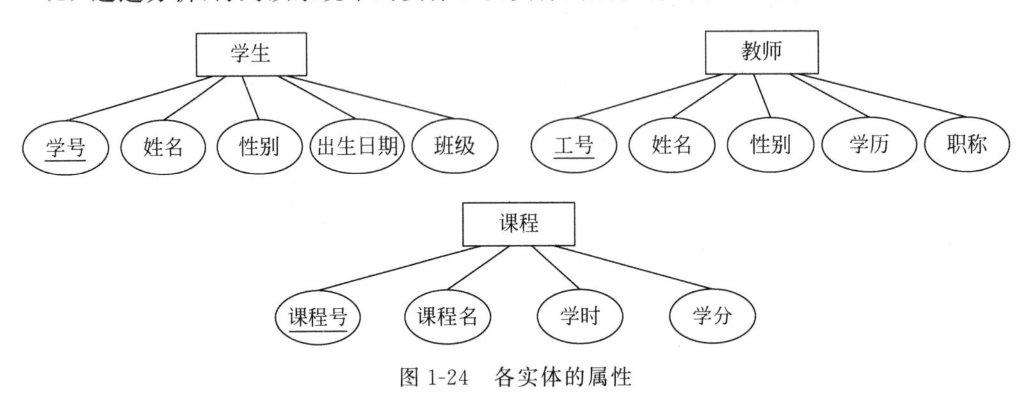

图 1-24　各实体的属性

(2) 根据实体间的联系画出局部 E-R 图,如图 1-25 所示。

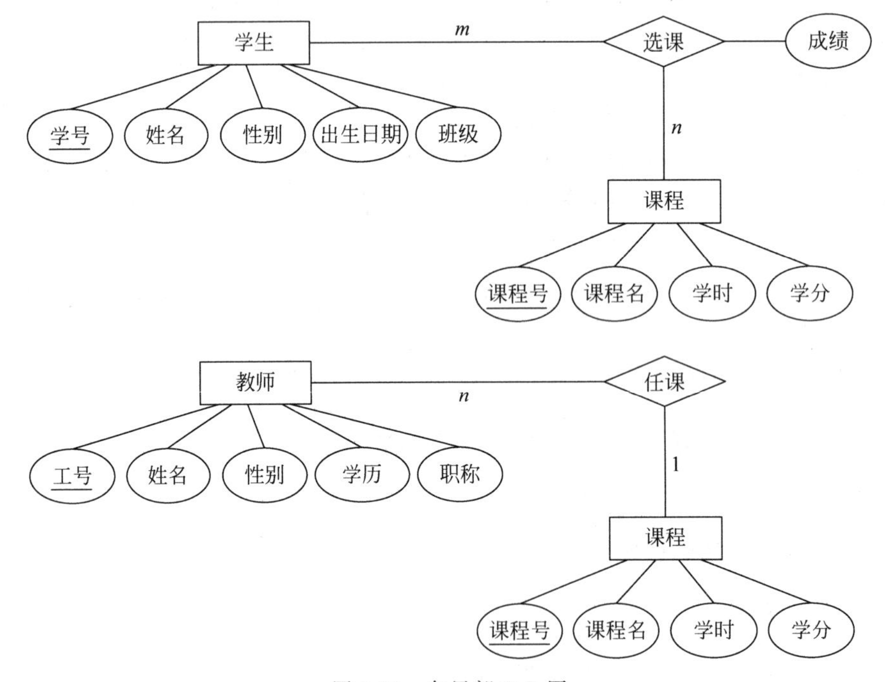

图 1-25　各局部 E-R 图

(3) 将各局部 E-R 图进行合并,消除冗余后,形成基本 E-R 图,如图 1-26 所示。

3. 逻辑结构设计

由基本 E-R 图按规则转换、进行规范化处理并优化后的关系模式是:

学生(学号,姓名,性别,出生日期,班级);

教师(工号,姓名,性别,学历,职称);

课程(课程号,课程名,学时,学分,授课教师工号);

选课(学号,课程号,成绩)。

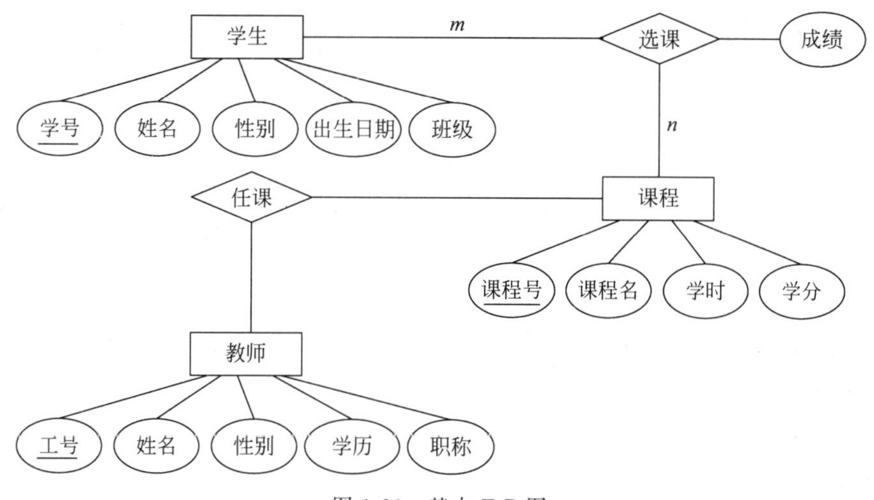

图 1-26 基本 E-R 图

4. 数据库物理设计

学生、教师、课程、选课表对应的表结构如表 1-13～表 1-16 所示。

表 1-13 学生表(studentInfo)结构

序号	列名	数据类型	允许 NULL 值	约束	备注
1	sno	char(8)	不能为空	主键	学号
2	sname	varchar(10)	不能为空		姓名
3	sgender	char(1)			性别
4	sbirth	date			出生日期
5	sclass	varchar(20)			班级

表 1-14 教师表(teacher)结构

序号	列名	数据类型	允许 NULL 值	约束	备注
1	tno	char(4)	不能为空	主键	工号
2	tname	varchar(10)	不能为空		姓名
3	tgender	char(1)			性别
4	tedu	varchar(10)			学历
5	tpro	varchar(8)		默认为“副教授”	职称

表 1-15 课程表(course)结构

序号	列名	数据类型	允许 NULL 值	约束	备注
1	cno	char(4)	不能为空	主键	课程号
2	cname	varchar(40)		唯一约束	课程名
3	cperiod	int			学时
4	credit	Decimal(3,1)			学分
5	ctno	char(4)		是教师表的外键	授课教师

表 1-16　选课表(selective)结构

<table>
<tr><th>序号</th><th>列名</th><th>数据类型</th><th>允许 NULL 值</th><th>约束</th><th>备注</th></tr>
<tr><td>1</td><td>sno</td><td>char(8)</td><td rowspan="2"></td><td rowspan="2">主键(学号,课程号),其中学号是学生表的外键,课程号是课程表的外键</td><td>课程名</td></tr>
<tr><td>2</td><td>cno</td><td>char(4)</td><td>课程号</td></tr>
<tr><td>3</td><td>score</td><td>int</td><td></td><td></td><td>成绩</td></tr>
</table>

在数据库系统中建立对应的表,填充一定的测试数据后就可以试运行应用程序,如无问题即可正式投入使用,后期只需做好更新和维护工作。

单元小结

- 数据库基本概念:信息、数据、数据库、数据库管理系统、数据库系统。
- 常见的数据库:Oracle、SQL Server、MySQL、DB2、Access、SQLite。
- 结构化查询语言 SQL。
- 数据库管理技术的发展:人工管理阶段、文件系统阶段和数据库系统阶段。
- 概念模型及 E-R 图表示法。
- 常见的数据模型:层次模型、网状模型、关系模型和面向对象模型。
- 关系数据库的规范化:1NF、2NF、3NF。
- 数据库设计步骤:需求分析、概念结构设计、逻辑结构设计、数据库物理设计、数据库实施、数据库运行和维护。

单元实训项目

项目:"新知书店"数据库

"新知书店"数据库包含四张表,表结构如下:

会员表结构

会员编号	会员昵称	E-mail	联系电话	积分

图书表结构

图书编号	图书名称	作者	价格	出版社	图书类型	折扣

图书类别表结构

类别编号	类别名称

订购表结构

图书编号	会员编号	订购量	订购日期	发货日期

针对该数据库系统执行如下操作。

(1) 根据各表结构，写出对应的关系模式。

(2) 判断(1)中得到的各个关系模式分别属于 1NF、2NF、3NF 中的哪一个。

(3) 根据(1)中得出的关系模式，画出其对应的 E-R 图。

(4) 写出该数据库系统详细的需求分析。

单元练习题

一、选择题

1. 数据库系统的核心是(　　)。
   A. 数据库　　B. 数据库管理系统
   C. 数据模型　　D. 软件工具
2. SQL 语言具有(　　)功能。
   A. 关系规范化、数据操纵、数据控制　　B. 数据定义、数据操纵、数据控制
   C. 数据定义、关系规范化、数据控制　　D. 数据定义、关系规范化、数据操纵
3. SQL 语言是(　　)的语言，容易学习。
   A. 过程化　　B. 结构化　　C. 格式化　　D. 导航式
4. 在数据库中存储的是(　　)。
   A. 数据库　　B. 数据库管理员
   C. 数据以及数据之间的联系　　D. 信息
5. DBMS 的中文含义是(　　)。
   A. 数据库　　B. 数据模型　　C. 数据库系统　　D. 数据管理系统

二、判断题

1. 数据库是具有逻辑关系和确定意义的数据集合。(　　)
2. 数据库管理系统是一种操纵和管理数据库的大型软件。(　　)
3. 常见的关系型数据库有 MySQL 、SQL Server、Oracle、Sybase、DB2 等。(　　)
4. MySQL 是一个大型关系型数据库管理系统，Oracle 是小型数据库管理系统。(　　)

三、简答题

1. 简述数据库的特点。
2. 简述数据库和数据库系统的异同。
3. 简述 DDL 和 DML 的区别。
4. 关系数据库管理系统有哪些？
5. 举例说明什么是一对多的关系、多对多的关系。

6. 什么是 E-R 图？简述 E-R 图的绘制步骤。
7. 常见的数据模型有哪些？各有什么优缺点？
8. 数据库设计的过程包括哪些阶段？各阶段的主要任务是什么？
9. 如何避免数据冗余？什么是 1NF、2NF、3NF？

四、名词解释

1. 数据库
2. 数据库管理系统
3. 数据库系统
4. 实体
5. 实体型
6. 实体集
7. 联系
8. 属性
9. 域
10. 键
11. 关系模式

MySQL的安装与配置

MySQL 数据库可以称得上是目前运行速度最快的 SQL 语言数据库。本单元从初学者的角度考虑，知识与实例配合，使读者能够轻松了解 MySQL 数据库的基础知识，快速入门。

本单元主要学习目标如下：

- 了解 MySQL 的发展史和特点。
- 掌握 MySQL 的安装与配置方法。
- 掌握启动、停止、连接、断开 MySQL 的方法。
- 掌握 MySQL 图形化管理工具的安装与使用。

2.1 MySQL 概述

1. MySQL 的发展史

作为最受欢迎的开源关系数据库管理系统，MySQL 最早来自 MySQL AB 公司的 ISAM 与 mSQL 项目（主要用于数据仓库场景），1996 年 MySQL 1.0 诞生，当时只支持 SQL 特性，还没有事务支持。

MySQL 3.11.1 是第一个对外提供服务的版本，MySQL 主从复制功能也是从这个时候加入的。

2000 年前后，设计人员尝试将 InnoDB 引擎加入 MySQL 中。

2003 年 12 月，MySQL 5.0 提供了视图、存储过程等功能。

2008 年 1 月，MySQL AB 公司被 Sun 公司收购，MySQL 进入 Sun 时代。Sun 公司对其进行了大量的推广、优化和漏洞修复等工作。

2008 年 11 月，MySQL 5.1 发布，它提供了分区、事件管理功能，以及基于行的复制和基于磁盘的 NDB 集群系统，同时修复了大量的漏洞。

2009 年 4 月，甲骨文公司收购 Sun 公司，自此 MySQL 进入 Oracle 时代，而其第三方存储引擎 InnoDB 早在 2005 年就被甲骨文公司收购。

2010 年 12 月，MySQL 5.5 发布，主要新特性包括半同步的复制以及对 SIGNAL/RESIGNAL 的异常处理功能的支持，最重要的是 InnoDB 存储引擎变为 MySQL 的默认存储引擎。MySQL 5.5 不是一次简单的版本更新，而是加强了 MySQL 企业级各个方面应用的特性。甲骨文公司同时也承诺 MySQL 5.5 和未来版本仍是采用 GPL 授权的开源产品。这个版本也是目前使用最广泛的 MySQL 版本，已知的 MySQL 第三方发行版基本上都以这一版本为基础扩展独立分支。由于 MySQL 5.5 的广泛使用，目前甲骨文公司仍然对这个版本提供维护。

2011 年 4 月，MySQL 5.6 发布，作为被甲骨文公司收购后第一个正式发布并做了大量变更的版本(5.5 版本主要是对社区开发功能的集成)，其对复制模式、优化器等做了大量的变更，主从 GTID 复制模式大大降低了 MySQL 高可用操作的复杂性。由于对源代码进行了大量的调整，直到 2013 年，MySQL 5.6GA 才正式发布。

2013 年 4 月，MySQL 5.6GA 发布，变更了新特性，并作为独立的 5.7 分支被进一步开发，在并行控制、并行复制等方面进行了大量的优化调整。MySQL 5.7GA 于 2015 年 10 月发布，这个版本是目前最稳定的版本分支。

2016 年 9 月，甲骨文公司决定跳过 MySQL 5.x 命名系列，并抛弃之前的 MySQL 6、7 两个分支直接进入 MySQL 8 时代，正式启动 MySQL 8.0 的开发。

MySQL 从无到有，技术不断更新，版本不断升级，经历了一个漫长的过程，目前最高版本是 MySQL 8.0。时至今日，MySQL 和 PHP(Hypertext Preprocessor，超文本预处理器)完美结合，被应用到很多大型网站的开发上。

2. MySQL 的特点

1) 快速、健壮和易用

MySQL 提供了优化的查询算法，可有效地提高查询速度，处理拥有上千万条记录的大型数据库。它提供 C、C++、Java(JDBC)、Perl、Python、PHP 和 TCL 的 API 接口；提供多平台支持，包括 Solaris、SunOS、BSDI、SGI IRIX、AIX、DEC UNIX、Linux、FreeBSD、SCO OpenServer、NetBSD、OpenBSD、HPUX、Win9x 和 NT 等。MySQL 支持多种语言、多样的数据类型，同时还提供了安全权限系统以及密码加密机制。MySQL 为 Windows 提供开放数据库互连(Open Database Connectivity，ODBC)接口，可通过关系数据库管理系统 Access 与之相连，第三方开发商也提供了多样的 ODBC 驱动程序。从 MySQL 3.23 开始，新增了 MyISAM 存储引擎，表大小可达 8GB(263 字节)。

2) MySQL 自身不支持 Windows 的图形界面

由于 MySQL 自身不支持 Windows 的图形界面，所有的数据库操作及管理功能都只能在 MS-DOS 方式下完成。随着 MySQL 的知名度日益增加，许多第三方软件公司推出了 MySQL 适用于 Windows 环境的具有图形界面的支持软件，如 EMS MySQL MANAGER、Navicat for MySQL、MySQL Workbentch 等，它们都提供了 Windows 形式的 MySQL 数据库操作功能。

2.2 MySQL 的下载与安装

MySQL 与其他大型数据库(如 Oracle、DB2、SQL Server 等)相比，有不足之处，如规模小、功能有限等，但是这丝毫没有减少它受欢迎的程度。对于个人使用者和中小型企业来说，MySQL提供的功能已经足够了，而且由于MySQL是开放源代码软件，因此可以大大降低总体拥有成本。

目前Internet上流行的网站构架方式是LAMP(Linux+Apache+ MySQL+PHP)，即使用Linux作为操作系统，Apache作为Web服务器，MySQL作为数据库，PHP作为服务器端脚本解释器。由于这四个软件都是免费或开放源代码软件(Free/Libre and Open Source Software，FLOSS)，因此使用这种方式不花一分钱(除人工成本)就可以建立起一个稳定、免费的网站系统。

2.2.1　下载 MySQL

MySQL针对个人用户和商业用户提供不同版本的产品。MySQL Community Edition(社区版)是供个人用户免费下载的开源数据库，而对于商业客户，有标准版、企业版、集成版等多个版本可供选择，以满足特殊的商业和技术需求。

MySQL是开源软件，个人用户可以登录其官方网站直接下载相应的版本。登录MySQL Downloads页面，将页面滚动到底部，如图2-1所示。

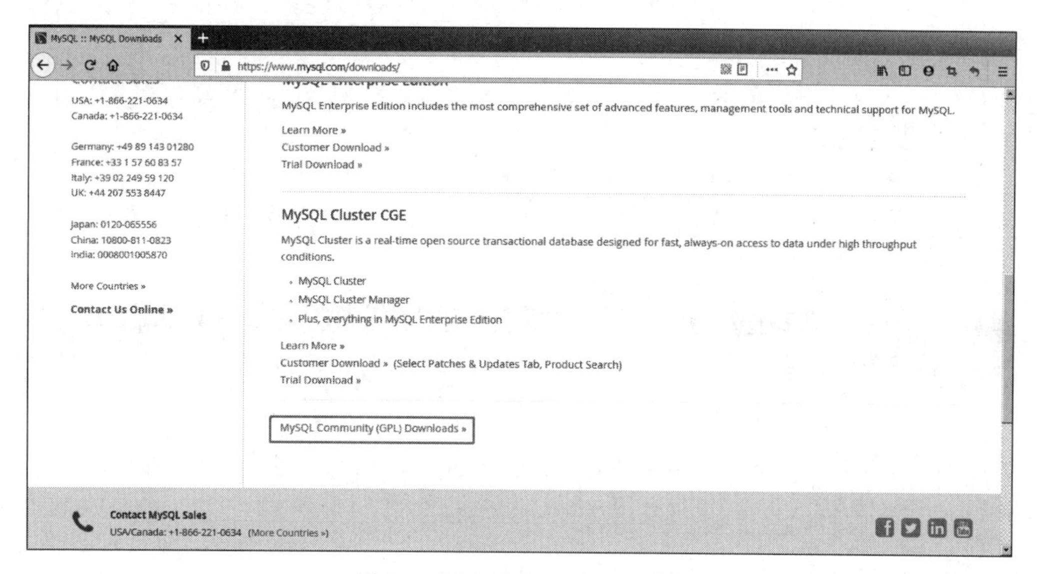

图2-1　MySQL Downloads页面

单击MySQL Community (GPL) Downloads超链接，进入MySQL Community Downloads页面，如图2-2所示。

单击MySQL Community Server超链接，进入Download MySQL Community Server页面，将页面滚动到图2-3所示的位置。

根据自己的操作系统选择合适的安装文件，这里以针对Windows 64位操作系统的MySQL Server为例介绍。

单击Download按钮，进入图2-4所示的Begin Your Download页面。

单击No thanks,just start my download.超链接，开始下载。

需要注意的是，MySQL提供了32位和64位两种版本，本书以64位版本为例进行讲解，在图2-3中选择mysql-8.0.23-winx64.zip进行下载。本书所讲解的安装方式在5.5.60、

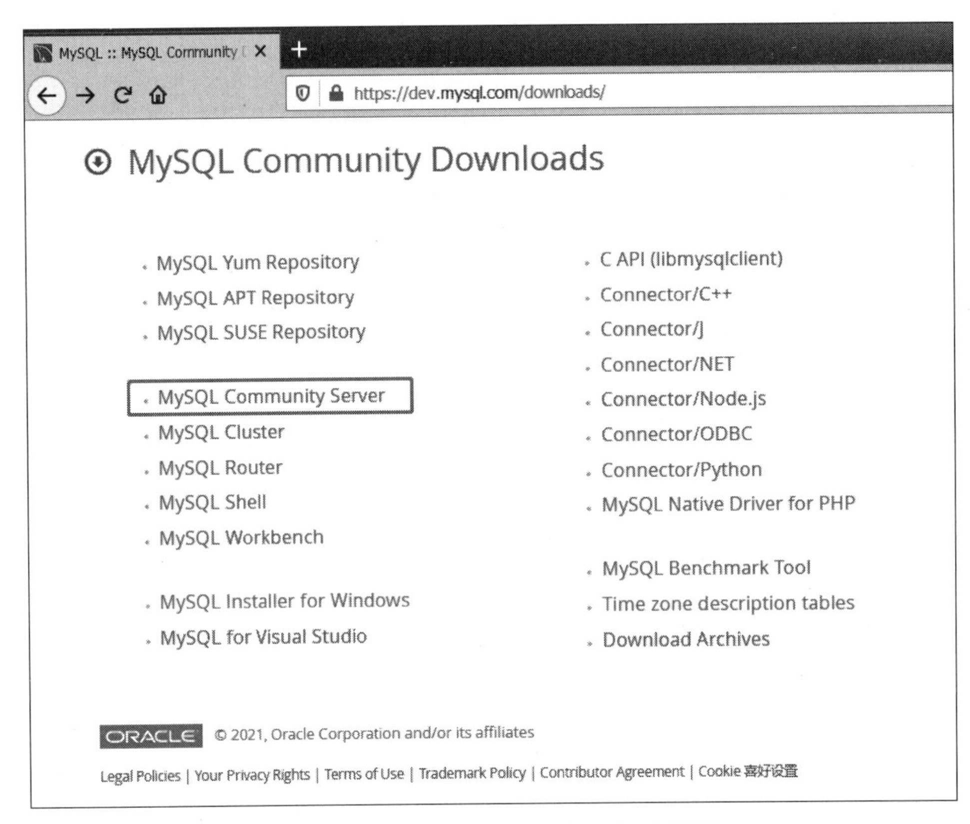

图 2-2 MySQL Community Downloads 页面

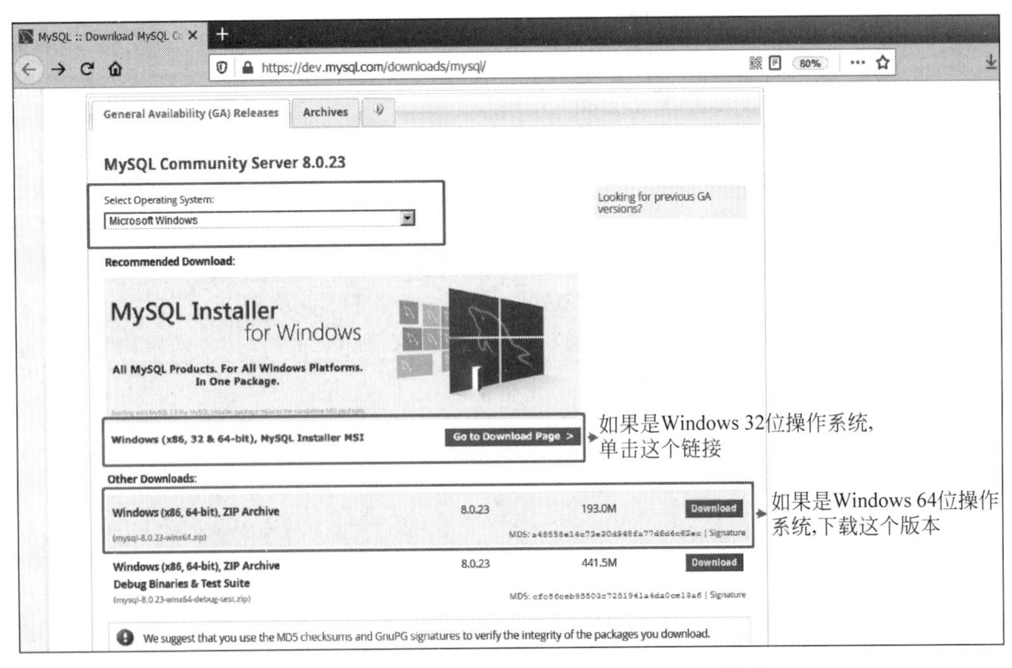

图 2-3 Download MySQL Community Server 页面

5.6.40、5.7.22 版本中测试通过，这几种版本的安装方式差别不大。

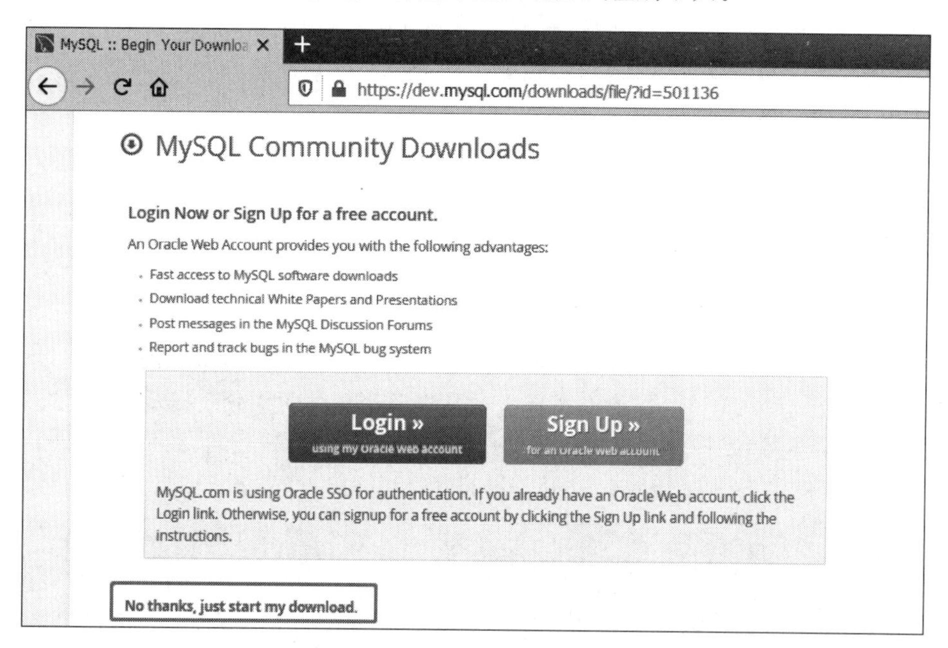

图 2-4　Begin Your Download 页面

2.2.2　安装 MySQL

1. 解压文件

首先创建 C:\mysql8 作为 MySQL 的安装目录，然后打开 mysql-8.0.23-winx64.zip 压缩包，将里面的 mysql-8.0.23-winx64 目录中的文件解压到 C:\mysql8 目录，如图 2-5 所示。

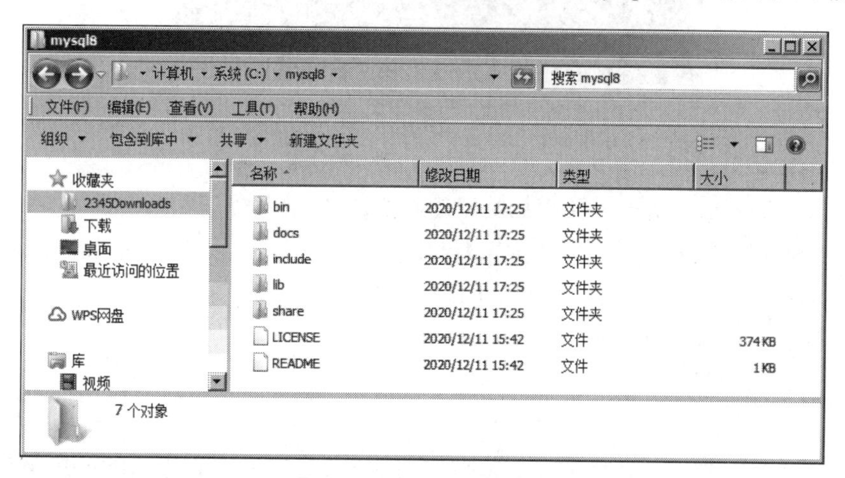

图 2-5　MySQL 安装目录

接下来对图 2-5 中的文件分别进行介绍。

(1) bin 目录。用于存放一些可执行文件，如 MySQL 服务程序 mysqld.exe、命令行客户端工具 mysql. exe 等。

(2) docs 目录。用于存放一些文档，如 ChangeLog.

(3) include 目录。用于存放一些头文件，如 mysql. h、mysql_version. h 等。

(4) lib 目录。用于存放一系列的库文件。

(5) share 目录。用于存放字符集、语言等信息。

(6) LICENSE 文件。GPL 协议内容。

(7) README 文件。介绍了版权、版本等信息。

2. 安装步骤

安装 MySQL 是指将 MySQL 安装为 Windows 系统的服务，具体步骤如下。

(1) 打开“开始”菜单，选择“所有程序”→“附件”选项，找到“命令提示符”并右击，在弹出的快捷菜单中选择“以管理员身份运行”方式，启动命令行窗口。

(2) 在命令模式下，切换到 MySQL 安装目录下的 bin 目录。

```
cd C:\mysql8\bin
```

(3) 输入以下命令开始安装。

```
mysqld - install
```

安装成功的效果如图 2-6 所示。

图 2-6 通过命令运行安装 MySQL

在安装 MySQL 时，还有一些常见的问题需要注意，具体如下。

(1) MySQL 安装的服务名默认为“MySQL”，如果该名称已经存在，则会安装失败，提示“The service already exists!”。此时可能是系统中已经安装了 MySQL，可以通过如下命令将其卸载，卸载后再进行安装。

```
mysqld - remove
```

(2) MySQL 允许在安装或卸载时指定服务名称，从而实现多个 MySQL 服务共存，命令如下所示。

```
mysqld - install"服务名称"
mysqld - remove"服务名称"
```

例如，当需要同时安装 MySQL 5.7 和 MySQL 8.0 时，分别指定不同的服务名称即可实现。

(3) MySQL 服务默认监听 3306 端口，如果该端口被其他服务占用，会导致客户端无法连接服务器。在命令行中可用 netstat -ano 命令查看端口占用情况，如图 2-7 所示。

```
管理员: 命令提示符
Microsoft Windows [版本 6.1.7601]
版权所有 (c) 2009 Microsoft Corporation。保留所有权利。

C:\Users\Administrator>cd c:\windows\system32

c:\Windows\System32>netstat -ano

活动连接

  协议  本地地址            外部地址       状态           PID
  TCP   0.0.0.0:135         0.0.0.0:0      LISTENING      368
  TCP   0.0.0.0:445         0.0.0.0:0      LISTENING      4
  TCP   0.0.0.0:3306        0.0.0.0:0      LISTENING      6844
  TCP   0.0.0.0:8680        0.0.0.0:0      LISTENING      3448
  TCP   0.0.0.0:8841        0.0.0.0:0      LISTENING      6776
  TCP   0.0.0.0:29917       0.0.0.0:0      LISTENING      6776
  TCP   0.0.0.0:33060       0.0.0.0:0      LISTENING      6844
  TCP   0.0.0.0:49152       0.0.0.0:0      LISTENING      608
  TCP   0.0.0.0:49153       0.0.0.0:0      LISTENING      972
  TCP   0.0.0.0:49154       0.0.0.0:0      LISTENING      1100
  TCP   0.0.0.0:49160       0.0.0.0:0      LISTENING      664
  TCP   0.0.0.0:49164       0.0.0.0:0      LISTENING      680
  TCP   127.0.0.1:4709      0.0.0.0:0      LISTENING      4680
  TCP   127.0.0.1:8911      0.0.0.0:0      LISTENING      6776
  TCP   127.0.0.1:10000     0.0.0.0:0      LISTENING      1944
```

图 2-7　查看端口占用情况

从图 2-7 中可以看出，PID 为 6844 的进程正在监听本地地址的 3306 端口，为了获知该进程是哪一个程序，执行 tasklist | findstr "6844"命令，如图 2-8 所示。

图 2-8　查看进程 ID 对应的程序名称

从图 2-8 中可以看出，当前是 mysqld.exe 占用了 3306 端口，说明 MySQL 服务正在工作。如果是其他程序占用了 3306 端口，只需将对应的服务停止即可。

2.2.3　配置 MySQL

1. 创建 MySQL 配置文件

使用文本编辑器(如记事本、Notepad++等工具)在目录 C:\mysql8\下创建配置文件 my.ini，在配置文件中编写如下配置。

```
[mysqld]
# 设置 3306 端口
```

```
port = 3306
# 设置 mysql 的安装目录
basedir = C:\MySQL
# 设置 mysql 数据库的数据的存放目录
datadir = C:\MySQL\Data
# 允许最大连接数
max_connections = 200
```

在上述配置中，basedir 表示 MySQL 的安装目录，datadir 表示数据库文件的保存目录，port 表示 MySQL 服务的端口号。

注意：在没有配置文件的情况下，MySQL 会自动检测安装目录、数据文件目录。但由于不同 MySQL 版本的路径可能有区别，所以建议通过配置文件来指定。另外，Linux 系统中通常使用 my. cnf 作为配置文件的文件名，在 Windows 系统中也可以使用该文件名。

2. 初始化数据库

创建 my. ini 配置文件后，数据库文件目录 C:\mysql8\data 还没有创建。接下来需要通过 MySQL 的初始化功能，自动创建数据库文件目录，具体命令如下。

```
mysqld -- initialize - insecure
```

在上述命令中，“--initialize”表示初始化数据库，“-insecure”表示忽略安全性。当省略“-insecure”时，MySQL 将自动为默认用户“root”生成一个随机的复杂密码，而加上“-insecure”时，“root”用户的密码为空。由于自动生成的密码输入比较麻烦，因此这里选择忽略安全性。关于密码的设置会在后面进行具体讲解。

注意：MySQL 5.5 和 MySQL 5.6 版本中已经提供了 data 目录，不需要初始化数据库。只有安装 MySQL 5.7 和 MySQL 8.0 版本时需要执行上述命令。

2.3 MySQL 的常用操作

2.3.1 管理 MySQL 服务

MySQL 安装完成后，需要启动服务进程，否则客户端无法连接数据库。在前面的配置过程中，已经将 MySQL 安装为 Windows 服务。为了控制 MySQL 服务的启动与停止，可以通过以下两种方式来实现。

1. 通过命令行管理 MySQL 服务

MySQL 服务不仅可以通过 Windows 服务管理器启动，还可以通过命令行来启动。使用管理员身份打开命令提示符，输入如下命令启动名称为 MySQL 的服务。

```
net start MySQL
```

执行完上述命令，显示的结果如图 2-9 所示。

通过命令行不仅可以启动 MySQL 服务，还可以停止 MySQL 服务，具体命令如下。

```
net stop MySQL
```

执行完上述命令，显示的结果如图 2-10 所示。

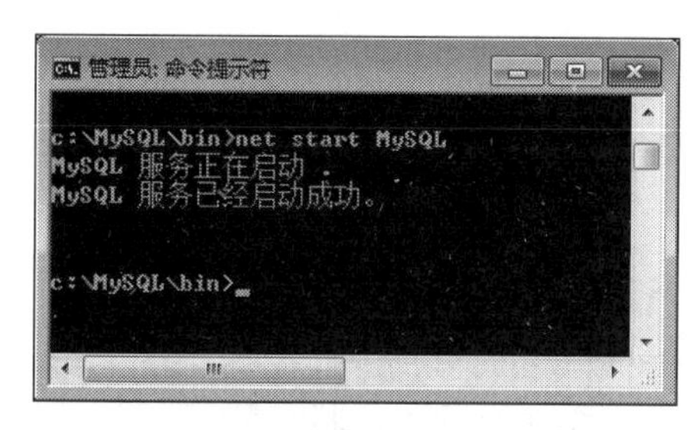

图 2-9 启动 MySQL 服务

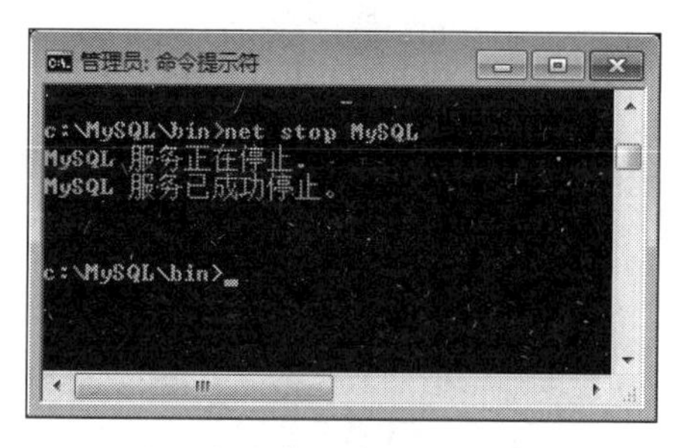

图 2-10 停止 MySQL 服务

2. 通过 Windows 服务管理器管理 MySQL 服务

通过 Windows 服务管理器可以查看 MySQL 服务是否开启，在命令提示符中输入 services. msc 命令，就会打开 Windows 的服务管理器，如图 2-11 所示。

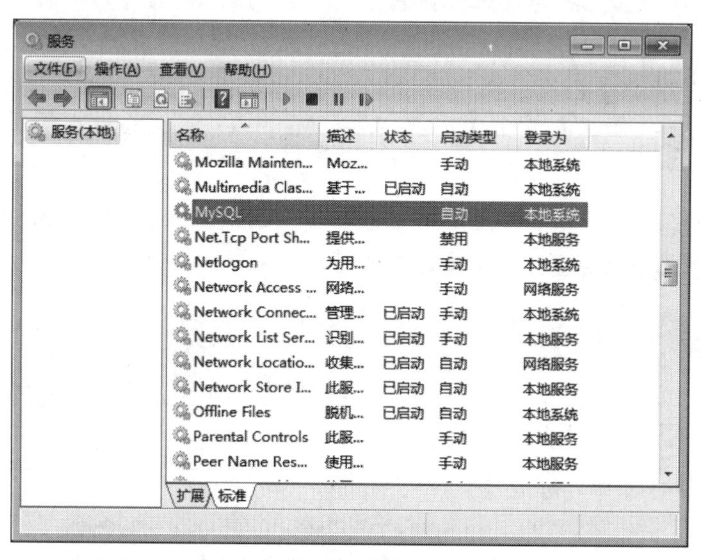

图 2-11 Windows 服务管理器

从图 2-11 中可以看出，MySQL 服务没有启动，此时可以直接双击 MySQL 服务项，打开“MySQL 的属性”对话框，通过单击“启动”按钮修改服务的状态，如图 2-12 所示。

图 2-12 中有一个“启动类型”的选项，该选项有三种类型可供选择，具体如下。

(1) 自动。通常与系统有紧密关联的服务才必须设置为自动，它会随系统一起启动。

(2) 手动。服务不会随系统一起启动，直到需要时才会被激活。

(3) 禁用。服务将不能启动。

针对上述三种情况，初学者可以根据实际需求进行选择，在此建议选择“自动”或者“手动”。

MySQL 的属性(本地计算机)

常规 | 登录 | 恢复 | 依存关系

服务名称: MySQL

显示名称: MySQL

描述:

可执行文件的路径:

c:\MySQL\bin\mysqld MySQL

启动类型(E): 自动

帮助我配置服务启动选项。

服务状态: 已停止

启动(S) 停止(T) 暂停(P) 恢复(R)

当从此处启动服务时，您可指定所适用的启动参数。

启动参数(M):

确定 取消 应用(A)

图 2-12 “MySQL 的属性”对话框

2.3.2 用户登录与密码设置

1. 登录 MySQL

在 MySQL 的 bin 目录中，mysql. exe 是 MySQL 提供的命令行客户端工具，用于访问数据库。

该程序不能直接双击运行，需要打开命令行窗口，执行 cd C:\MySQL\bin 命令切换工作目录，然后执行如下命令登录 MySQL 服务器。

```
mysql -u root
```

在上述命令中，“mysql”表示运行当前目录下的 mysql. exe；“-u root”表示以 root 用户的身份登录，其中，“-u”和“root”之间的空格可以省略。

成功登录 MySQL 服务器后，运行效果如图 2-13 所示。

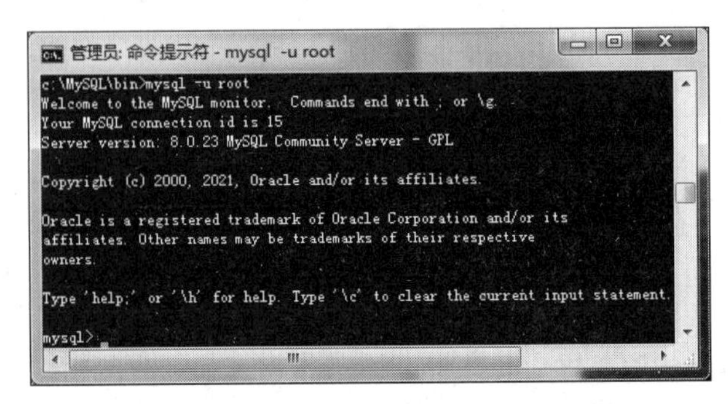

图 2-13 登录 MySQL 数据库

如果要退出 MySQL，可以直接使用 exit 或 quit 命令。

提示：命令行客户端工具还有一些常用选项。其中，“h”用于指定登录的 MySQL 服务器地址（域名或 IP），如“-h localhost”或“-h 127.0.0.1”表示登录本地服务器。选项“-P”（必须用大写字母 P）用于指定连接的端口号，如“-P 3306”表示连接 3306 端口。

2. 设置密码

为了保护数据库的安全，需要为登录 MySQL 服务器的用户设置密码。下面以设置 root 用户的密码为例，登录 MySQL 后，执行如下命令即可。

```
mysql > ALTER USER 'root '@ 'localhost' IDENTIFIED BY "123456";
```

上述命令表示为 localhost 主机中的 root 用户设置密码，密码为“123456”。当设置密码后，退出 MySQL，然后重新登录时，就需要输入刚才设置的密码。

在登录有密码的用户时，需要使用的命令如下。

```
mysql - u root - p
```

在上述命令中，“-p”表示使用密码进行登录。输入后按 Enter 键，会提示输入密码。

在设置密码后，如果需要取消密码，可以使用如下命令。

```
mysql > ALTER USER 'root '@'localhost' IDENTIFIED BY "";
```

上述命令将密码设为空，即可免密码登录。

注意：设置环境变量。

在启动 MySQL 客户端前，需要确保命令提示符当前位于 C:\MySQL\bin 目录，如果在其他目录，则需要通过 cd 命令切换目录。这样操作比较麻烦，可以在命令行中执行如下命令，将 MySQL 的 bin 目录添加到环境变量中。

```
setx PATH " % PATH % ;C:\MySQL\bin";
```

执行上述命令后，关闭当前命令行窗口，重新打开一个新的命令行窗口即可生效。

2.3.3 MySQL 客户端的相关命令

对于初学者来说，使用命令行客户端工具登录 MySQL 数据库后，还不知道如何进行操作。为此，可以查看帮助信息，在命令行中输入 help 或者\h 命令，就会显示 MySQL 客户端的帮助信息，如图 2-14 所示。

图 2-14 中列出了 MySQL 的相关命令，这些命令既可以使用一个单词来表示，也可以通过“\字母”的方式来表示。为了让初学者更好地掌握 MySQL 相关命令，接下来通过表 2-1 列举 MySQL 中的常用命令。

```
管理员: 命令提示符 - mysql -u root
List of all MySQL commands:
Note that all text commands must be first on line and end with ';'
?         (\?) Synonym for `help'.
clear     (\c) Clear the current input statement.
connect   (\r) Reconnect to the server. Optional arguments are db and host.
delimiter (\d) Set statement delimiter.
ego       (\G) Send command to mysql server, display result vertically.
exit      (\q) Exit mysql. Same as quit.
go        (\g) Send command to mysql server.
help      (\h) Display this help.
notee     (\t) Don't write into outfile.
print     (\p) Print current command.
prompt    (\R) Change your mysql prompt.
quit      (\q) Quit mysql.
rehash    (\#) Rebuild completion hash.
source    (\.) Execute an SQL script file. Takes a file name as an argument.
status    (\s) Get status information from the server.
system    (\!) Execute a system shell command.
tee       (\T) Set outfile [to_outfile]. Append everything into given outfile.
use       (\u) Use another database. Takes database name as argument.
charset   (\C) Switch to another charset. Might be needed for processing binlog
with multi-byte charsets.
warnings  (\W) Show warnings after every statement.
nowarning (\w) Don't show warnings after every statement.
resetconnection(\x) Clean session context.
```

图 2-14　MySQL 相关命令

表 2-1　MySQL 相关命令

命令	简写	具体含义
? •	(\?)	显示帮助信息
clear	(\c)	明确当前输入语句
connect	(\r)	连接到服务器,可选参数数据库和主机
delimiter	(\d)	设置语句分隔符
ego	(\G)	发送命令到 MySQL 服务器,并显示结果
exit	(\q)	退出 MySQL
go	(\g)	发送命令到 MySQL 服务器
help	(\h)	显示帮助信息
notee	(\t)	不写输出文件
print	(\p)	打印当前命令
prompt	(\R)	改变 MySQL 提示信息
quit	(\q)	退出 MySQL
rehash	(\#)	重建完成散列
source	(\.)	执行一个 SQL 脚本文件,以一个文件名作为参数
status	(\s)	从服务器获取 MySQL 的状态信息
tee	(\T)	设置输出文件(输出文件),并将信息添加到所有给定的输出文件
use	(\u)	用另一个数据库,数据库名称作为参数
charset	(\C)	切换到另一个字符集
warnings	(\W)	每一个语句之后显示警告
nowarning	(\w)	每一个语句之后不显示警告

图 2-15 演示了使用 status 命令查看 MySQL 服务器状态信息。

```
管理员: 命令提示符 - mysql -u root
mysql> status
--------------
mysql  Ver 8.0.23 for Win64 on x86_64 (MySQL Community Server - GPL)

Connection id:          15
Current database:
Current user:           root@localhost
SSL:                    Not in use
Using delimiter:        ;
Server version:         8.0.23 MySQL Community Server - GPL
Protocol version:       10
Connection:             Shared memory: MYSQL
Server characterset:    utf8
Db     characterset:    utf8
Client characterset:    utf8
Conn.  characterset:    utf8
TCP port:               3306
Binary data as:         Hexadecimal
Uptime:                 44 min 30 sec

Threads: 6  Questions: 16  Slow queries: 0  Opens: 118  Flush tables: 3  Open ta
bles: 37  Queries per second avg: 0.005
--------------

mysql>
```

图 2-15 使用 status 命令查看 MySQL 服务器状态信息

从上述信息可以看出，使用 status 命令显示了 MySQL 当前版本、字符集以及端口号等信息。

2.4 常用图形化工具

MySQL 命令行客户端的优点在于不需要额外安装，在 MySQL 软件包中已经提供。然而命令行这种操作方式不够直观，而且容易出错。为了更方便地操作 MySQL，可以使用一些图形化工具。本节将对 MySQL 常用的两种图形化工具进行讲解。

2.4.1 SQLyog

SQLyog 是 Webyog 公司推出的一个快速、简洁的图形化工具，用于管理 MySQL 数据库。该软件提供了个人版、企业版等版本，并发布了 GPL 协议开源的社区版。

下面以 SQLyog Community Edition-13.1.6(64-Bit)版本为例进行演示，软件的主界面如图 2-16 所示。

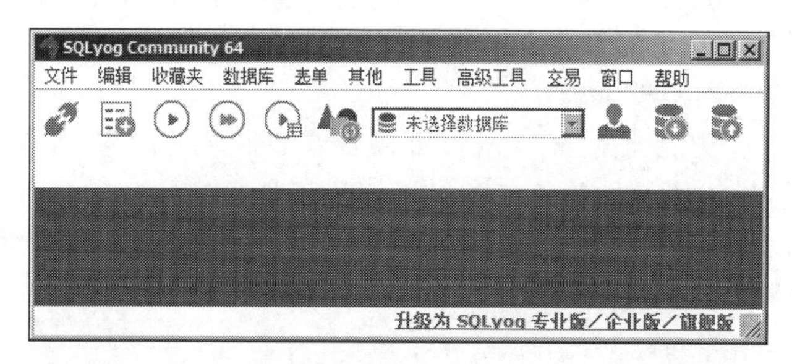

图 2-16 SQLyog 主界面

选择菜单栏中的“文件”→“新建连接”选项，弹出图 2-17 所示的对话框。

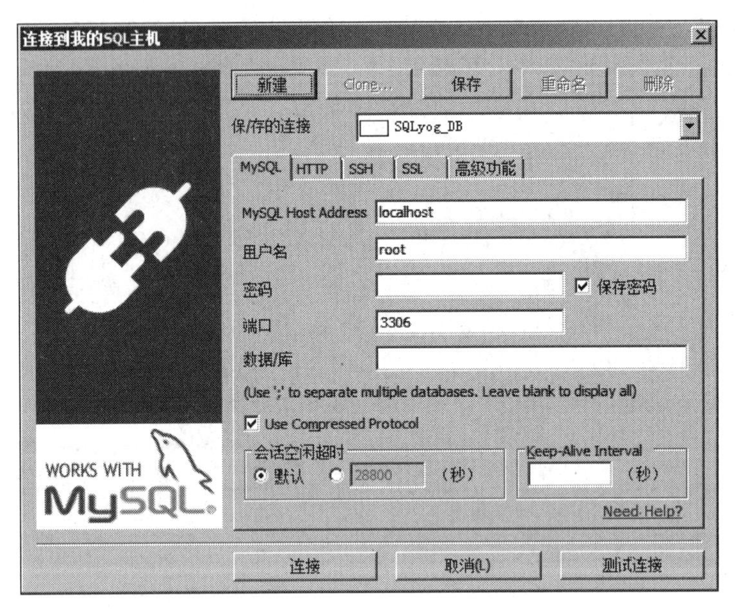

图 2-17 “连接到我的 SQL 主机”对话框

输入正确的 MySQL 主机地址、用户名、密码和端口号后，单击“连接”按钮，即可连接数据库。连接成功后的界面如图 2-18 所示。

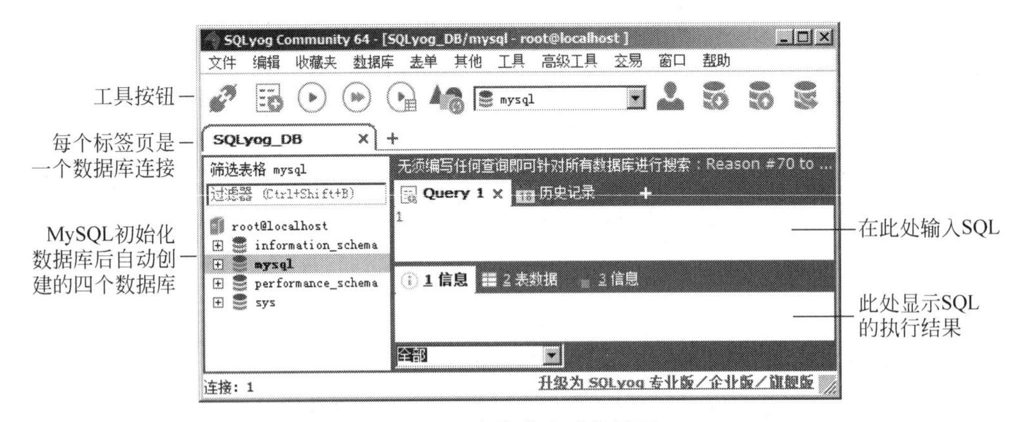

图 2-18 连接成功后的界面

图 2-18 中，左边栏是一个树形控件，root@localhost 表示当前使用 root 用户身份登录了 localhost 地址的 MySQL 服务器。该服务器中有四个数据库，每个都有特定用途，初学者不要对这些数据库进行更改操作。

单击每个数据库名称前面的“+”按钮，可以查看数据库的内容，如表、视图、存储过程、函数、触发器、事件等。这些内容会在后续的单元中详细讲解。

在 Query 面板中可以输入 SQL 语句，输入完成后，单击工具栏中的第三个按钮▶执行查询命令。

2.4.2　Navicat for MySQL

Navicat 是一套快速、可靠并且价格相宜的数据库管理工具，专为简化数据库的管理及降低系统管理成本而设计。它的设计符合数据库管理员、开发人员及中小企业的需要。Navicat 是以直觉化的图形用户界面而建的，让用户可以以安全并且简单的方式创建、组织、访问并共用信息。

Navicat for MySQL 是一套专为 MySQL 设计的高性能数据库管理及开发工具。它可以用于任何版本 3.21 或以上的 MySQL 数据库服务器，并支持大部分 MySQL 最新版本的功能，包括触发器、存储过程、函数、事件、视图、管理用户等。

下面以 navicat150_mysql_cs(64 位)版本为例进行演示。打开软件后，选择菜单栏中的"文件"→"新建连接"→MySQL 选项，弹出"MySQL-新建连接"对话框，如图 2-19 所示。

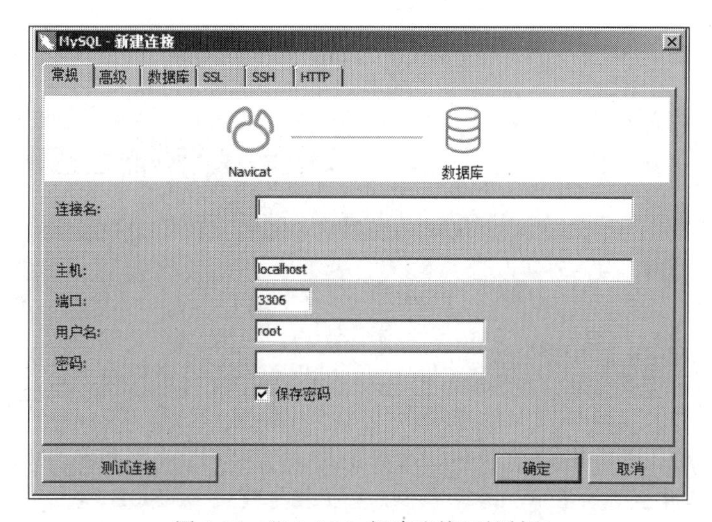

图 2-19　"MySQL-新建连接"对话框

在图 2-19 中，输入连接名(如"MySQL")、主机名或 IP 地址、端口、用户名和密码后，单击"确定"按钮，即可连接数据库。连接成功后的界面如图 2-20 所示。

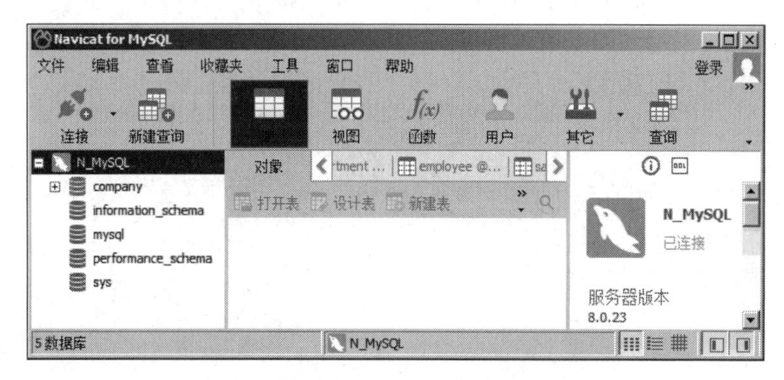

图 2-20　Navicat 主界面

单击工具栏中的"新建查询"按钮，可以执行 SQL，如图 2-21 所示。

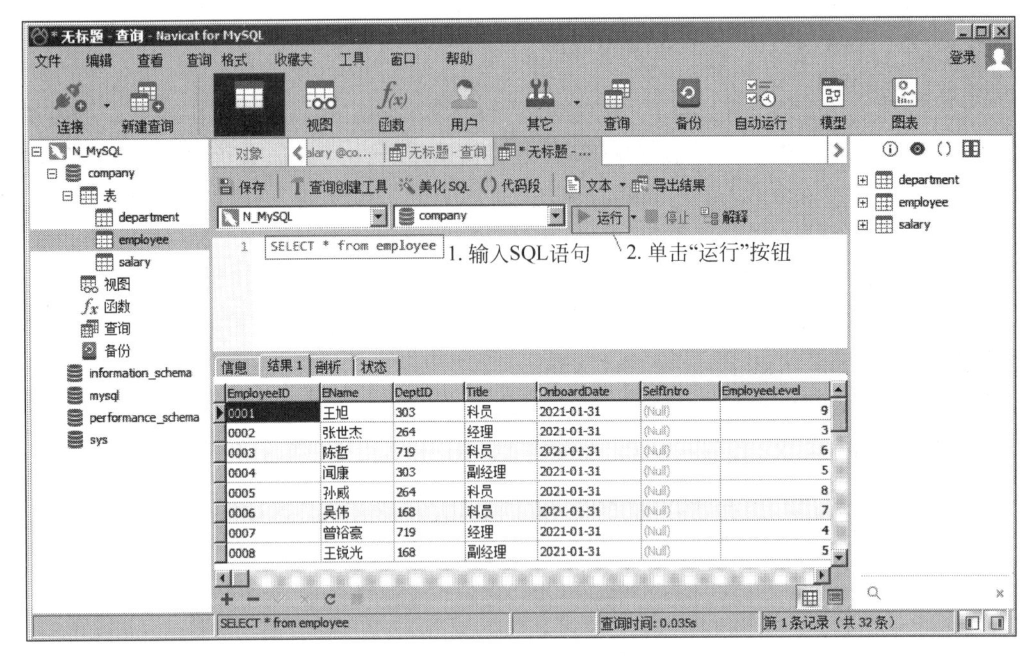

图 2-21 Navicat 查询界面

单元小结

本单元主要讲解了数据库的基础知识，MySQL 的安装与配置以及 MySQL 的使用，并介绍了两个 MySQL 图形化管理工具。通过本单元的学习，希望初学者真正掌握 MySQL 数据库基础知识，并且学会在 Windows 系统上安装与配置 MySQL，为后面单元的学习打下扎实的基础。

单元实训项目

项目：MySQL 环境

目的：

(1) 熟悉 MySQL 的安装与配置，学会在 Windows 平台上安装 MySQL。

(2) 掌握 MySQL 的启动、登录以及配置。

(3) 对数据库有一个初步的了解。

内容：

(1) 安装 MySQL。

(2) 配置 MySQL。

(3) 采用 Windows 资源管理器和 DOS 命令方式启动 MySQL 服务。

(4) 采用 DOS 命令方式登录 MySQL 数据库服务器。

单元练习题

一、选择题

1. 一个数据库最多可以创建数据表的个数是(　　)。
   A. 1个　　B. 2个　　C. 1个或2个　　D. 多个
2. 下面选项中,属于MySQL用于放置日志文件以及数据库的目录是(　　)。
   A. bin目录　　B. data目录
   C. include目录　　D. lib目录
3. 下面的DOS命令关于停止MySQL的命令中,正确的是(　　)。
   A. stop net mysql　　B. service stop mysql
   C. net stop mysql　　D. service mysql stop
4. 下面选项中,属于关系型数据库产品的是(　　)(多选)。
   A. Oracle　　B. SQL Server　　C. MongoDB　　D. MySQL

二、判断题

1. MySQL现在是Oracle公司的产品。　(　　)
2. 登录MySQL服务器,只能通过DOS命令行登录。　(　　)
3. 查看MySQL的帮助信息,可以在命令行窗口中输入"help;"或者"\h"命令。　(　　)
4. MySQL是一种介于关系型数据库和非关系型数据库之间的产品。　(　　)

三、简答题

1. 简述修改MySQL配置的几种方式。
2. 简述MySQL的特点。

数据库和表的基本操作

数据库是数据库管理系统的基础与核心，是存放数据库对象的容器，数据库文件是数据库的存在形式。数据库管理就是设计数据库、定义数据库，以及修改和维护数据库的过程，数据库的效率和性能在很大程度上取决于数据库的设计和优化。本章将详细地讲解数据库和数据表的基本操作。

本单元主要学习目标如下：

- 掌握数据库的创建、查看、修改和删除等操作。
- 掌握数据表的创建、查看、修改和删除等操作。
- 了解 MySQL 的数据类型，掌握基本数据类型的使用。
- 掌握表的约束，以及给表添加约束的命令。

3.1 数据库的基本操作

3.1.1 创建数据库

MySQL 服务器中的数据库可以有多个，分别存储不同的数据。要想将数据存储到数据库中，首先需要创建数据库，这是使用 MySQL 各种功能的前提。启动并连接 MySQL 服务器，即可对 MySQL 数据库进行操作。

在 MySQL 中创建数据库的基本 SQL 语法格式如下。

```
CREATE DATABASE [IF NOT EXISTS] 数据库名;
```

参数说明如下。

(1) [IF NOT EXISTS]：可选子句，该子句可防止创建数据库服务器中已存在的新数据库的错误，即不能在 MySQL 服务器中创建具有相同名称的数据库。

(2) CREATE DATABASE：数据库名，必选项，即要创建的数据库名称。建议数据库名称尽可能有意义，并且具有一定的描述性。创建数据库时，数据库命名的规则如下。

① 不能与其他数据库重名，否则将发生错误。

② 名称可以由任意字母、阿拉伯数字、下画线和“$”组成，可以使用上述任意字符开

头，但不能使用单独的数字开头，否则会造成它与数值相混淆。

③ 名称最长可为 64 个字符。

④ 不能使用 MySQL 关键字作为数据库名。

⑤ 默认情况下，Windows 下对数据库名的大小写不敏感；而在 Linux 下对数据库名的大小写是敏感的。为了使数据库在不同平台间进行移植，建议采用小写的数据库名。

在创建完数据库后，MySQL 会在存储数据的 data 目录中创建一个与数据库同名的子目录，同时，会在该子目录下生成一个 db. opt 文件，用于保存数据库选项。

【例 3-1】 创建名为 library 的数据库。

（1）直接使用 CREATE DATABASE 语句创建，SQL 语句如下。

```
CREATE DATABASE library;
```

执行结果如图 3-1 所示。

（2）使用含 IF NOT EXISTS 子句的 CREATE DATABASE 语句创建，SQL 语句如下。

```
CREATE DATABASE IF NOT EXISTS library;
```

SQL 语句执行后显示“OK”，说明语句执行成功，数据库已经创建了。

```
信息 | 剖析 | 状态
CREATE DATABASE library
> OK
> 时间: 0.015s
```

图 3-1 直接使用 CREATE DATABASE 语句创建数据库

3.1.2 查看数据库

在 MySQL 中，成功创建数据库后，可以使用 SHOW DATABASES 语句显示 MySQL 服务器中的所有数据库。语法格式如下。

```
SHOW DATABASES;
```

使用该命令可以查询在 MySQL 中已经存在的所有数据库。

【例 3-2】 在例 3-1 中，我们创建了数据库 library，现在使用命令查看 MySQL 服务器中的所有数据库。SQL 语句如下。

```
SHOW DATABASES;
```

执行结果如图 3-2 所示。

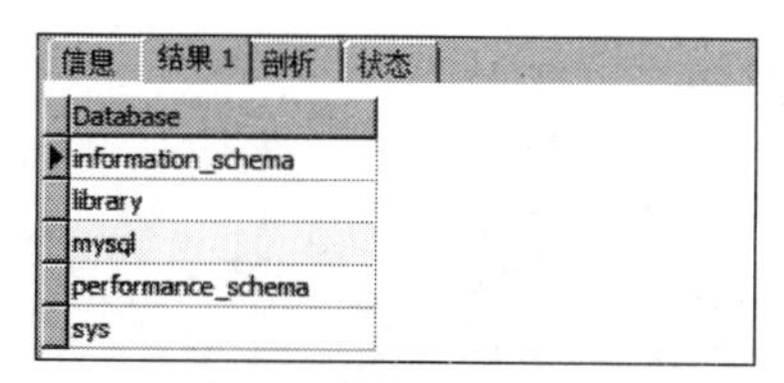

图 3-2 使用 SHOW DATABASES 语句查看数据库

从图 3-2 中可以看出，目前在 MySQL 服务器上存在着五个数据库，其中，除了例 3-1 创建的 library 数据库之外，还有 information_schema、mysql、performance_schema、sys 这四个数据库，这四个数据库都是在 MySQL 安装完成后由系统自动创建的。

（1）information_schema 是信息数据库，存储着 MySQL 数据库服务器所维护的所有其他数据库的信息。在 information_schema 数据库中,有几个只读表。它们实际上是视图,而不是基本表,因此,用户无法看到与之相关的任何文件。

(2) mysql 是 MySQL 的核心数据库,类似于 SQL Server 中的 master 表,主要负责存储数据库的用户、权限设置、关键字等控制和管理信息。mysql 数据库中的数据不可以删除,否则,MySQL 将不能正常运行。如果对 mysql 数据库不是很了解,不要轻易修改这个数据库里的信息。

(3) performance_schema 数据库主要用于收集数据库服务器性能参数。该数据库中所有表的存储引擎均为 performance_schema,而用户是不能创建存储引擎为 performance_schema 的表的。

(4) library 是安装时创建的一个测试数据库,是一个空数据库,其中没有任何表,可以删除。

要想查看某个已经创建的数据库信息,可以通过 SHOW CREATE DATABASE 语句实现,具体语法格式如下。

```
SHOW CREATE DATABASE 数据库名称;
```

【例 3-3】 查看创建好的数据库 library 的信息,SQL 语句如下。

```
SHOW CREATE DATABASE library;
```

执行之后,输出结果显示了数据库 library 的创建信息及其编码方式。

3.1.3 选择数据库

上面虽然成功创建了数据库 library,但并不表示当前就可以使用数据库 library。在使用指定数据库之前,必须通过使用 USE 语句告诉 MySQL 要使用哪个数据库,使其成为当前默认数据库。其语法格式如下。

```
USE 数据库名;
```

【例 3-4】 选择名称为 library 的数据库,设置其为当前默认的数据库。使用 USE 语句选择数据库 library,SQL 语句如下。

```
USE library;
```

运行结果如图 3-3 所示。

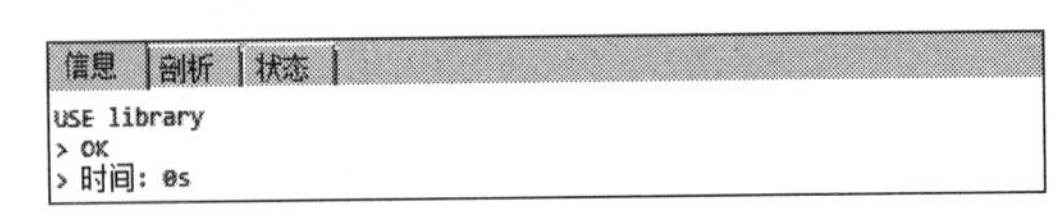

图 3-3 选择名称为 library 的数据库

3.1.4 修改数据库

数据库创建之后,数据库编码方式就确定了。修改数据库的编码方式,可以使用

ALTER DATABASE 语句,具体语法格式如下。

```
ALTER DATABASE 数据库名称 DEFAULT CHARACTER SET 编码方式 COLLATE 编码方式_bin;
```

其中,“数据库名称”是要修改的数据库的名字,“编码方式”是修改后的数据库编码方式。

【例 3-5】 将数据库 library 的编码方式修改为 gbk,SQL 语句如下。

```
ALTER DATABASE library DEFAULT CHARACTER SET gbk COLLATE gbk_bin;
```

为了验证数据库的编码方式是否修改成功,可以使用例 3-3 中的 SHOW CREATE DATABASE 语句查看修改后的数据库。

3.1.5 删除数据库

删除数据库可以使用 DROP DATABASE 命令,具体语法格式如下。

```
DROP DATABASE 数据库名称;
```

其中,“数据库名称”是要删除的数据库的名字。需要注意的是,如果要删除的数据库不存在,则会出现错误。

【例 3-6】 删除名为 company 的数据库。SQL 语句如下。

```
DROP DATABASE company;
```

执行结果如图 3-4 所示。

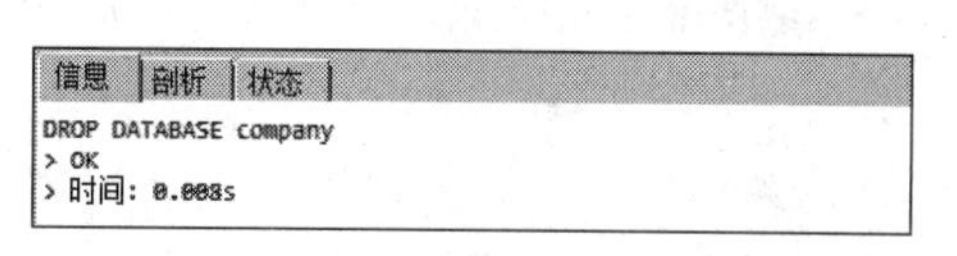

图 3-4 DROP DATABASE 语句执行结果

为了验证数据库是否删除成功,可以使用 SHOW DATABASES 语句查看当前 MySQL 数据库服务器上的所有数据库,当前 MySQL 数据库服务器中已经不存在 company 数据库了,表明删除成功。

注意:在使用 DROP DATABASE 删除数据库时,若待删除的数据库不存在,MySQL 服务器会报错。值得一提的是,在执行删除数据库操作之前,一定要备份需要保留的数据,确保数据的安全,避免误操作造成严重后果。

注意:MySQL 中单行注释以“#”开始标识,也支持标准 SQL 中“--”单行注释。但是为了防止“--”与 SQL 语句中负号和减法运算的混淆,在第二个短横线后必须添加至少一个控制字符(如空格、制表符、换行符等)将其标识为单行注释符号。示例如下。

```
#此处填写单行注释内容,如:若服务器中没有 mydb 数据库,则创建,否则忽略此 SQL
CREATE DATABASE IF NOT EXISTS mydb;
-- 此处填写单行注释内容,如:若服务器中存在 mydb 数据库,则删除,否则忽略此 SQL
DROP DATABASE IF EXISTS mydb;
```

同样地,MySQL 也支持标准 SQL 中的多行注释“/ * 此处填写注释内容 * /”,它的开始符号为“/ *”，结束符号为“* /”，中间的内容就是要编写的注释。示例如下。

```
/*
此处填写多行注释内容
如: 利用以下 SQL 查看当前服务器中的所有数据库
*/
SHOW DATABASES;
```

在开发中编写的 SQL 语句，建议合理地添加单行或多行注释，方便阅读与理解。

在 MySQL 使用的过程中，它相关的基本语法有以下三点需要注意的地方。

(1) 换行、缩进与结尾分隔符。MySQL 中的 SQL 语句可以单行或多行书写，多行书写时可以按 Enter 键换行，每行中的 SQL 语句可以使用空格和缩进增强语句的可读性，在 SQL 语句完成时通常情况下使用分号(;)结尾，在命令行窗口中也可使用“\g”结尾，效果与分号相同。另外，在命令行窗口中，还可以使用“\G”结尾，如 SHOW DATABASES\G 将显示结果以每条记录(一行数据)为一组，将所有的字段纵向排列展示。

(2) 大小写问题。MySQL 的关键字在使用时不区分大小写，如 SHOW DATABASES 与 show databases 都表示获取当前 MySQL 服务器中有哪些数据库。另外，MySQL 中的所有数据库名称、数据表名称、字段名称默认情况下在 Windows 系统下都忽略大小写，在 Linux 系统下数据库与数据表名称则区分大小写，通常开发时推荐都使用小写。

(3) 反引号的使用。在项目开发中，为了避免用户自定义的名称与系统中的命令(如关键字)冲突，最好使用反引号(``)包裹数据库名称、字段名称和数据表名称。其中，反引号(`)在键盘中左上角 Tab 键的上方，读者只需将输入法切换到英文，按下此键即可输入反引号(`)。

3.2 数据类型

为字段选择合适的数据类型对数据库的优化非常重要。MySQL 支持多种数据类型，大致可以分为四类：数值类型、日期和时间类型、字符串(字符)类型和二进制类型。

1. 数值类型

MySQL 支持所有标准 SQL 数值类型，包括精确数值类型(INTEGER、SMALLINT 和 DECIMAL)和近似数值类型(FLOAT、REAL 和 DOUBLE PRECISION)。关键字 INT 是 INTEGER 的简写，关键字 DEC 是 DECIMAL 的简写。

作为 SQL 标准的扩展，MySQL 也支持整数类型 TINYINT、MEDIUMINT 和 BIGINT。表 3-1 列出了 MySQL 每种数值类型占用的字节数、范围以及用途。

从表 3-1 中可以看出，不同数值类型所占用的字节数和取值范围都是不同的。其中，定点数类型 DECIMAL 的有效取值范围由 M 和 D 决定，M 表示整个数据的位数，不包括小数点；D 表示小数点后数据的位数。例如，将数据类型为 DECIMAL(5,3)的数据 3.1415 插入数据库，显示的结果为 3.142。

表 3-1　数值类型

类　型	大小	范围(有符号)	范围(无符号)	用途
TINYINT	1b	(−128,127)	(0,255)	小整数值
SMALLINT	2b	(−32 768,32 767)	(0,65 535)	大整数值
MEDIUMINT	3b	(−8 388 608,8 388 607)	(0,16 777 215)	大整数值
INT 或 INTEGER	4b	(−2 147 483 648,2 147 483 647)	(0,4 294 967 295)	大整数值
BIGINT	8b	(−9 223 372 036 854 775 808,9 223 372 036 854 775 807)	(0,18 446 744 073 709 551 615)	极大整数值
FLOAT	4b	(−3.402 823 466 E+38,1.175 494 351 E−38)	(1.175 494 351 E−38,3.402 823 466 E+38)	单精度浮点数值
DOUBLE	8b	(−1.797 693 134 862 315 7 E+308,−2.225 073 858 507 201 4 E−308)	(2.225 073 858 507 201 4 E−308,1.797 693 134 862 315 7 E+308)	双精度浮点数值
DECIMAL	M+2	(−1.797 693 134 862 315 7 E+308,−2.225 073 858 507 201 4 E−308)	(2.225 073 858 507 201 4 E−308,1.797 693 134 862 315 7 E+308)	小数值

创建表时,选择数字类型应遵循以下原则。

(1) 选择最小的可用类型,如果值永远不超过 127,则使用 TINYINT 比使用 INT 强。

(2) 对于完全都是数字的,可以选择整型数据。

(3) 浮点型数据用于可能具有小数部分的数,如货物单价、网上购物支付金额等。

注意:

(1) 在选择数据类型时,若一个数据将来可能参与数学计算,推荐使用整数、浮点数或定点数类型;若只用来显示,则推荐使用字符串类型。例如,商品库存可能需要增加、减少、求和等,所以保存为整数类型;用户的身份证、电话号码一般不需要计算,可以保存为字符串类型。

(2) 表的主键推荐使用整数类型,与字符串类型相比,整数类型的处理效率更高,查询速度更快。

(3) 当插入的值的数据类型与字段的数据类型不一致,或使用 ALTER TABLE 修改字段的数据类型时,MySQL 会尝试尽可能将现有的值转换为新类型。例如,字符串'123'、'−123'、'1.23'与数字 123、−123、1.23 可以互相转换;1.5 转换为整数时,会被四舍五入,结果为 2。

2. 日期和时间类型

表示日期和时间值的日期和时间类型有 DATETIME、DATE、TIMESTAMP、TIME 和 YEAR。每个时间类型有一个有效值范围和一个“零”值,当输入不合法的值时,MySQL 使用“零”值插入。TIMESTAMP 类型具备专有的自动更新特性。表 3-2 列举了 MySQL 中日期和时间类型所对应的字节数、范围、格式以及用途。

其中,DATE 类型用于表示日期值,不包含时间部分。在 MySQL 中,DATE 类型常用的字符串格式为:"YYYY-MM-DD"或者"YYYYMMDD"。

例如,输入“2021-01-24”或者“20210124”,插入数据库的日期均为 2021-01-24。

TIME 类型用于表示时间值,它的显示形式一般为 HH:MM:SS,其中,HH 表示小时,MM 表示分,SS 表示秒。

表 3-2 日期和时间类型

类 型	大小	范 围	格式	用 途
DATE	3b	1000-01-01～9999-12-31	YYYY-MM-DD	日期值
TIME	3b	'-838:59:59'～'838:59:59'	HH:MM:SS	时间值或持续时间
YEAR	1b	1901～2155	YYYY	年份值
DATETIME	8b	1000-01-01 00:00:00～9999-12-31 23:59:59	YYYY-MM-DD HH:MM:SS	混合日期和时间值
TIMESTAMP	4b	1970-01-01 00:00:00～2038 结束时间是第 2147483647 秒，北京时间 2038-1-19 11:14:07，格林尼治时间 2038 年 1 月 19 日 凌晨 03:14:07	YYYYMMDD HHMMSS	混合日期和时间值，时间戳

例如，输入“115253”，插入数据库中的时间为 11:52:53。

YEAR 类型用于表示年。在 MySQL 中，常使用四位字符串或数字表示，对应的字符串的范围为'1901'～'2155'，数字范围为 1901～2155。

例如，输入“2021”或 2021，插入到数据库中的值均为 2021。

DATETIME 类型用于表示日期和时间，它的显示形式为“YYYY-MM-DD HH:MM:SS”，其中，YYYY 表示年，MM 表示月，DD 表示日，HH 表示小时，MM 表示分，SS 表示秒。

例如，输入“2021-01-24 08:23:52”或“20210124082352”，插入数据库中的 DATETIME 类型的值均为 2021-01-24 08:23:52。

TIMESTAMP 类型用于表示日期和时间，它的显示形式与 DATETIME 类型相同，但取值范围比 DATETIME 类型小。当 TIMESTAMP 类型的字段输入为 NULL 时，系统会以当前系统的日期和时间填入。当 TIMESTAMP 类型的字段无输入时，系统也会以当前系统的日期和时间填入。

3. 字符串类型和二进制类型

为了存储字符串、图片和声音等数据，MySQL 提供了字符串和类型二进制类型。表 3-3 列举了这些数据类型的取值范围和用途。

表 3-3 字符串类型和二进制类型

类 型	大 小	用 途
CHAR(n)	0～255 字符	定长字符串，n 为字符串的最大长度。若输入数据的长度超过了 n 值，超出部分将会被截断；否则，不足部分用空格填充。例如，对于 CHAR(4)，若插入值为'abc'，则其占用的存储空间为 4 字节
VARCHAR(n)	0～65 536 字符	变长字符串，n 为字符串的最大长度。占用字节数随输入数据的实际长度而变化，最大长度不得超过 n+1。例如，VARCHAR(4)，若插入值为'abc'，则其占用的存储空间为 4 字节，若插入值为'abcd'，则其占用的存储空间为 5 字节

续表

类型	大小	用途
BINARY(n)	0～255 字节	固定长度的二进制数据，n 为字节长度，若输入数据的字节长度超过了 n 值，超出部分将会被截断；否则，不足部分用字符'\0 填充。例如，对 BINARY(3)，插入值为'a\0'时变成'a\0\0'值存入
VARBINARY(n)	0～65 536 字节	可变长度的二进制数据，n 为字节长度
ENUM	1～65 535 个值	枚举类型，语法格式为：ENUM('值 1','值 2',…,'值 n')。该类型的字段值只能为枚举值中的某一个。例如，性别字段数据类型可以设为 ENUM('男','女')
SET	1～64 个值	集合类型，语法格式为：SET('值 1','值 2',…,'值 n')。例如，人的兴趣爱好字段的数据类型可以设为 SET('听音乐','看电影','购物','游泳','旅游')，该字段的值从集合中取值，且可以取多个值
BIT(n)	1～64 位	位字段类型。如果输入的值的长度小于 n 位，在值的左边用 0 填充。例如，为 BIT(6)分配值'101'的效果与分配值'000101'的效果相同
TINYBLOB	0～255 字节	不超过 255 个字符的二进制字符串
BLOB	0～65 535 字节	二进制形式的文本数据，主要存储图片、音频等信息
MEDIUMBLOB	0～16 777 215 字节	二进制形式的中等长度文本数据
LONGBLOB	0～4 294 967 295 字节	二进制形式的极大长度文本数据
TINYTEXT	0～255 字节	短文本字符串
TEXT	0～65 535 字节	文本数据。如新闻内容、博客、日志等
MEDIUMTEXT	0～16 777 215 字节	中等长度文本数据
LONGTEXT	0～4 294 967 295 字节	极大长度文本数据

CHAR(n)为固定长度的字符串，在定义时指定字符串的长度最大为 n 个字符个数。当保存时，MySQL 会自动在右侧填充空格，以达到其指定的长度。例如，CHAR(8)定义了一个固定长度的字符串列，字符个数最大为 8。当检索到 CHAR 值时，尾部的空格将被删除。

VARCHAR(n)为可变长度的字符串。VARCHAR 的最大实际长度 L 由最长行的大小和使用的字符集确定，其实际占用的存储空间为字符串实际长度 L 加 1。例如，VARCHAR(50)定义了一个最大长度为 50 的字符串列，如果写入的实际字符串只有 20 个字符，则其实际存储的字符串为 20 个字符和一个字符串结束字符。保存和检索 VARCHAR 的值时，其尾部的空格仍然保留。

CHAR 和 VARCHAR 类型类似，但它们保存和检索的方式不同。它们的最大长度和尾部空格是否被保留等也不同。在存储或检索过程中不进行大小写转换。TEXT 类型用于保存非二进制字符串，如文章的内容、评论等信息。当保存或检索 TEXT 列的值时，不会删除尾部空格。

TEXT 类型有四种：TINYTEXT、TEXT、MEDIUMTEXT 和 LONGTEXT。不同的 TEXT 类型的存储空间和数据长度都不同。

MySQL 中的二进制字符串数据类型有 BIT、BINARY、VARBINARY、TINYBLOB、

BLOB、MEDIUMBLOB 和 LONGBLOB。

BINARY 和 VARBINARY 类似于 CHAR 和 VARCHAR，不同的是，它们包含二进制字符串，而不要非二进制字符串。也就是说，它们包含字节字符串，而不是字符字符串。这说明它们没有字符集，并且排序和比较基于列值字节的数值。

BLOB 是一个二进制大对象，可以容纳可变数量的数据。有四种 BLOB 类型：TINYBLOB、BLOB、MEDIUMBLOB 和 LONGBLOB。它们的区别是可容纳的存储范围不同。

创建表时，使用字符串类型时应遵循以下原则。

(1) 从速度方面考虑，要选择固定的列，可以使用 CHAR 类型。

(2) 要节省空间，使用动态的列，可以使用 VARCHAR 类型。

(3) 要将列中的内容限制为一种选择，可以使用 ENUM 类型。

(4) 允许在一列中有多个条目，可以使用 SET 类型。

(5) 如果要搜索的内容不区分大小写，可以使用 TEXT 类型。

(6) 如果要搜索的内容区分大小写，可以使用 BLOB 类型。

3.3 数据表的基本操作

3.3.1 创建数据表

创建完数据库并熟悉了 MySQL 支持的数据类型后，接下来的工作是创建数据表。创建数据表其实就是在已经创建好的数据库中建立新表。

数据表属于数据库，在创建数据表之前，应该使用语句“USE <数据库名>”指定操作是在哪个数据库中进行。如果没有选择数据库，MySQL 会抛出 No database selected 的错误提示。

创建数据表的语句为 CREATE TABLE，语法规则如下。

```
CREATE TABLE 数据表名称
(
    字段名 1 数据类型 [完整性约束条件] [默认值],
    字段名 2 数据类型 [完整性约束条件] [默认值],
    …
    字段名 n 数据类型 [完整性约束条件] [默认值],
);
```

在上述语法格式中，“数据表名称”是创建的数据表的名字，“字段名”是数据表的列名，“完整性约束条件”是字段的特殊约束条件。关于表的约束将在 3.4 节进行详细讲解。

使用 CREATE TABLE 创建表时，必须指定以下信息。

(1) 数据表名不区分大小写，且不能使用 SQL 中的关键字，如 DROP、INSERT 等。

(2) 如果数据表中有多个字段(列)，字段(列)的名称和数据类型要用英文逗号隔开。

【例 3-7】 在 library 数据库中创建一个用于存储图书信息的 books 表，其结构如表 3-4 所示。

表 3-4　books 表结构

字 段 名	数 据 类 型	备 注 说 明
Bookid	char(6)	图书编号
Bookname	varchar(50)	书名
Author	varchar(50)	作者
Press	varchar(40)	出版社
Pubdate	date	出版日期
Type	varchar(20)	类型
Number	int(2)	库存数量
Info	varchar(255)	简介

使用 library 数据库，SQL 语句如下。

```
USE library;
```

接下来创建 books 表，SQL 语句如下。

```
CREATE TABLE books
(
  Bookid char(6),
  Bookname varchar(50),
  Author varchar(50),
  Press varchar(40),
  Pubdate date,
  Type varchar(20),
  Number int(2),
  Info varchar(255)
);
```

执行语句后，便创建了一个名称为 books 的数据表，使用 SHOW TABLES 语句查看数据表是否创建成功，SQL 语句如下。

```
SHOW TABLES;
```

运行结果如图 3-5 所示。

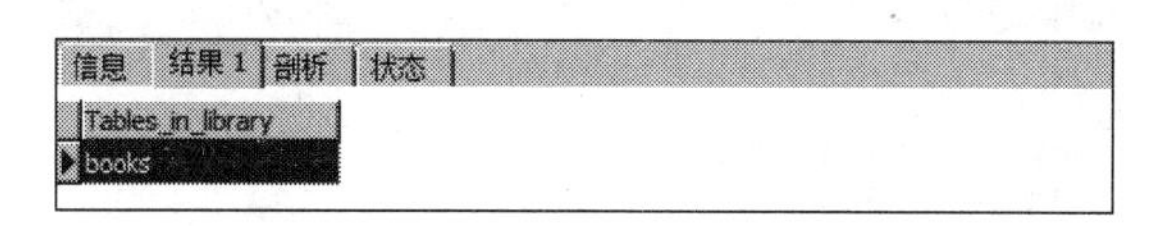

图 3-5　使用 SHOW TABLES 语句查看数据表

从图 3-5 中可以看到，library 数据库中已经有了数据表 books，表明数据表创建成功。

3.3.2　查看数据表

创建好数据表之后，可以查看数据表，以确认其定义是否正确。在 MySQL 中，查看数据表的方式有以下两种。

1. 使用 SHOW CREATE TABLE 语句查看数据表

语法格式如下。

```
SHOW CREATE TABLE 数据表名称;
```

其中,“数据表名称”是要查看的数据表的名字。

【例 3-8】 使用 SHOW CREATE TABLE 语句查看 books 表。SQL 语句如下。

```
SHOW CREATE TABLE books;
```

执行结果如图 3-6 所示。

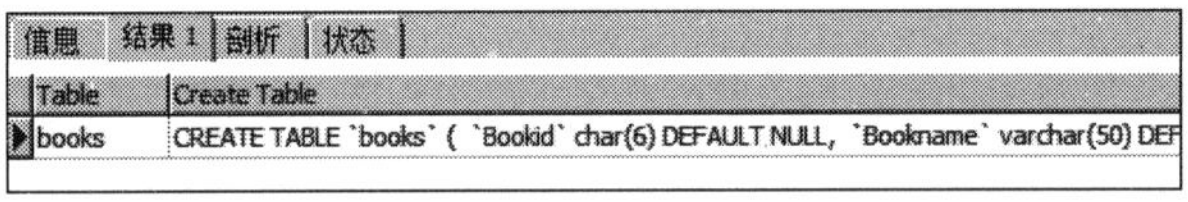

信息 | 结果 1 | 剖析 | 状态

Table	Create Table
books	CREATE TABLE \`books\` (\`Bookid\` char(6) DEFAULT NULL, \`Bookname\` varchar(50) DEF

图 3-6 使用 SHOW CREATE TABLE 语句查看 books 表的详细结构

2. 使用 DESCRIBE 语句查看数据表

使用 DESCRIBE 语句查看数据表,可以查看到数据表的字段名、类型、是否为空、是否为主键等信息。语法格式如下。

```
DESCRIBE 表名;
```

或者使用简写,语法格式如下。

```
DESC 表名;
```

【例 3-9】 使用 DESCRIBE 语句查看 books 表。SQL 语句如下。

```
DESCRIBE books;
```

执行结果如图 3-7 所示。

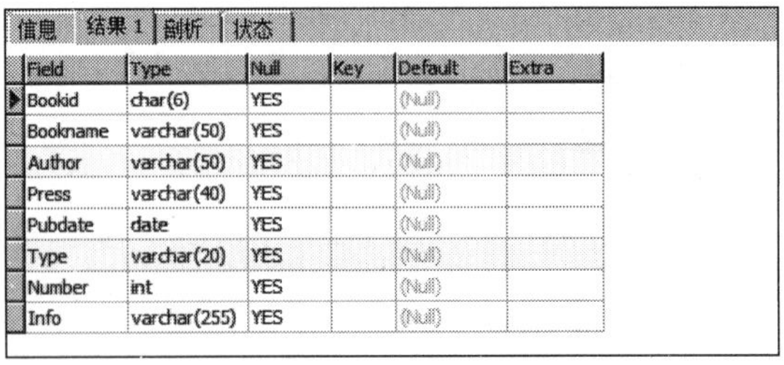

信息 | 结果 1 | 剖析 | 状态

Field	Type	Null	Key	Default	Extra
Bookid	char(6)	YES		(Null)	
Bookname	varchar(50)	YES		(Null)	
Author	varchar(50)	YES		(Null)	
Press	varchar(40)	YES		(Null)	
Pubdate	date	YES		(Null)	
Type	varchar(20)	YES		(Null)	
Number	int	YES		(Null)	
Info	varchar(255)	YES		(Null)	

图 3-7 使用 DESCRIBE 语句查看 books 表的基本结构

其中:

(1) Field 表示该表的字段名。

(2) Type 表示对应字段的数据类型。
(3) Null 表示对应字段是否可以存储 NULL 值。
(4) Key 表示对应字段是否编制索引和约束。
(5) Default 表示对应字段是否有默认值。
(6) Extra 表示获取到的与对应字段相关的附加信息。

3.3.3 修改数据表

数据表创建之后,用户还可以对表中的某些信息进行修改,修改表是指修改数据库中已经存在的数据表结构。MySQL 使用 ALTER TABLE 语句修改表。常用的修改表的操作有:修改表名、修改字段名和数据类型、修改字段的数据类型、添加字段、删除字段、修改字段的排列位置等。下面对这些操作进行详细介绍。

1. 修改表名

MySQL 可以通过 ALTER TABLE 语句实现对表名的修改,语法格式如下。

```
ALTER  TABLE 旧表名 RENAME  [TO] 新表名;
```

其中,关键字 TO 是可选的,使用与否都不影响运行结果。

【例 3-10】 将数据库 library 中 books 表的表名改为 tb_books。

修改表名之前,先用 SHOW TABLES 语句查看数据库中的表,结果如图 3-8 所示。

执行下述命令,将 books 表名改为 tb_books。

```
ALTER TABLE books RENAME tb_books;
```

上述命令执行成功后,再用 SHOW TABLES 语句查看数据库中的表,结果如图 3-9 所示。

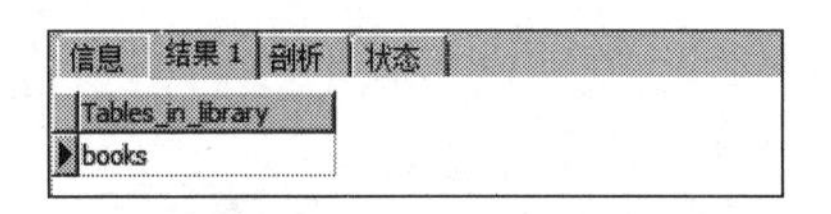

图 3-8 使用 SHOW TABLES 语句查看所有表结果

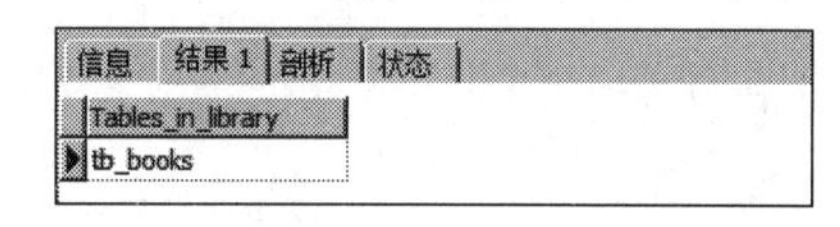

图 3-9 使用 SHOW TABLES 语句查看 ALTER TABLE 语句执行结果

从图 3-9 中可以看出,数据库 library 中的表名 books 已经被成功修改为 tb_books。

2. 修改字段名和数据类型

语法格式如下。

```
ALTER TABLE 表名 CHANGE 旧字段名 新字段名 新数据类型;
```

其中,“旧字段名”是修改之前的字段名称,“新字段名”是修改之后的字段名称,“新数据类型”是修改后的数据类型。注意,修改后的数据类型不能为空。如果只修改字段名,不修改数据类型,可以将新数据类型写为字段原来的数据类型。

【例 3-11】 将 tb_books 表中的 Author 字段改名为 bookAuthor，数据类型保持不变。修改字段之前，用 DESC tb_books 语句查看表的信息，执行结果如图 3-10 所示。

信息 | 结果 1 | 剖析 | 状态

Field	Type	Null	Key	Default	Extra
Bookid	char(6)	YES		(Null)	
Bookname	varchar(50)	YES		(Null)	
Author	varchar(50)	YES		(Null)	
Press	varchar(40)	YES		(Null)	
Pubdate	date	YES		(Null)	
Type	varchar(20)	YES		(Null)	
Number	int	YES		(Null)	
Info	varchar(255)	YES		(Null)	

图 3-10　执行修改字段名前查看表结构

执行下述命令，将 tb_books 表中的 Author 字段改名为 bookAuthor。

```
ALTER TABLE tb_books CHANGE Author bookAuthor varchar(50);
```

执行结果如图 3-11 所示。

信息 | 结果 1 | 剖析 | 状态

Field	Type	Null	Key	Default	Extra
Bookid	char(6)	YES		(Null)	
Bookname	varchar(50)	YES		(Null)	
bookAuthor	varchar(50)	YES		(Null)	
Press	varchar(40)	YES		(Null)	
Pubdate	date	YES		(Null)	
Type	varchar(20)	YES		(Null)	
Number	int	YES		(Null)	
Info	varchar(255)	YES		(Null)	

图 3-11　执行修改字段名后查看表结构

从图 3-11 中可以看出，tb_books 表中的 Author 字段成功改名为 bookAuthor。

3. 修改字段的数据类型

语法格式如下。

```
ALTER TABLE 表名 MODIFY 字段名 新数据类型;
```

【例 3-12】 将 tb_books 表中的 Bookname 字段的数据类型由 varchar(50)修改为 varchar(100)。执行修改命令之前，先用 DESC tb_books 语句查看 tb_books 表的结构，如图 3-12 所示。

信息 | 结果 1 | 剖析 | 状态

Field	Type	Null	Key	Default	Extra
Bookid	char(6)	YES		(Null)	
Bookname	varchar(50)	YES		(Null)	
bookAuthor	varchar(50)	YES		(Null)	
Press	varchar(40)	YES		(Null)	
Pubdate	date	YES		(Null)	
Type	varchar(20)	YES		(Null)	
Number	int	YES		(Null)	
Info	varchar(255)	YES		(Null)	

图 3-12　执行修改字段数据类型前查看表结构

执行修改命令，SQL 语句如下。

```
ALTER TABLE tb_books MODIFY Bookname varchar(100);
```

命令执行成功后，再查看一下 tb_books 表的结构，结果如图 3-13 所示。

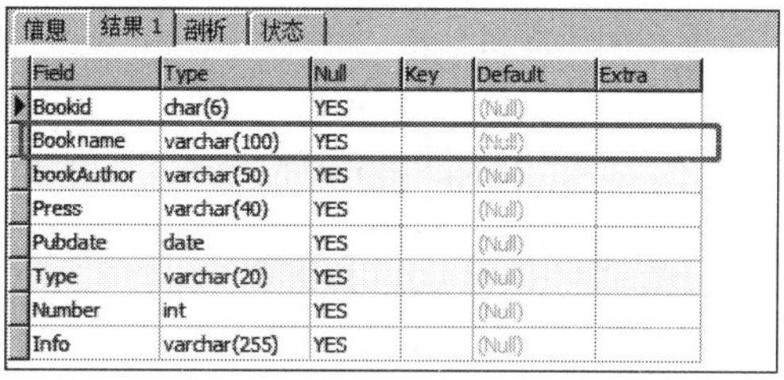

信息 结果1 剖析 状态

Field	Type	Null	Key	Default	Extra
Bookid	char(6)	YES		(Null)	
Bookname	varchar(100)	YES		(Null)	
bookAuthor	varchar(50)	YES		(Null)	
Press	varchar(40)	YES		(Null)	
Pubdate	date	YES		(Null)	
Type	varchar(20)	YES		(Null)	
Number	int	YES		(Null)	
Info	varchar(255)	YES		(Null)	

图 3-13 执行修改字段数据类型后查看表结构

从图 3-13 中可以看出，Bookname 字段的数据类型已经由 varchar(50)修改为 varchar(100)。

4. 添加字段

语法格式如下。

```
ALTER TABLE 表名 ADD 新字段名 数据类型
[约束条件] [FIRST|AFTER 已经存在的字段名];
```

其中，“新字段名”是新添加的字段名称，“FIRST”是可选参数，用于将新添加的字段设置为表的第一个字段，“AFTER 已经存在的字段名”也是可选参数，用于将新添加的字段添加到指定字段的后面。如不指定位置，则默认将新添加字段追加到表末尾。

【例 3-13】 在数据表 tb_books 中的 Press 字段后添加一个 int 类型的字段 column1。SQL 语句如下。

```
ALTER TABLE tb_books ADD column1 int AFTER Press;
```

为了验证 column1 字段是否添加成功，使用 DESC 语句查看 tb_books 表的结构，执行结果如图 3-14 所示。

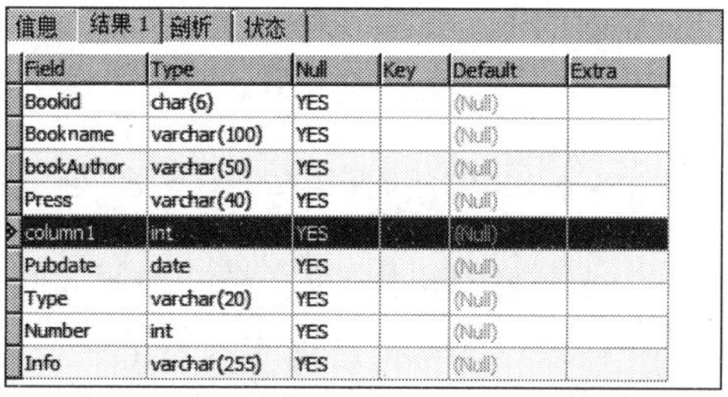

信息 结果1 剖析 状态

Field	Type	Null	Key	Default	Extra
Bookid	char(6)	YES		(Null)	
Bookname	varchar(100)	YES		(Null)	
bookAuthor	varchar(50)	YES		(Null)	
Press	varchar(40)	YES		(Null)	
column1	int	YES		(Null)	
Pubdate	date	YES		(Null)	
Type	varchar(20)	YES		(Null)	
Number	int	YES		(Null)	
Info	varchar(255)	YES		(Null)	

图 3-14 执行添加字段后查看表结果

从图 3-14 中可以看出，在 tb_books 表中已经成功添加了 cloumn1 字段，数据类型为 int。

5. 删除字段

语法格式如下。

```
ALTER TABLE 表名 DROP 字段名;
```

【例 3-14】 删除 tb_books 表中的 cloumn1 字段。SQL 语句如下。

```
ALTER TABLE tb_books DROP cloumn1;
```

为了验证 cloumn1 字段是否删除成功,使用 DESC 语句查看 tb_books 表的结构,执行结果如图 3-15 所示。

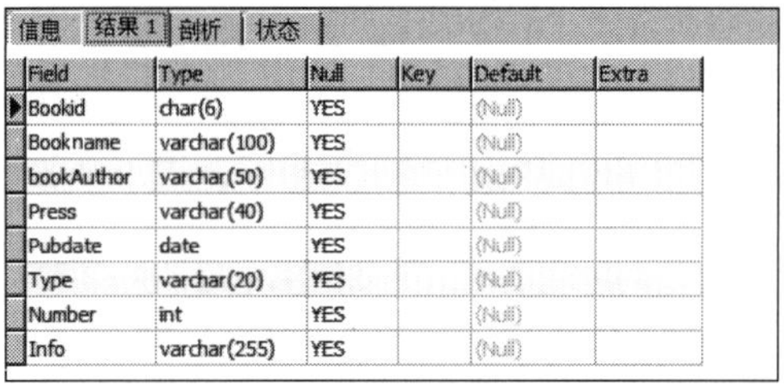

信息 结果 1 剖析 状态

Field	Type	Null	Key	Default	Extra
Bookid	char(6)	YES		(Null)	
Bookname	varchar(100)	YES		(Null)	
bookAuthor	varchar(50)	YES		(Null)	
Press	varchar(40)	YES		(Null)	
Pubdate	date	YES		(Null)	
Type	varchar(20)	YES		(Null)	
Number	int	YES		(Null)	
Info	varchar(255)	YES		(Null)	

图 3-15 执行删除字段后查看表结构结果

从图 3-15 中可以看出,tb_books 表中的 cloumn1 字段已经不存在了。

6. 修改字段的排列位置

在创建一个数据表的时候,字段的排列位置就已经确定了,但这个位置并不是不能改变的,可以使用 ALTER TABLE 改变指定字段的位置,语法格式如下。

```
ALTER TABLE 表名 MODIFY 字段名 1 新数据类型 FIRST|AFTER 字段名 2;
```

其中,“FIRST”是可选参数,用于将“字段名 1”设置为表的第一个字段,“AFTER 字段名 2”也是可选参数,用于将“字段名 1”移动到“字段名 2”的后面。此命令可以同时修改字段的数据类型和位置。如果只修改位置,不修改数据类型,可以将新数据类型写为字段原来的数据类型。

【例 3-15】 将 tb_books 表中的 Press 字段修改为表中的第一个字段。

SQL 语句如下。

```
ALTER TABLE tb_books MODIFY Press varchar(40) FIRST;
```

使用 DESC 语句查看 tb_books 表的结构,执行结果如图 3-16 所示。

从图 3-16 中可以看出,Press 字段已经被修改为表的第一个字段了。

【例 3-16】 将 tb_books 表中的 Press 字段移动到 bookAuthor 字段之后,并将数据类型修改为 tinyint。

SQL 语句如下。

```
ALTER TABLE tb_books MODIFY Press tinyint AFTER bookAuthor;
```

Field	Type	Null	Key	Default	Extra
press	varchar(40)	YES		(Null)	
Bookid	char(6)	YES		(Null)	
Bookname	varchar(100)	YES		(Null)	
bookAuthor	varchar(50)	YES		(Null)	
Pubdate	date	YES		(Null)	
Type	varchar(20)	YES		(Null)	
Number	int	YES		(Null)	
Info	varchar(255)	YES		(Null)	

图 3-16 执行修改 Press 字段为第一个字段后查看表结果

使用 DESC 语句查看 tb_books 表的结构，执行结果如图 3-17 所示。

Field	Type	Null	Key	Default	Extra
Bookid	char(6)	YES		(Null)	
Bookname	varchar(100)	YES		(Null)	
bookAuthor	varchar(50)	YES		(Null)	
press	tinyint	YES		(Null)	
Pubdate	date	YES		(Null)	
Type	varchar(20)	YES		(Null)	
Number	int	YES		(Null)	
Info	varchar(255)	YES		(Null)	

图 3-17 执行移动 Press 字段后查看表结果

从图 3-17 中可以看出，tb_books 表中的 Press 字段已经成功移动到 bookAuthor 字段之后，并且数据类型已被修改为 tinyint。

3.3.4 删除数据表

删除数据表是指删除数据库中已经存在的表，同时，该数据表中的数据也会被删除。注意，一般数据库中的多个数据表之间可能会存在关联，要删除具有关联关系的数据表比较复杂，这种情况将在后续章节介绍。本节只涉及没有关联关系的数据表的删除。

删除数据表的语法格式如下。

```
DROP TABLE 表名;
```

【例 3-17】 删除 tb_books 表。

SQL 语句如下。

```
DROP TABLE tb_books;
```

为了验证 tb_books 表是否删除成功，使用 DESC 语句查看，执行结果如图 3-18 所示。

```
DESC tb_books
> 1146 - Table 'library.tb_books' doesn't exist
> 时间: 0.001s
```

图 3-18 使用 DESC 语句查看 DROP TABLE 语句执行结果

从图 3-18 中可以看出，tb_books 表已经不存在了，说明已被成功删除。

3.4 数据表的约束

为了防止数据表中插入错误的数据，MySQL 定义了一些维护数据库完整性的规则，即表的约束，约束用来确保数据的准确性和一致性。数据的完整性就是对数据的准确性和一致性的一种保证。常见的表约束有以下五种：主键约束（PRIMARY KEY CONSTRAINT）、外键约束（FOREIGN KEY CONSTRAINT）、非空约束（NOT NULL CONSTRAINT）、唯一约束（UNIQUE CONSTRAINT）和默认约束（DEFAULT CONSTRAINT）。

3.4.1 主键约束

主键又称主码，由表中的一个字段或多个字段组成，能够唯一地标识表中的一条记录。主键约束要求主键字段中的数据唯一，并且不允许为空。主键分为两种类型：单字段主键和复合主键。

注意，每个数据表中最多只能有一个主键。

1. 单字段主键

（1）创建表时指定主键，语法格式如下。

```
字段名  数据类型  PRIMARY KEY ;
```

【例 3-18】 创建 tb_books 表，并设置 Bookid 字段为主键。SQL 语句如下。

```
CREATE TABLE tb_books
(
  Bookid char(6)  PRIMARY KEY,
  Bookname varchar(50),
  Author varchar(50),
  Press varchar(40),
  Pubdate date,
  Type varchar(20),
  Number int(2),
  Info varchar(255)
);
```

执行上述命令之后，用 DESC 语句查看 tb_books 表的结构，执行结果如图 3-19 所示。

信息 | 结果 1 | 剖析 | 状态

Field	Type	Null	Key	Default	Extra
Bookid	char(6)	NO	PRI	(Null)	
Bookname	varchar(50)	YES		(Null)	
Author	varchar(50)	YES		(Null)	
Press	varchar(40)	YES		(Null)	
Pubdate	date	YES		(Null)	
Type	varchar(20)	YES		(Null)	
Number	int	YES		(Null)	
Info	varchar(255)	YES		(Null)	

图 3-19 设置 Bookid 为主键后的表结构

从图 3-19 中可以看出，Bookid 字段的“Key”显示为 PRI，表示此字段为主键。

（2）为已存在的表添加主键约束，语法格式如下。

```
ALTER TABLE 表名 MODIFY 字段名 数据类型 PRIMARY KEY;
```

【例 3-19】 将 tb_books 表的 Bookid 字段修改为主键。

首先将前面创建的 tb_books 表删除，再新建 tb_books 表，SQL 语句如下。

```
DROP TABLE tb_books;
CREATE TABLE tb_books
(
  Bookid char(6) ,
  Bookname varchar(50),
  Author varchar(50),
  Press varchar(40),
  Pubdate date,
  Type varchar(20),
  Number int(2),
  Info varchar(255)
);
```

执行上述命令之后，用 DESC 语句查看 tb_books 表的结构，执行结果如图 3-20 所示。

信息　结果 1　剖析　状态

Field	Type	Null	Key	Default	Extra
Bookid	char(6)	YES		(Null)	
Bookname	varchar(50)	YES		(Null)	
Author	varchar(50)	YES		(Null)	
Press	varchar(40)	YES		(Null)	
Pubdate	date	YES		(Null)	
Type	varchar(20)	YES		(Null)	
Number	int	YES		(Null)	
Info	varchar(255)	YES		(Null)	

图 3-20　删除并创建表 tb_books 执行结果

接下来，使用 ALTER 语句将 Bookid 字段修改为主键，SQL 语句如下。

```
ALTER TABLE tb_books MODIFY Bookid char(6) PRIMARY KEY;
```

为了验证 Bookid 字段的主键约束是否添加成功，再次使用 DESC 语句查看 tb_books 表的结构，执行结果如图 3-21 所示。

信息　结果 1　剖析　状态

Field	Type	Null	Key	Default	Extra
Bookid	char(6)	NO	PRI	(Null)	
Bookname	varchar(50)	YES		(Null)	
Author	varchar(50)	YES		(Null)	
Press	varchar(40)	YES		(Null)	
Pubdate	date	YES		(Null)	
Type	varchar(20)	YES		(Null)	
Number	int	YES		(Null)	
Info	varchar(255)	YES		(Null)	

图 3-21　使用 ALTER 语句修改表主键执行结果

从图 3-21 中可以看出，Bookid 字段的“Key”显示为 PRI，表示此字段为主键。

（3）删除主键约束，语法格式如下。

```
ALTER TABLE 表名 DROP PRIMARY KEY;
```

【例 3-20】 删除 tb_books 表的 Bookid 字段的主键约束。SQL 语句如下。

```
ALTER TABLE tb_books DROP PRIMARY KEY;
```

为了验证 Bookid 字段的主键约束是否删除，使用 DESC 语句查看 tb_books 表的结构，执行结果如图 3-22 所示。

信息 | 结果 1 | 剖析 | 状态

Field	Type	Null	Key	Default	Extra
Bookid	char(6)	NO		(Null)	
Bookname	varchar(50)	YES		(Null)	
Author	varchar(50)	YES		(Null)	
Press	varchar(40)	YES		(Null)	
Pubdate	date	YES		(Null)	
Type	varchar(20)	YES		(Null)	
Number	int	YES		(Null)	
Info	varchar(255)	YES		(Null)	

图 3-22　删除主键约束执行结果

从图 3-22 中可以看出，Bookid 字段的“Key”为空，表示此字段已经不是主键了。

2. 复合主键

复合主键是指主键由多个字段组成。

（1）创建表时指定复合主键，其语法格式如下。

```
PRIMARY KEY (字段名 1, 字段名 2, …, 字段名 n);
```

其中，“字段名 1，字段名 2，…，字段名 n”指的是构成主键的多个字段的名称。

【例 3-21】 创建 sales 表，设置 product_id、region_code 字段为复合主键。SQL 语句如下。

```
CREATE TABLE sales
(
  product_id int(11),
  region_code varchar(10),
  quantity int(11),
  price float,
  PRIMARY KEY (product_id, region_code)
);
```

执行上述命令之后，用 DESC 语句查看 sales 表的结构，执行结果如图 3-23 所示。

从图 3-23 中可以看出，product_id 字段和 region_code 字段的“Key”均显示为 PRI，表示这两个字段共同作为主键。

信息	结果 1	剖析	状态		
Field	Type	Null	Key	Default	Extra
product_id	int	NO	PRI	(Null)	
region_code	varchar(10)	NO	PRI	(Null)	
quantity	int	YES		(Null)	
price	float	YES		(Null)	

图 3-23　指定复合主键执行结果

（2）为已存在的表添加复合主键，语法格式如下。

```
ALTER TABLE 表名 ADD  PRIMARY KEY (字段名 1, 字段名 2, …,字段名 n);
```

【例 3-22】　将 sales 表的 product_id 字段和 region_code 字段作为复合主键。

首先将前面创建的 sales 表删除，再新建 sales 表。SQL 语句如下。

```
DROP TABLE sales;
CREATE TABLE sales
(
  product_id int(11),
  region_code varchar(10),
  quantity int(11),
  price float,
);
```

执行上述命令之后，用 DESC 语句查看 sales 表的结构，执行结果如图 3-24 所示。

接下来，使用 ALTER 语句将 sales 表的 product_id 字段和 region_code 字段设为复合主键。SQL 语句如下。

```
ALTER TABLE sales ADD PRIMARY KEY (product_id, region_code);
```

为了验证 product_id 字段和 region_code 字段作为复合主键是否添加成功，再次使用 DESC 语句查看 sales 表的结构，执行结果如图 3-25 所示。

信息	结果 1	剖析	状态		
Field	Type	Null	Key	Default	Extra
product_id	int	YES		(Null)	
region_code	varchar(10)	YES		(Null)	
quantity	int	YES		(Null)	
price	float	YES		(Null)	

图 3-24　删除并新建 sales 表执行结果

信息	结果 1	剖析	状态		
Field	Type	Null	Key	Default	Extra
product_id	int	NO	PRI	(Null)	
region_code	varchar(10)	NO	PRI	(Null)	
quantity	int	YES		(Null)	
price	float	YES		(Null)	

图 3-25　使用 ALTER 语句修改 sales 表主键执行结果

（3）删除复合主键约束，语法格式如下。

```
ALTER TABLE 表名 DROP PRIMARY KEY;
```

3.4.2　外键约束

外键在两个表的数据之间建立关联，它可以是一个字段或者多个字段。一个表可以有一个或者多个外键。一个表的外键可以为空值，若不为空值，则每一个外键值必须等于另一个表中主键的某个值。注意，关联指的是在关系数据库中，相关表之间的联系。它是通过相同或者相容的字段或字段组来表示的。从表的外键必须关联主表的主键，且关联字段的数据类型必须匹配。

定义外键后，不允许在主表中删除与子表具有关联关系的记录。

主表（父表）：对于两个具有关联关系的表而言，相关联字段中主键所在的那个表即主表。

从表（子表）：对于两个具有关联关系的表而言，相关联字段中外键所在的那个表即从表。

1. 创建表时添加外键约束

语法格式如下。

```
CONSTRAINT 外键名 FOREIGN KEY (从表的外键字段名) REFERENCES 主表名 (主表的主键字段名)
```

其中，"外键名"是指从表创建的外键约束的名字。

【例 3-23】 定义借书表 borrow，其表结构如表 3-5 所示；在 borrow 表上创建外键约束，其中图书表 books 为主表，borrow 表为从表。

表 3-5 borrow 表结构

序 号	列 名	数据类型	备 注
1	Borrowid	char(6)	借书记录号
2	Borrowbookid	char(6)	图书编号
3	Borrowreaderid	char(6)	借书证号
4	Borrowdate	datetime	借阅时间
5	Borrownum	int(2)	借阅册数

定义数据表 borrow，让它的键 Borrowbookid 作为外键关联到 books 表的主键 Bookid，SQL 语句如下。

```
CREATE TABLE borrow
(
  Borrowid  char(6) PRIMARY KEY,
  Borrowbookid char(6),
  Borrowreaderid char(6),
  Borrowdate datetime,
  Borrownum int(2),
  CONSTRAINT fk_bks_brw FOREIGN KEY(Borrowbookid) REFERENCES books(Bookid)
)ENGINE = InnoDB;
```

执行上述命令之后，使用 SHOW CREATE TABLE 语句查看 books 表的结构，执行结果如图 3-26 所示。

使用 SHOW CREATE TABLE 语句查看 borrow 表的结构，执行结果如图 3-27 所示。

信息 | 结果 1 | 剖析 | 状态

Table	Create Table
books	CREATE TABLE `books` (`Bookid` char(6) CHARACTER SET utf8 COLLATE utf8_general_ci NOT NULL,

图 3-26 使用 SHOW CREATE TABLE 语句查看 books 表执行结果

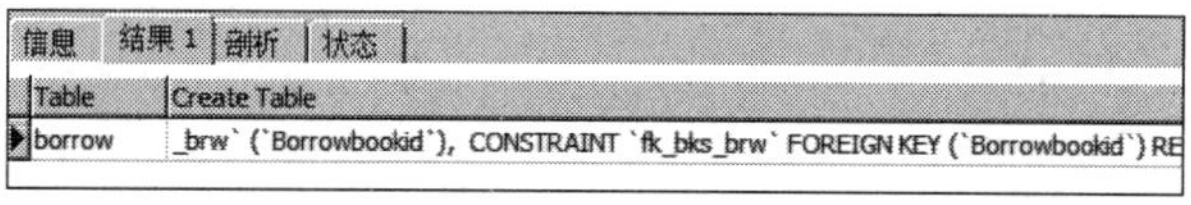

信息 | 结果 1 | 剖析 | 状态

Table	Create Table
borrow	_brw` (`Borrowbookid`), CONSTRAINT `fk_bks_brw` FOREIGN KEY (`Borrowbookid`) RE

图 3-27 使用 SHOW CREATE TABLE 语句查看 borrow 表执行结果

从图 3-27 中可以看出，已经成功地创建了 books 表和 borrow 表的主外键关联。要特别注意，主表 books 的主键字段 Bookid 和从表 borrow 的外键字段 Borrowbookid 的数据类型必须兼容或者一致，且含义一样。在创建表时创建表的主外键关联，必须先创建主表，再创建从表。

2. 为已存在的表添加外键约束

语法格式如下。

```
ALTER TABLE 从表名 ADD CONSTRAINT 外键名 FOREIGN KEY (从表的外键字段名) REFERENCES 主表名(主表的主键字段名);
```

其中，“外键名”是指从表创建的外键约束的名字。

【例 3-24】 已存在图书表 books 和借阅表 borrow，为借阅表 borrow 创建外键。

(1) 删除 borrow 表和 books 表，SQL 语句如下。

```
DROP TABLE  borrow;
DROP TABLE  books;
```

(2) 先创建主表 books，SQL 语句如下。

```
CREATE TABLE books
(
  Bookid char(6)  PRIMARY KEY,
  Bookname varchar(50),
  Author varchar(50),
  Press varchar(40),
  Pubdate date,
  Type varchar(20),
  Number int(2),
  Info varchar(255)
)ENGINE = InnoDB;
```

(3) 再创建从表 borrow，SQL 语句如下。

```
CREATE TABLE borrow
(
```

```
    Borrowid  char(6) PRIMARY KEY,
    Borrowbookid char(6),
    Borrowreaderid char(6),
    Borrowdate datetime,
    Borrownum int(2)
)ENGINE = InnoDB;
```

执行上述命令之后，使用 SHOW CREATE TABLE 语句查看 books 表，执行结果如图 3-28 所示。

信息 结果 1 剖析 状态

Table	Create Table
books	DEFAULT NULL, `Info` varchar(255) DEFAULT NULL, PRIMARY KEY (`Bookid`)) ENGINE=InnoDB

图 3-28　使用 SHOW CREATE TABLE 语句查看 books 表执行结果

使用 SHOW CREATE TABLE 语句查看 borrow 表，执行结果如图 3-29 所示。

信息 结果 1 剖析 状态

Table	Create Table
borrow	latetime DEFAULT NULL, `num` int DEFAULT NULL, PRIMARY KEY (`Borrowid`)) ENGINE=InnoDB

图 3-29　使用 SHOW CREATE TABLE 语句查看 borrow 表执行结果

接下来，使用 ALTER 语句为借阅表 borrow 创建外键。SQL 语句如下。

```
ALTER TABLE borrow ADD CONSTRAINT fk_bks_brw FOREIGN KEY(Borrowbookid) REFERENCES books
(Bookid);
```

为了验证借阅表 borrow 的外键是否创建成功，再次使用 SHOW CREATE TABLE 语句查看 borrow 表，执行结果如图 3-30 所示。

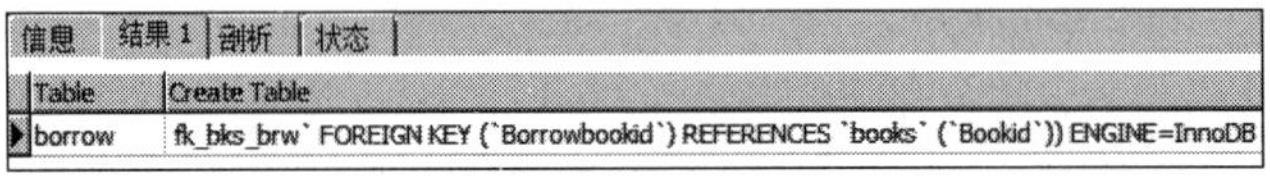

信息 结果 1 剖析 状态

Table	Create Table
borrow	fk_bks_brw` FOREIGN KEY (`Borrowbookid`) REFERENCES `books` (`Bookid`)) ENGINE=InnoDB

图 3-30　使用 SHOW CREATE TABLE 语句查看添加外键执行结果

对比图 3-29 和图 3-30，可以看出已经成功地创建了 books 表和 borrow 表的主外键关联。

3. 删除外键约束

语法格式如下。

```
ALTER TABLE 从表名 DROP FOREIGN KEY 外键名;
```

【例 3-25】 删除 borrow 表 Borrowbookid 字段的外键约束，外键约束名是 fk_bks_brw。SQL 语句如下。

```
ALTER TABLE borrow DROP FOREIGN KEY fk_bks_brw;
```

为了验证 borrow 表 Borrowbookid 字段的外键约束是否删除，使用 SHOW CREATE TABLE 语句查看 borrow 表，执行结果如图 3-31 所示。

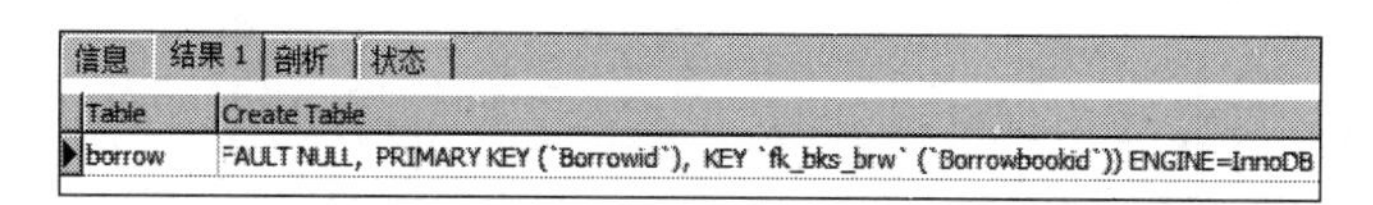
信息 结果 1 剖析 状态

Table	Create Table
borrow	=AULT NULL, PRIMARY KEY (`Borrowid`), KEY `fk_bks_brw` (`Borrowbookid`)) ENGINE=InnoDB

图 3-31 使用 SHOW CREATE TABLE 语句查看删除外键执行结果

对比图 3-30 和图 3-31，可以看出已经成功地删除了 books 表和 borrow 表的主外键关联。但是仍出现“Key 'fk_bks_brw'('Borrowbookid')”的信息，是因为 MySQL 在创建外键后，会自动创建一个同名的索引。外键删除，但索引不会被删除。本书会在后续章节中详细介绍索引。

3.4.3 非空约束

非空约束是指字段的值不能为空。对于使用了非空约束的字段，如果用户在添加数据时没有指定值，数据库系统会报错。

1. 创建表时添加非空约束

语法格式如下。

```
字段名 数据类型 NOT NULL;
```

【例 3-26】 创建 company 表，并设置 company_id 字段为主键，company_address 字段为非空约束。SQL 语句如下。

```
DROP TABLE IF EXISTS company;
CREATE TABLE company
(
  company_id int(11) PRIMARY KEY,
  company_name varchar(50),
  company_address varchar(200) NOT NULL
);
```

执行上述命令之后，使用 DESC 语句查看 company 表的结构，执行结果如图 3-32 所示。

信息 结果 1 剖析 状态

Field	Type	Null	Key	Default	Extra
company_id	int	NO	PRI	(Null)	
company_name	varchar(50)	YES		(Null)	
company_address	varchar(200)	NO		(Null)	

图 3-32 创建 company 表时添加非空约束执行结果

从图 3-32 中可以看出，company_address 字段的“Null”列的值为 NO，表示这个字段不允许为空。

2. 为已经存在的表添加非空约束

语法格式如下。

```
ALTER TABLE 表名 MODIFY 字段名 新数据类型 NOT NULL;
```

此命令可以同时修改字段的数据类型和增加非空约束。如果不修改字段的数据类型，将“新数据类型”写为字段原来的数据类型即可。

【例 3-27】 将 company 表的 company_address 字段设置为非空约束。

首先创建 company 表，SQL 语句如下。

```
DROP TABLE IF EXISTS company;
CREATE TABLE company
(
  company_id int(11) PRIMARY KEY,
  company_name varchar(50),
  company_address varchar(200)
);
```

执行上述命令之后，使用 DESC 语句查看 company 表的结构，执行结果如图 3-33 所示。

接下来，使用 ALTER 语句将 company_address 字段设置为非空约束，SQL 语句如下。

```
ALTER TABLE company MODIFY company_address varchar(200) NOT NULL;
```

为了验证 company_address 字段的非空约束是否添加成功，再次使用 DESC 语句查看 company 表的结构，执行结果如图 3-34 所示。

信息 结果 1 剖析 状态

Field	Type	Null	Key	Default	Extra
company_id	int	NO	PRI	(Null)	
company_name	varchar(50)	YES		(Null)	
company_address	varchar(200)	YES		(Null)	

图 3-33 创建 company 表执行结果

信息 结果 1 剖析 状态

Field	Type	Null	Key	Default	Extra
company_id	int	NO	PRI	(Null)	
company_name	varchar(50)	YES		(Null)	
company_address	varchar(200)	NO		(Null)	

图 3-34 company 表添加非空约束执行结果

从图 3-34 中可以看出，company_address 字段的“Null”列的值为 NO，表示这个字段不允许为空。

3. 删除非空约束

语法格式如下。

```
ALTER TABLE 表名 MODIFY 字段名 数据类型;
```

【例 3-28】 删除 company 表的 company_address 字段的非空约束。

SQL 语句如下。

```
ALTER TABLE company MODIFY company_address varchar(200);
```

为了验证 company_address 字段的非空约束是否删除成功，使用 DESC 语句查看 company 表的结构，执行结果如图 3-35 所示。

Field	Type	Null	Key	Default	Extra
company_id	int	NO	PRI	(Null)	
company_name	varchar(50)	YES		(Null)	
company_address	varchar(200)	YES		(Null)	

图 3-35　company 表删除非空约束执行结果

从图 3-35 中可以看出，company_address 字段的“Null”列的值为 YES，表示这个字段允许为空。

3.4.4　唯一约束

唯一约束要求该列值唯一，不能重复。唯一约束可以确保一列或者几列不出现重复值。

1. 创建表时添加唯一约束

语法格式如下。

```
字段名　数据类型　UNIQUE;
```

【例 3-29】　创建 company 表，并将 company_id 字段设置为主键，company_address 字段设置为非空约束，company_name 字段设置为唯一约束。

SQL 语句如下。

```
DROP TABLE IF EXISTS company;
CREATE TABLE company
(
  company_id int(11) PRIMARY KEY,
  company_name varchar(50) UNIQUE,
  company_address varchar(200) NOT NULL
);
```

执行上述命令之后，使用 DESC 语句查看 company 表的结构，执行结果如图 3-36 所示。

Field	Type	Null	Key	Default	Extra
company_id	int	NO	PRI	(Null)	
company_name	varchar(50)	YES	UNI	(Null)	
company_address	varchar(200)	NO		(Null)	

图 3-36　创建表时添加唯一约束执行结果

从图 3-36 中可以看出，company_name 字段的“Key”列的值为 UNI，表示这个字段具有唯一约束。

注意：一个表中可以有多个字段声明为唯一约束，但是只能有一个主键；声明为主键的字段不允许有空值，但是声明为唯一约束的字段允许存在空值。

2. 为已存在的表添加唯一约束

语法格式如下。

```
ALTER TABLE 表名 MODIFY 字段名 新数据类型 UNIQUE;
```

此命令可以同时修改字段的数据类型和增加唯一约束。如果不修改字段的数据类型，将“新数据类型”写为字段原来的数据类型即可。

【例 3-30】 将 company 表的 company_name 字段修改为唯一约束。首先创建 company 表,SQL 语句如下。

```
DROP TABLE IF EXISTS company;
CREATE TABLE company
(
  company_id int(11) PRIMARY KEY,
  company_name varchar(50),
  company_address varchar(200) NOT NULL
);
```

执行上述命令之后,使用 DESC 语句查看 company 表的结构,执行结果如图 3-37 所示。

接下来,使用 ALTER 语句为 company_name 字段添加唯一约束,SQL 语句如下。

```
ALTER TABLE company MODIFY company_name varchar(50) UNIQUE;
```

为了验证 company_name 字段的唯一约束是否添加成功,再次使用 DESC 语句查看 company 表的结构,执行结果如图 3-38 所示。

信息 | 结果 1 | 剖析 | 状态

Field	Type	Null	Key	Default	Extra
company_id	int	NO	PRI	(Null)	
company_name	varchar(50)	YES		(Null)	
company_address	varchar(200)	NO		(Null)	

图 3-37 创建 company 表执行结果

信息 | 结果 1 | 剖析 | 状态

Field	Type	Null	Key	Default	Extra
company_id	int	NO	PRI	(Null)	
company_name	varchar(50)	YES	UNI	(Null)	
company_address	varchar(200)	NO		(Null)	

图 3-38 为 company 表添加唯一约束执行结果

从图 3-38 中可以看出,company_name 字段的“Key”列的值为 UNI,表示这个字段具有唯一约束。

3. 删除唯一约束

语法格式如下。

```
ALTER TABLE 表名 DROP INDEX 字段名
```

【例 3-31】 删除 company 表的 company_name 字段的唯一约束。SQL 语句如下。

```
ALTER TABLE company DROP INDEX company_name;
```

为了验证 company_name 字段的唯一约束是否删除成功，使用 DESC 语句查看 company 表的结构，执行结果如图 3-39 所示。从图 3-39 中可以看出，company_name 字段的“Key”列的值为空，表示这个字段已没有唯一约束。

信息 结果1 剖析 状态

Field	Type	Null	Key	Default	Extra
company_id	int	NO	PRI	(Null)	
company_name	varchar(50)	YES		(Null)	
company_address	varchar(200)	NO		(Null)	

图 3-39 在 company 表中删除唯一约束执行结果

3.4.5 默认约束

若将数据表中某列定义为默认约束，在用户插入新的数据行时，如果没有为该列指定数据，那么数据库系统会自动将默认值赋给该列，默认值也可以是空值(NULL)。

1. 创建表时添加默认约束

语法格式如下。

```
字段名  数据类型  DEFAULT 默认值;
```

【例 3-32】 创建 company 表，并将 company_id 字段设置为主键，company_address 字段设置为非空约束，company_name 字段设置为唯一约束，company_tel 字段的默认值为“0371-”，SQL 语句如下。

```
DROP TABLE IF EXISTS company;
CREATE TABLE company
(
  company_id int(11) PRIMARY KEY,
  company_name varchar(50) UNIQUE,
  company_address varchar(200) NOT NULL,
  company_tel varchar(20) DEFAULT '0371 - '
);
```

执行上述命令之后，使用 DESC 语句查看 company 表的结构，执行结果如图 3-40 所示。

信息 结果1 剖析 状态

Field	Type	Null	Key	Default	Extra
company_id	int	NO	PRI	(Null)	
company_name	varchar(50)	YES	UNI	(Null)	
company_address	varchar(200)	NO		(Null)	
company_tel	varchar(20)	YES		0371-	

图 3-40 例 3-32 执行结果

从图 3-40 中可以看出，company_tel 字段的“Default”列的值为“0371-”，表示这个字段具有默认值“0371-”。

2. 为已存在的表添加默认约束

语法格式如下。

```
ALTER TABLE 表名 MODIFY 字段名 新数据类型 DEFAULT 默认值;
```

此命令可以同时修改字段的数据类型和增加默认约束。如果不修改字段的数据类型，将“新数据类型”写为字段原来的数据类型即可。

【例 3-33】 为 company 表的 company_tel 字段添加默认约束，默认值为“0371-”。

首先创建 company 表，SQL 语句如下。

```
DROP TABLE IF EXISTS company;
CREATE TABLE company
(
  company_id int(11) PRIMARY KEY,
  company_name varchar(50) UNIQUE,
  company_address varchar(200) NOT NULL,
  company_tel varchar(20)
);
```

执行上述命令之后，使用 DESC 语句查看 company 表的结构，执行结果如图 3-41 所示。

接下来，使用 ALTER 语句为 company_tel 字段添加默认约束，SQL 语句如下。

```
ALTER TABLE company MODIFY company_tel varchar(20) DEFAULT '0371-';
```

为了验证 company_tel 字段的默认约束是否添加成功，再次使用 DESC 语句查看 company 表的结构，执行结果如图 3-42 所示。

信息 结果 1 剖析 状态

Field	Type	Null	Key	Default	Extra
company_id	int	NO	PRI	(Null)	
company_name	varchar(50)	YES	UNI	(Null)	
company_address	varchar(200)	NO		(Null)	
company_tel	varchar(20)	YES		(Null)	

图 3-41 创建 company 表执行结果

信息 结果 1 剖析 状态

Field	Type	Null	Key	Default	Extra
company_id	int	NO	PRI	(Null)	
company_name	varchar(50)	YES	UNI	(Null)	
company_address	varchar(200)	NO		(Null)	
company_tel	varchar(20)	YES		0371-	

图 3-42 company 表添加默认约束执行结果

从图 3-42 中可以看出，company_tel 字段的“Default”列的值为“0371-”，表示这个字段具有默认值“0371-”。

3. 删除默认约束

语法格式如下。

```
ALTER TABLE 表名 MODIFY 字段名 数据类型;
```

【例 3-34】 删除 company 表的 company_tel 字段的默认约束。SQL 语句如下。

```
ALTER TABLE company MODIFY company_tel varchar(20);
```

为了验证 company_tel 字段的默认约束是否删除，使用 DESC 语句查看 company 表的结构，执行结果如图 3-43 所示。

信息 | 结果 1 | 剖析 | 状态

Field	Type	Null	Key	Default	Extra
company_id	int	NO	PRI	(Null)	
company_name	varchar(50)	YES	UNI	(Null)	
company_address	varchar(200)	NO		(Null)	
company_tel	varchar(20)	YES		(Null)	

图 3-43　删除 company 表默认约束执行结果

从图 3-43 中可以看出，company_tel 字段已经没有默认值了。

3.5　字段值自动增加

在数据库中，如果表的主键值是逐一增加的，我们希望在每次插入记录时由系统自动生成，这可以通过为表的主键添加 AUTO_INCREMENT 关键字来实现。在 MySQL 中，AUTO_INCREMENT 字段的初始值是 1，每增加一条记录，字段值自动加 1，但一个表只能有一个字段使用 AUTO_INCREMENT 约束，且该字段必须被设置为主键。AUTO_INCREMENT 约束所在的字段可以是任何整数类型（TINYINT，SMALLINT，INT，BIGINT）。

1. 创建表时指定字段值自动增加

语法格式如下。

```
字段名　数据类型　PRIMARY KEY AUTO_INCREMENT;
```

【例 3-35】　创建 company 表，并将 company_id 字段设置为主键，其值自动增加，company_address 字段设置为非空约束，company_name 字段设置为唯一约束，company_tel 字段的默认值设置为“0371-”。SQL 语句如下。

```
DROP TABLE IF EXISTS company;
CREATE TABLE company
(
  company_id int(11) PRIMARY KEY AUTO_INCREMENT,
  company_name varchar(50) UNIQUE,
  company_address varchar(200) NOT NULL,
  company_tel varchar(20) DEFAULT '0371 - '
);
```

执行上述命令之后，使用 DESC 语句查看 company 表的结构，执行结果如图 3-44 所示。

从图 3-44 中可以看出，company_id 字段的“Extra”列的值为“auto_increment”，表示这

个字段值是自动增加的。系统会自动填入自动增加字段的值，用户在插入记录时不需要给出。

Field	Type	Null	Key	Default	Extra
company_id	int	NO	PRI	(Null)	auto_increment
company_name	varchar(50)	YES	UNI	(Null)	
company_address	varchar(200)	NO		(Null)	
company_tel	varchar(20)	YES		0371-	

图 3-44　创建表时指定字段值自动增加执行结果

2. 为已存在的表设置字段值自动增加

语法格式如下。

```
ALTER TABLE 表名 MODIFY 字段名 新数据类型 AUTO_INCREMENT;
```

【例 3-36】 设置 company 表的 company_id 字段值自动增加。

首先创建 company 表，SQL 语句如下。

```
DROP TABLE IF EXISTS company;
CREATE TABLE company
(
  company_id int(11) PRIMARY KEY,
  company_name varchar(50) UNIQUE,
  company_address varchar(200) NOT NULL,
  company_tel varchar(20) DEFAULT '0371 - '
);
```

执行上述命令之后，使用 DESC 语句查看 company 表的结构，执行结果如图 3-45 所示。

接下来，使用 ALTER 语句将 company_id 字段设置为自动增加，SQL 语句如下。

```
ALTER TABLE company MODIFY company_id int(11) AUTO_INCREMENT;
```

为了验证 company_id 字段值的自动增加是否添加成功，再次使用 DESC 语句查看 company 表的结构，执行结果如图 3-46 所示。

Field	Type	Null	Key	Default	Extra
company_id	int	NO	PRI	(Null)	
company_name	varchar(50)	YES	UNI	(Null)	
company_address	varchar(200)	NO		(Null)	
company_tel	varchar(20)	YES		0371-	

图 3-45　创建 company 表执行结果

Field	Type	Null	Key	Default	Extra
company_id	int	NO	PRI	(Null)	auto_increment
company_name	varchar(50)	YES	UNI	(Null)	
company_address	varchar(200)	NO		(Null)	
company_tel	varchar(20)	YES		0371-	

图 3-46　company 表设置自动增加执行结果

从图 3-46 中可以看出，company_id 字段的“Extra”列的值为“auto_increment”，表示这个字段值是自动增加的。

3. 删除字段值的自动增加

语法格式如下。

```
ALTER TABLE 表名 MODIFY 字段名 数据类型;
```

【例 3-37】 删除 company 表的 company_id 字段值的自动增加。SQL 语句如下。

```
ALTER TABLE company MODIFY company_id int(11);
```

为了验证 company_id 字段值的自动增加是否删除，使用 DESC 语句查看 company 表的结构，执行结果如图 3-47 所示。

信息　结果 1　剖析　状态

Field	Type	Null	Key	Default	Extra
company_id	int	NO	PRI	(Null)	
company_name	varchar(50)	YES	UNI	(Null)	
company_address	varchar(200)	NO		(Null)	
company_tel	varchar(20)	YES		0371-	

图 3-47　删除字段值的自动增加执行结果

从图 3-47 中可以看出，company_id 字段的"Extra"列的值为空，表示这个字段值不再自动增加。

注意：在为字段删除自动增加并重新添加自动增长后，自动增长的初始值会自动设为该列现有的最大值加 1。在修改自动增加值时，修改的值若小于该列现有的最大值，则修改不会生效。

3.6 综合案例：教务管理系统数据库

本节以教务管理系统为例来介绍数据库的创建和数据表的设计。教务管理系统用来帮助高校学生选修课程。学生通过系统可以查看所有选修课程的相关信息，包括课程名、学时、学分，也可以查看相关授课教师的信息，包括教师姓名、性别、学历、职称，还可以通过系统查看自己的考试成绩。教师通过系统可以查看选修自己课程的学生的信息，包括学号、姓名、性别、出生日期、班级，也可以通过系统录入学生的考试成绩。

3.6.1 创建"教务管理系统"数据库

"教务管理系统"数据库的创建语句如下。

```
CREATE DATABASE Jwsystem;
```

3.6.2 在"教务管理系统"数据库中创建表

根据教务管理系统的要求，在"Jwsystem"数据库中设计如下数据表。

(1) 学生表的结构设计如表 3-6 所示。

表 3-6 学生表(studentInfo)结构

序号	列名	数据类型	允许 NULL 值	约束	备注
1	sno	char(8)	不能为空	主键	学号
2	sname	varchar(10)	不能为空		姓名
3	sgender	char(2)			性别
4	sbirth	date			出生日期
5	sclass	varchar(20)			班级

创建 studentInfo 表的 SQL 语句如下。

```
CREATE TABLE studentInfo
(
  sno char(8) PRIMARY KEY NOT NULL,
  sname varchar(10) NOT NULL,
  sgender char(2),
  sbirth date,
  sclass varchar(20)
);
```

(2) 教师表的结构设计如表 3-7 所示。

表 3-7 教师表(teacher)结构

序号	列名	数据类型	允许 NULL 值	约束	备注
1	tno	char(4)	不能为空	主键	工号
2	tname	varchar(10)	不能为空		姓名
3	tgender	char(2)			性别
4	tedu	varchar(10)			学历
5	tpro	varchar(8)		默认为“副教授”	职称

创建 teacher 表的 SQL 语句如下。

```
CREATE TABLE teacher
(
  tno char(4) PRIMARY KEY NOT NULL,
  tname varchar(10) NOT NULL,
  tgender char(2),
  tedu varchar(10),
  tpro varchar(8) DEFAULT '副教授'
);
```

（3）课程表的结构设计如表 3-8 所示。

表 3-8　课程表(course)结构

序号	列名	数据类型	允许 NULL 值	约束	备注
1	cno	char(4)	不能为空	主键	课程号
2	cname	varchar(40)		唯一约束	课程名
3	cperiod	int			学时
4	credit	decimal(3,1)			学分
5	ctno	char(4)		是教师表的外键	授课教师

创建 course 表的 SQL 语句如下。

```
CREATE TABLE course
(
  cno char(4) PRIMARY KEY NOT NULL,
  cname varchar(40) UNIQUE,
  cperiod int,
  credit decimal(3,1),
  ctno char(4) ,
  CONSTRAINT fk_teacher_course FOREIGN KEY (ctno) REFERENCES teacher(tno)
);
```

（4）选课表的结构设计如表 3-9 所示。

表 3-9　选课表(elective)结构

序号	列名	数据类型	允许 NULL 值	约束	备注
1	sno	char(8)		主键(学号,课程号),其中学号是学生表的外键,课程号是课程表的外键	学号
2	cno	char(4)			课程号
3	score	int			成绩

创建 elective 表的 SQL 语句如下。

```
CREATE TABLE elective
(
  sno char(8),
  cno char(4),
  score int,
  PRIMARY KEY (sno,cno),
  CONSTRAINT fk_course_elective FOREIGN KEY (cno) REFERENCES course (cno),
  CONSTRAINT fk_stu_elective FOREIGN KEY (sno) REFERENCES studentInfo (sno)
);
```

“教务管理系统”数据库创建完毕。

单元小结

- 数据库的基本操作：创建数据库、查看数据库、修改数据库、删除数据库。
- 数据表的基本操作：创建数据表、查看数据表、修改数据表、删除数据表。
- 四类数据类型：数值类型、日期/时间类型、字符串(字符)类型、二进制类型。
- MySQL 中的五种约束：主键约束、外键约束、非空约束、唯一约束、默认约束。

单元实训项目

项目一：创建“网上书店”数据库

在安装好的 MySQL 中创建“网上书店”数据库(如：BookShop)。

项目二：在“网上书店”数据库中创建表

目的：

(1) 熟练掌握创建表结构的方法。

(2) 掌握查看表信息的方法。

内容：

(1) 使用 MySQL 创建会员表(如表 3-10 所示)、图书表(如表 3-11 所示)的表结构。

表 3-10 会员表(user)结构

列名	数据类型	允许 NULL 值	约束	备注
uid	char(4)	不允许	主键	会员编号
uname	varchar(20)			会员昵称
email	varchar(20)			电子邮箱
tnum	varchar(15)			联系电话
score	int			积分

表 3-11 图书表(book)结构

列名	数据类型	允许 NULL 值	约束	备注
bid	int	不允许	主键	图书编号
bname	varchar(50)	不允许		图书名称
author	char(8)			作者
price	flcat			价格
publisher	varchar(50)			出版社
discount	float			折扣
cid	int		图书类别表的外键	图书类型

（2）使用MySQL创建图书类别表（如表3-12所示）、订购表（如表3-13所示）的表结构。

表3-12　图书类别表(category)结构

列名	数据类型	允许NULL值	约束	备注
cid	int	不允许	主键	类别编号
cname	varchar(16)			类别名称

表3-13　订购表(b_order)结构

列名	数据类型	允许NULL值	约束	备注
bid	int	不允许		图书编号
uid	char(4)	不允许		会员编号
ordernum	int		默认值为1	订购量
orderdate	datetime			认购日期
deliverydate	datetime			发货日期

（3）使用DROP TABLE语句删除上述创建的表，然后使用CREATE TABLE语句再次创建上述表。

（4）查看会员表的信息。

（5）修改会员表结构。添加字段“联系地址”，数据类型设置为varchar(50)；更改“联系地址”为“联系方式”；删除添加的字段“联系地址”。

（6）使用创建表时添加约束和为已存在的表添加约束这两种方式给表添加约束。

单元练习题

一、选择题

1. 下列(　　)不能作为MySQL数据库名。
   A. minrisoft　　B. mingrisoft_01　　C. com$com　　D. 20170609
2. 下列(　　)语句不是数据定义的语句。
   A. CREATE　　B. DROP　　C. GRANT　　D. ALTER
3. 下列(　　)语句可以用于查看服务器中所有的数据库名称。
   A. SHOW DATABASE　　B. SHOW DATABASES
   C. SHOW ENGINES　　D. SHOW VARIABLES
4. 下列(　　)语句可以用于将db_library数据库作为当前默认的数据库。
   A. CREATE DATABASE db_library　　B. SHOW db_library
   C. USE db_library　　D. SELECT db_library
5. 下列关于数据类型的选择方法描述错误的是(　　)。
   A. 选择最小的可用类型，如果值永远不超过127，则使用TINYINT比INT强
   B. 对于完全都是数字的，可以选择整数类型

C. 浮点类型用于可能具有小数部分的数

D. 以上都不对

6. UNIQUE唯一索引的作用是(　　)。

A. 保证各行在该索引上的值不能为NULL

B. 保证各行在该索引上的值都不能重复

C. 保证唯一索引不能被删除

D. 保证参加唯一索引的各列,不能再参加其他的索引

7. 创建数据表时,使用(　　)语句。

A. ALTER TABLE　　B. CREATE DATABASE

C. CREATE TABLE　　D. ALERT DATABASE

8. 下列(　　)不是MySQL常用的数据类型。

A. INT　　B. VARCHAR　　C. CHAR　　D. MONEY

9. 想要删除数据库中已经存在的数据表,可以使用(　　)语句。

A. CREATE TABLE　　B. DROP DATABASE

C. ALERT TABLE　　D. DROP TABLE

10. 在MySQL中,非空约束可以通过(　　)关键字定义。

A. NOT NULL　　B. DEFAULT　　C. CHECK　　D. UNIQUE

二、判断题

1. MySQL数据库一旦安装成功,创建的数据库编码也就确定了,是不可以更改的。(　　)

2. 在MySQL中,如果添加的日期类型不合法,系统将报错。(　　)

3. 在删除数据表时,如果表与表之间存在关系,那么可能导致删除失败。(　　)

4. 一个数据表中可以有多个主键约束。(　　)

三、简答题

1. 简述主键的作用及其特征。

2. 创建、查看、修改、删除数据库的语句分别是什么?

3. 创建、查看、修改、删除数据表的语句分别是什么?

4. 数据表有哪些约束?写出为数据表添加约束的语句。

5. 什么是非空约束?写出其基本语法格式。

6. 什么是默认约束?写出其基本语法格式。

表数据的增、删、改操作

成功创建数据表后，需要向表中插入数据，必要时还需要对数据进行修改和删除，这些操作称为数据表记录的更新操作。本单元以“教务管理系统”数据库为例，讲解数据表记录的更新操作。

本单元主要学习目标如下：

- 掌握向数据表中添加记录的方法。
- 掌握修改数据表中记录的方法。
- 掌握删除数据表中记录的方法。

4.1 数据表记录的插入

创建数据库和数据表后，接下来要考虑的是如何向数据表中添加数据，该操作可以使用INSERT语句完成。使用INSERT语句可以向一个已有的数据表中插入一行新记录。

使用INSERT…VALUES语句插入数据，是INSERT语句最常用的语法格式。它的语法格式如下。

```
INSERT [LOW_PRIORITY | DELAYED | HIGH PRIORITY] [IGNORE]
[INTO] 数据表名 [(字段名,…)]
VALUES({值 | DEFAULT},…),(…),…
[ON DUPLICATE KEY UPDATE 字段名 = 表达式,…]
```

参数说明如下。

(1) [LOW_PRIORITY | DELAYED | HIGH PRIORITY]：可选项，其中LOW_PRIORITY是INSERT、UPDATE、DELETE语句都支持的一种可选修饰符，通常应用在多用户访问数据库的情况下，用于指示MySQL降低INSERT、DELETE或UPDATE操作执行的优先级；DELAYED是INSERT语句支持的一种可选修饰符，用于指定MySQL服务器把待插入的行数据放到一个缓冲器中，直到待插入数据的表空闲时，才真正地在表中插入数据行；HIGH PRIORITY是INSERT和SELECT语句支持的一种可选修饰符，用于指定INSERT和SELECT的操作优先级。

(2) [IGNORE]：可选项，表示在执行INSERT语句时表现的错误都会被当作警告处理。

(3) [INTO]数据表名：可选项，用户指定被操作的数据表。

(4) [(字段名,…)]：可选项，当不指定该选项时，表示要向表中所有列插入数据，否则表示向数据表的指定列插入数据。

(5) VALUES({值|DEFAULT},…),(…),…：必选项，用于指定需要插入的数据清单，其顺序必须与字段的顺序对应。其中每一列的数据可以是一个常量、变量、表达式或者NULL，但是其数据类型要与对应的字段类型相匹配；也可以直接使用DEFAULT关键字，表示为该列插入默认值，但是使用的前提是已经明确指定了默认值，否则会出错。

(6) ON DUPLICATE KEY UPDATE子句：可选项，用于指定向表中插入行时，如果导致UNIQUE KEY或PRIMARY KEY出现重复值，系统会根据UPDATE后的语句修改表中原有行的数据。

INSERT…VALUES语句使用时，通常有以下三种方式。

4.1.1 插入完整记录

【例4-1】 用INSERT语句为jwsystem数据库中的studentinfo表添加一条记录。

(1) 在写插入数据的语句之前，先查看一下数据表studentinfo的表结构，SQL语句如下。

```
DESC studentinfo;
```

运行结果如图4-1所示。

(2) 先选择数据表所在的数据库，然后使用INSERT…VALUES语句完成数据插入操作，SQL语句如下。

```
USE jwsystem;
INSERT INTO studentinfo(sno,sname,sgender,sbirth,sclass)
VALUES
('200201','张明','男','1998-8-5','JAVA2001');
```

执行结果如图4-2所示。

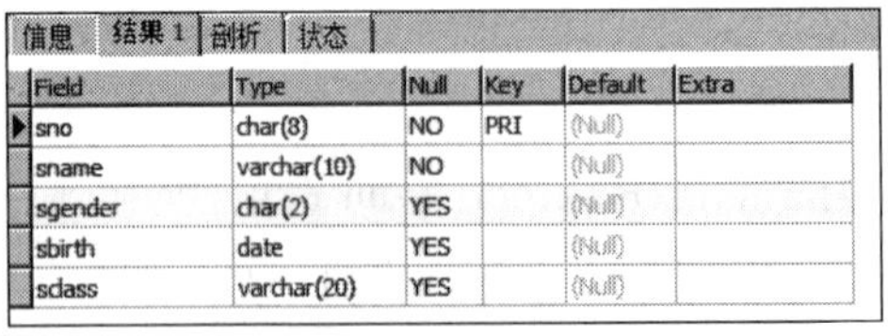

信息 | 结果1 | 剖析 | 状态

Field	Type	Null	Key	Default	Extra
sno	char(8)	NO	PRI	(Null)	
sname	varchar(10)	NO		(Null)	
sgender	char(2)	YES		(Null)	
sbirth	date	YES		(Null)	
sclass	varchar(20)	YES		(Null)	

图4-1 查看数据表studentinfo的表结构

```
信息 | 剖析 | 状态
USE jwsystem
> OK
> 时间: 0s

INSERT INTO studentinfo
VALUES
('200201','张明','男','1998-8-5','JAVA2001')
> Affected rows: 1
> 时间: 0.004s
```

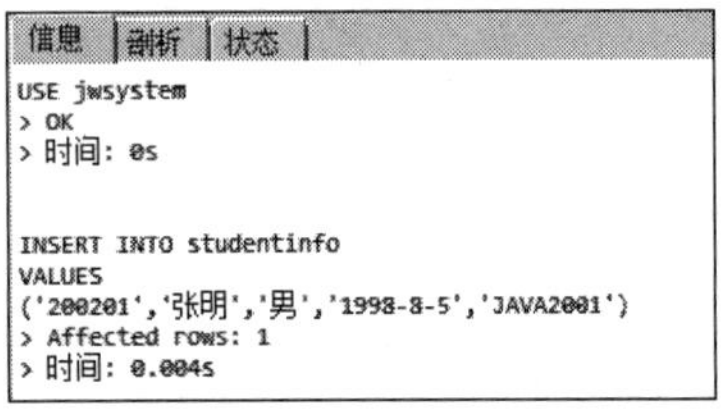

图4-2 向数据表studentinfo中插入一条完整的数据

注意：上述语句为数据表studentinfo的所有字段都指定了值，所以可以简写为如下语句。

```
USE jwsystem;
INSERT INTO studentinfo
VALUES
('200201','张明','男','1998-8-5','JAVA2001');
```

(3) 通过 SELECT 语句查看数据表 studentinfo 中的数据,SQL 语句如下。

```
SELECT * FROM studentinfo;
```

运行结果如图 4-3 所示。

信息　结果 1　剖析　状态

sno	sname	sgender	sbirth	sclass
200195	马群	男	2000-01-02	测试2001
200196	汤健	男	2000-01-02	测试2001
200197	张璨	女	2000-01-02	测试2001
200198	胡林娇	女	2000-01-02	测试2001
200199	董海霞	女	2000-01-02	测试2001
200200	周航	男	2001-10-20	.NET2002
200201	张明	男	1998-08-05	JAVA2001

图 4-3　查看 studentinfo 表中新插入的数据

4.1.2　插入数据记录的一部分

【例 4-2】 用 INSERT 语句向 jwsystem 数据库中的 teacher 表添加另一条记录。

(1) 在写插入数据的语句之前,先查看一下数据表 teacher 的表结构,SQL 语句如下。

```
DESC teacher;
```

运行结果如图 4-4 所示。

(2) 先选择数据表所在的数据库,然后再使用 INSERT…VALUES 语句完成数据插入,SQL 语句如下。

```
USE jwsystem;
INSERT INTO teacher(tno,tname,tedu,tpro)
VALUES
('1011','李杰','博士研究生','副教授');
```

运行结果如图 4-5 所示。

信息　结果 1　剖析　状态

Field	Type	Null	Key	Default	Extra
tno	char(4)	NO	PRI	(Null)	
tname	varchar(10)	NO		(Null)	
tgender	char(2)	YES		(Null)	
tedu	varchar(10)	YES		(Null)	
tpro	varchar(8)	YES		副教授	

图 4-4　查看数据表 teacher 的表结构

信息　剖析　状态

```
INSERT INTO teacher(tno,tname,tedu,tpro)
VALUES
('1011','李杰','博士研究生','副教授')
> Affected rows: 1
> 时间: 0.006s
```

图 4-5　向数据表 teacher 中插入数据记录的一部分

(3) 通过 SELECT 语句查看数据表 teacher 中的数据,SQL 语句如下。

```
SELECT * FROM teacher;
```

运行结果如图 4-6 所示。

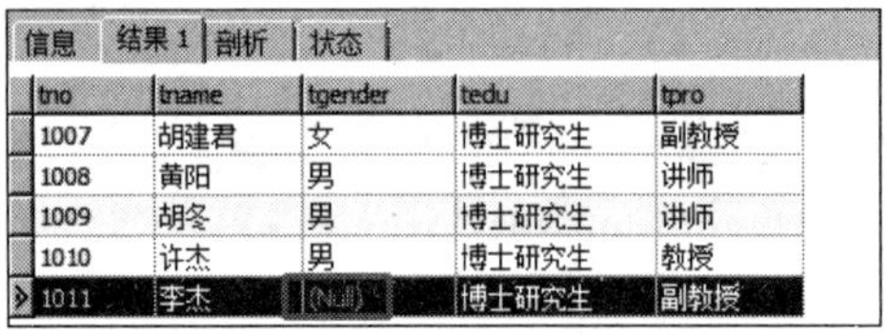

信息 结果 1 剖析 状态

tno	tname	tgender	tedu	tpro
1007	胡建君	女	博士研究生	副教授
1008	黄阳	男	博士研究生	讲师
1009	胡冬	男	博士研究生	讲师
1010	许杰	男	博士研究生	教授
1011	李杰	(Null)	博士研究生	副教授

图 4-6　查看 teacher 表中新插入的数据

注意：使用 INSERT 语句为部分字段添加值时,必须要在表名后写明为哪些字段添加值。表名后的字段名顺序可以与表中定义的字段顺序不一致,但需要与 VALUES 语句后面值的顺序一致。

4.1.3　插入多条记录

有的时候,需要一次性向表中插入多条记录。MySQL 提供了使用一条 INSERT 语句同时添加多条记录的功能。其语法格式如下。

```
INSERT [INTO] 表名 [(字段名列表)]
VALUES (值列表),(值列表),
…
(值列表);
```

【例 4-3】 用 INSERT 语句向 jwsystem 数据库中的 teacher 表添加多条记录。

(1) 先选择数据表所在的数据库,然后再使用 INSERT…VALUES 语句完成数据插入,SQL 语句如下。

```
USE jwsystem;
INSERT INTO teacher(tno,tname,tgender,tedu,tpro)
VALUES
('1012','李连杰','男','硕士研究生','讲师'),
('1013','黄大发','男','大专','讲师'),
('1014','李晨','女','本科','讲师');
```

运行结果如图 4-7 所示。

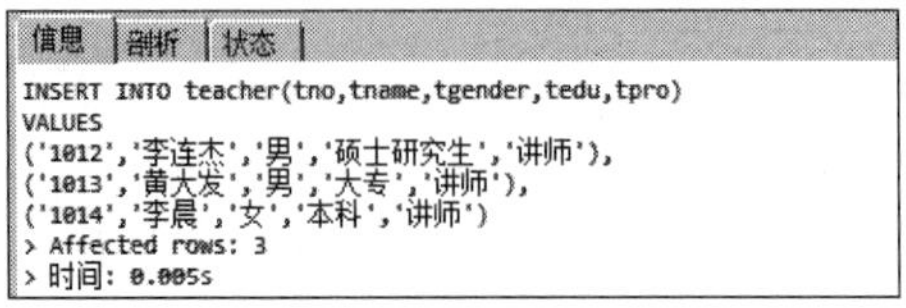

```
信息 剖析 状态
INSERT INTO teacher(tno,tname,tgender,tedu,tpro)
VALUES
('1012','李连杰','男','硕士研究生','讲师'),
('1013','黄大发','男','大专','讲师'),
('1014','李晨','女','本科','讲师')
> Affected rows: 3
> 时间: 0.005s
```

图 4-7　向数据表 teacher 中插入三条记录

（2）通过 SELECT 语句查看数据表 teacher 中的数据，SQL 语句如下。

```
SELECT * FROM teacher;
```

运行结果如图 4-8 所示。

信息　结果 1　剖析　状态

tno	tname	tgender	tedu	tpro
1008	黄阳	男	博士研究生	讲师
1009	胡冬	男	博士研究生	讲师
1010	许杰	男	博士研究生	教授
1011	李杰	(Null)	博士研究生	副教授
1012	李连杰	男	硕士研究生	讲师
1013	黄大发	男	大专	讲师
1014	李晨	女	本科	讲师

图 4-8　查看 teacher 表中新插入的三条记录

注意：

（1）INSERT 语句成功执行后，可以通过查询语句查看数据是否添加成功。

（2）在添加多条记录时，可以不指定字段名列表，只需要保证 VALUES 语句后面的值是依照字段在表中定义的顺序排列的即可。

（3）和添加单条记录一样，如果不指定字段名，必须为所有字段添加数据，如果指定了字段名，只需要为指定的字段添加数据即可。

4.2　数据表记录的修改

在数据库中，要执行修改的操作，可以使用 UPDATE 语句，语法格式如下。

```
UPDATE [LOW_PRIORITY][IGNORE] 数据表名
SET 字段 1 = 值 1[,字段 2 = 值 2…]
[WHERE 条件表达式]
[ORDERBY…]
[LIMIT 行数]
```

参数说明如下。

（1）[LOW_PRIORITY]：可选项，表示在多用户访问数据库的情况下可用延迟 UPDATE 操作，直到没有别的用户再从表中读取数据为止。这个过程仅适用于表级锁的存储引擎。

（2）[IGNORE]：在 MySQL 中，通过 UPDATE 语句更新表中的多行数据时，如果出现错误，那么整个 UPDATE 语句操作都会被取消，错误发生前更新的所有行将被恢复到它们原来的值。因此，为了在发生错误时也要继续进行更新，可以在 UPDATE 语句中使用 IGNORE 关键字。

（3）SET 子句：必选项，用于指定表中要修改的字段名及其字段值。其中的值可以是表达式，也可以是该字段对应的默认值。如果要指定默认值，则须使用关键字 DEFAULT。

（4）WHERE 子句：可选项，用于限定表中要修改的行，如果不指定该子句，那么 UPDATE 语句会更新表中的所有行。

(5) ORDERBY 子句：可选项，用于限定表中的行被修改的次序。

(6) LIMIT 子句：可选项，用于限定被修改的行数。

【例 4-4】 在 jwsystem 数据库中，把 teacher 表中 tedu 字段的值“研究生”改为“硕士研究生”。SQL 语句如下。

```
UPDATE teacher
SET tedu = '硕士研究生'
WHERE tedu = '研究生';
```

执行结果如图 4-9 所示。

注意：有四行数据受影响，说明把 teacher 表中 tedu 字段下的四个值全部改为了“硕士研究生”。

通过 SELECT 语句查看数据表 teacher 中的数据，SQL 语句如下。

```
SELECT * FROM teacher WHERE tedu = '研究生';
```

运行结果如图 4-10 所示。

图 4-9 把“研究生”改为“硕士研究生”

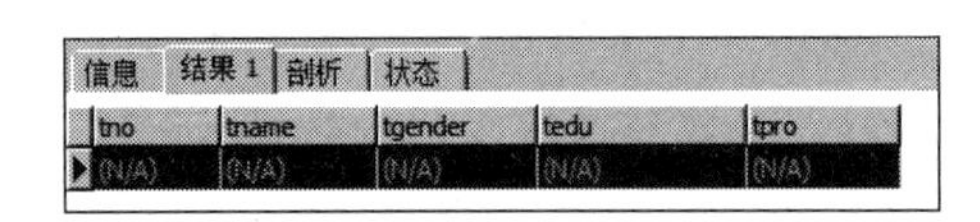

图 4-10 查看修改后的结果

查询没有结果，说明 tedu 字段下的 4 个“研究生”值全部改为了“硕士研究生”。

4.3 数据表记录的删除

在数据库中，有些数据已经失去意义或者存在错误时就需要将它们删除。在 MySQL 中，可以使用 DELETE 语句或者 TRUNCATE TABLE 语句删除表中的一行或多行数据，下面分别对它们进行介绍。

4.3.1 使用 DELETE 语句删除数据

通过 DELETE 语句删除数据的基本语法格式如下。

```
DELETE [LOW_PRIORITY][QUICK][IGNORE] FROM 数据表名
[WHERE 条件表达式]
[ORDERBY … ]
[LIMIT 行数]
```

参数说明如下。

(1) [LOW_PRIORITY]：可选项，表示在多用户访问数据库的情况下可用延迟 UPDATE 操作，直到没有别的用户再从表中读取数据为止。这个过程仅适用于表级锁的存储引擎。

(2) [QUICK]：可选项，用于加快部分种类的删除操作的速度。

(3) [IGNORE]：在 MySQL 中，通过 DELETE 语句更新表中的多行数据时，如果出现错误，整个 DELETE 语句操作都会被取消，错误发生前更新的所有行将被恢复到它们原来的值。因此，为了在发生错误时也能继续进行更新，可以在 DELETE 语句中使用 IGNORE 关键字。

(4) 数据表名：用于指定要删除的数据表的表名。

(5) WHERE 子句：可选项，用于限定表中要删除的行，如果不指定该子句，那么 DELETE 语句会删除表中的所有行。

(6) ORDERBY 子句：可选项，用于限定表中的行被删除的次序。

(7) LIMIT 子句：可选项，用于限定被删除的次数。

注意：该语句在执行过程中，如果没有指定 WHERE 条件，将删除所有的记录；如果指定了 WHERE 条件，将按照指定的条件进行删除。删除表记录时，需要表与表之间的外键约束，否则可能会出现删除时报错的情况。

【例 4-5】 在 jwsystem 数据库中，从 teacher 表中将姓名为"李晨"的记录删除。SQL 语句如下。

```
DELETE FROM teacher
WHERE tname = '李晨';
```

执行结果如图 4-11 所示。

注意：只有一行数据受影响，说明只有李晨老师的记录被删除了。

通过 SELECT 语句查看数据表 teacher 中的数据，SQL 语句如下。

```
SELECT * FROM teacher WHERE tname = '李晨';
```

运行结果如图 4-12 所示，查询没有结果，说明该教师信息已被删除。

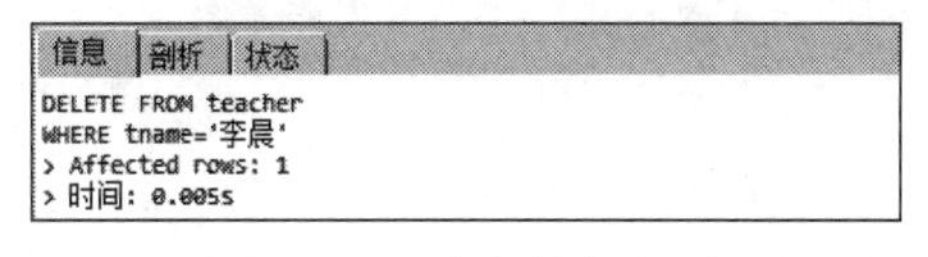

图 4-11　删除 teacher 表中姓名为"李晨"的记录

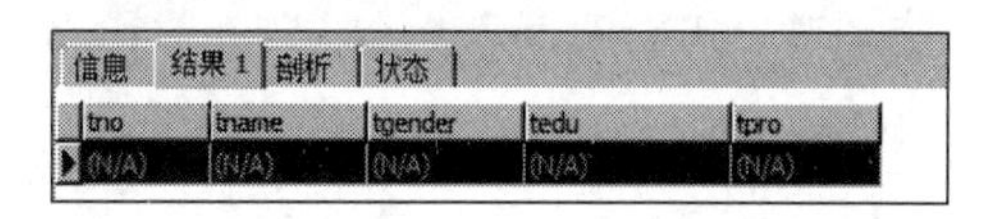

图 4-12　查看删除后的结果

4.3.2　使用 TRUNCATE 语句删除数据

删除数据时，如果要从表中删除所有的行，可以使用 TRUNCATE TABLE 语句来实现。删除数据的基本语法格式如下。

```
TRUNCATE [TABLE] 数据表名
```

在上面的语法中，数据表名表示的就是删除的数据表的表名，也可以使用"数据库名.数据表名"指定该数据表隶属于哪个数据库。

注意：由于 TRUNCATE TABLE 语句会删除数据库中的所有数据，并且无法恢复，因此使用 TRUNCATE TABLE 语句时一定要十分小心。

【例 4-6】 在 jwsystem 数据库中,使用 TRUNCATE TABLE 语句清空表中的记录。

(1) 数据表 teacher 与其他表关联,删除数据会报错,先建一个新的数据表 tb_teacher,结构与 teacher 表一致,但不与其他数据表关联。SQL 语句如下。

```
CREATE TABLE  tb_teacher
(
  tno char(4) PRIMARY KEY NOT NULL,
  tname varchar(10) NOT NULL,
  tgender char(2),
  tedu varchar(10),
  tpro varchar(8) DEFAULT '副教授'
);
```

按之前介绍的方法向 tb_teacher 表中插入五条记录,结果如图 4-13 所示。

信息 | 结果 1 | 剖析 | 状态

tno	tname	tgender	tedu	tpro
1001	杜倩颖	女	本科	讲师
1002	赵复前	男	本科	讲师
1003	胡祥	男	研究生	副教授
1004	何纯	女	研究生	副教授
1005	刘小娟	女	研究生	讲师

图 4-13　表 tb_teacher 结构与记录

(2) 用 TRUNCATE TABLE 语句清空表,SQL 语句如下。

```
TRUNCATE TABLE tb_teacher;
```

运行结果如图 4-14 所示。

通过 SELECT 语句查看数据表 tb_teacher,SQL 语句如下。

```
SELECT * FROM tb_teacher;
```

运行结果如图 4-15 所示,查询没有结果,说明数据表 tb_teacher 已被清空。

信息 | 剖析 | 状态

```
TRUNCATE TABLE tb_teacher
> OK
> 时间: 0.037s
```

图 4-14　使用 TRUNCATE 语句清空数据表 tb_teacher

信息 | 结果 1 | 剖析 | 状态

tno	tname	tgender	tedu	tpro
(N/A)	(N/A)	(N/A)	(N/A)	(N/A)

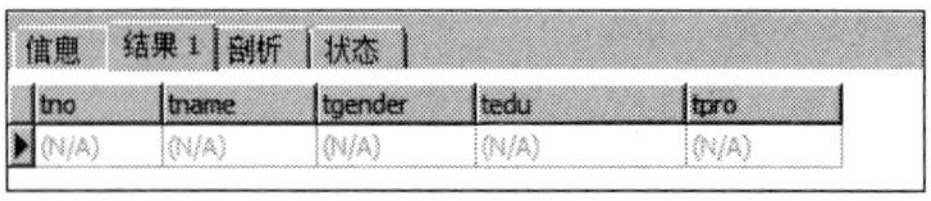

图 4-15　数据表 tb_teacher 已被清空

注意:DELETE 语句和 TRUNCATE TABLE 语句都能删除表中的所有数据,但两者也有一定的区别,下面对两者的区别进行说明。

(1) 使用 TRUNCATE TABLE 语句后,表中的 AUTO_INCREMENT 计数器将被重新设为该列的初始值。

(2) 对于参与了索引和视图的表,不能使用 TRUNCATE TABLE 语句删除数据,应使用 DELETE 语句。

（3）TRUNCATE TABLE 操作比 DELETE 操作使用的系统和事务日志资源少。DELETE 语句每删除一行，都会在事务日志中添加一行记录，而 TRUNCATE TABLE 语句是通过释放存储表数据用的数据页删除数据的，因此只在事务日志中记录页的释放。

单元小结

创建数据库和数据表后，就可以针对表中的数据进行各种交互操作了，这些操作可以有效地使用、维护和管理数据库中的表数据，其中最常用的是添加、修改和删除操作。本章介绍了在 MySQL 中对数据表进行数据添加、数据修改和数据删除的具体方法，即对表数据的增、删、改操作。插入操作是指把数据插入数据表的指定位置，可通过 INSERT 语句完成，修改操作使用 UPDATE 语句实现，删除操作使用 DELETE 语句或 TRUNCATE TABLE 语句实现。

单元实训项目

项目：在“网上书店”数据库的相关数据表中插入记录

目的：熟练掌握使用 INSERT、DELETE、UPDATE 语句向表中添加、删除、修改记录。

内容：

（1）“网上书店”数据库中的记录分别如表 4-1～表 4-4 所示。

表 4-1 user 表数据

uid	uname	email	tnum	score
1001	何仙姑	Hxg18@163. com	1332…01991	20
1002	平平人生	Lo011@126. com	1354…58219	300
1003	四十不惑	12345@qq. com	1868…68818	1000
1004	桃花岛主	810124@qq. com	1306…11234	600
1005	水灵	zs123@371. cn	1583…82503	150
1006	感动心灵	gandong@tom. com	1364…51234	500

表 4-2 book 表数据

bid	bname	author	price	publisher	discount	cid
1	中国时代	师永刚	39.0	作家出版社	27.8	1
2	中国历史的屈辱	王重旭	26.0	华夏出版社	18.2	2
3	择业要趁早	海文	28.0	海天出版社	19.3	3
4	房间	爱玛	37.6	人民文学出版社	26.3	4
5	平凡的世界	路遥	75	北京出版社	63.75	4
6	蜕	赵婷	32.0	上海出版社	28.5	3

表 4-3　category 表数据

cid	cname
1	历史
2	家教
3	文化
4	小说

表 4-4　b_order 表数据

uid	bid	ordernum	orderdate	deliverydate
1001	1	2	2016-03-12	
1001	3	1	2016-04-15	
1001	1	1	2016-09-15	
1003	7	1	2015-12-14	
1003	3	1	2016-10-10	
1005	5	1	2015-08-17	
1005	7	3	2016-11-12	
1006	5	1	2016-09-18	
1006	1	2	2016-10-21	
1006	7	2	2015-11-21	

(2) 使用 SQL 语句分别向 user 表(表 4-1)、book 表(表 4-2)、category 表(表 4-3)、b_order 表(表 4-4)插入记录。

(3) 使用 SQL 语句修改表中记录。

① 把 user 表中 uid 字段值为 1001 的记录的 uname 字段值修改为“何大姑”。

② 把 b_order 表中 uid 字段值为 1003 且 bid 字段值为 3 的记录的 ordernum 字段值改为“10”,并把该记录的 orderdate 字段值改为“2020-10-01”,deliverydate 字段值设为“2020-10-03”。

(4) 使用 SQL 语句删除表中记录。

① 删除 2019 年的订单信息。

② 清空 book 表。

单元练习题

一、选择题

1. 下列选项中,用于删除表中数据的关键字是(　　)。

A. ALTER　　B. DROP

C. UPDATE　　D. DELETE

2. 在执行添加数据时出现“Field 'name' doesn't have a default value”错误,可能导致错误的原因是(　　)。

A. INSERT 语句出现了语法问题

B. name 字段没有指定默认值,且添加了 NOT NULL 约束

C. name 字段指定了默认值

D. name 字段指定了默认值,且添加了 NOT NULL 约束

3. 下列用于更新的 SQL 语句中,正确的是(　　)。

A. UPDATE user SET id = u001 ;

B. UPDATE user(id,username) VALUES('u001','jack');

C. UPDATE user SET id='u001',username='jack';

D. UPDATE INTO user SET id = 'u001', username='jack';

4. 下列选项中,关于 SQL 语句 TRUNCATE TABLE user;的作用是解释,正确的是(　　)。

A. 查询 user 表中的所有数据

B. 与"DELETE FROM user;"完全一样

C. 删除 user 表,并再次创建 user 表

D. 删除 user 表

二、判断题

1. 向表中添加数据不仅可以实现整行记录添加,还可以实现添加指定的字段对应的值。(　　)

2. 如果某个字段在定义时添加了非空约束,但没有添加 DEFAULT 约束,那么插入新记录时就必须为该字段赋值,否则数据库系统会提示错误。(　　)

3. 在 DELETE 语句中如果没有使用 WHERE 子句,则会将表中的所有记录都删除。(　　)

4. 使用 TRUNCATE 删除表中的记录,是先删除数据表,然后重新创建表,所以效率更高。(　　)

三、简答题

1. 简述 DELETE 语句与 TRUNCATE 语句的区别。

2. 请写出更新表中记录的基本语法格式。

表记录的检索

表记录的检索是指从数据库中获取所需要的数据，又称数据查询。它是数据库操作中最常用，也是最重要的操作。用户可以根据自己对数据的需求，使用不同的查询方式，获得不同的数据。在 MySQL 中，使用 SELECT 语句实现数据查询。本单元将对查询语句的基本语法、在单表上查询数据、使用聚合函数查询数据、合并查询结果等内容进行详细讲解。

本单元主要学习目标如下：

- 熟练掌握查询简单数据记录的方法。
- 熟练掌握查询条件数据记录的方法。
- 熟练掌握查询分组数据的方法。
- 熟练掌握查询多表连接的方法。
- 熟练掌握子查询的方法。
- 能使用图形管理工具和命令方式实现数据的各类查询操作。

5.1 基本查询语句

查询是关系数据库中使用最频繁的操作，也是其他 SQL 语句的基础。例如，当要删除或更新某些数据记录时，首先需要查询这些记录，然后再对其进行相应的 SQL 操作。因此，基于 SELECT 的查询操作就显得十分重要，其基本语法格式如下。

```
SELECT [ALL|DISTINCT]要查询的内容
FROM 表名列表
[WHERE 条件表达式]
[GROUP BY 字段名列表[HAVING 逻辑表达式]]
[ORDER BY 字段名[ASC|DESC]]
[LIMIT [OFFSET,] n];
```

参数说明如下。

(1) SELECT 要查询的内容。“要查询的内容”可以是一个字段、多个字段，甚至是全部字段，还可以是表达式或函数。若要查询部分字段，需要将各字段名用逗号分隔开，各字段名在 SELECT 子句中的顺序决定了它们在结果中显示的顺序。用“*”表示返回所有字段。

(2) ALL | DISTINCT 用来标识在查询结果集中对相同行的处理方式。默认值为 ALL。

① 关键字 ALL 表示返回查询结果集中的所有行,包括重复行。

② 关键字 DISTINCT 表示若查询结果集中有相同的行,则只显示一行。

(3) FROM 表名列表指定用于查询的数据表的名称以及它们之间的逻辑关系。

(4) WHERE 条件表达式用于指定数据查询的条件。

(5) GROUP BY 字段名列表用来指定将查询结果根据什么字段分组。

(6) HAVING 逻辑表达式用来指定对分组的过滤条件,选择出满足查询条件的分组记录集。

(7) ORDER BY 字段名[ASC|DESC]用来指定查询结果集的排序方式。ASC 表示结果集按指定的字段以升序排列,DESC 表示结果集按指定的字段以降序排列。默认为 ASC。

(8) LIMIT [OFFSET,] n 用于限制查询结果的数量。LIMIT 后面可以跟两个参数,第一个参数"OFFSET"表示偏移量,如果偏移量为 0,则从查询结果的第一条记录开始显示,如果偏移量为 1,则从查询结果的第二条记录开始显示,以此类推。OFFSET 为可选值,如果不指定具体的值,则其默认值为 0。第二个参数"n"表示返回的查询记录的条数。

注意:

(1) 在上述语法结构中,SELECT 查询语句共有七个子句,其中 SELECT 和 FROM 子句为必选子句,而 WHERE、GROUP BY、ORDER BY 和 LIMIT 子句为可选子句,HAVING 子句与 GROUP BY 子句联合使用,不能单独使用。

(2) SELECT 子句既可以实现数据的简单查询、结果集的统计查询,也可以实现多表查询。

5.2　单表查询

5.2.1　简单数据记录查询

MySQL 通过 SELECT 语句实现数据记录的查询。简单数据记录查询的语法格式如下。

```
SELECT * | <字段列表>
FROM 数据表;
```

在上述查询语句中,星号"*"表示查询数据表的所有字段值,"字段列表"表示查询指定字段的字段值,数据表表示所要查询数据记录的表名。根据查询需求不同,该 SQL 语句可以通过以下两种方式使用。

(1) 查询所有字段数据。

(2) 查询指定字段数据。

【例 5-1】 查询 jwsystem 数据库的 studentinfo 表,输出所有学生的详细信息。

提示: 查询结果要输出表或视图的特定字段时,要明确指出字段名,多个字段名之间用逗号分开。

(1) 查看数据表 studentinfo 的表结构,SQL 语句如下。

```
DESC studentinfo;
```

执行结果如图 5-1 所示。

(2) 首先选择数据表 studentinfo 所在的数据库,然后执行 SELECT 语句查询所有字段的数据,对应的 SQL 语句如下。

```
USE jwsystem;
SELECT sno, sname, sgender, sbirth, sclass
FROM studentinfo;
```

执行结果如图 5-2 所示。

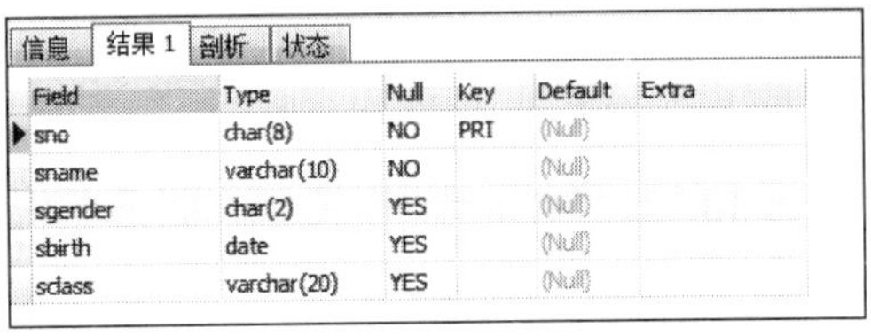

信息 | 结果 1 | 剖析 | 状态

Field	Type	Null	Key	Default	Extra
sno	char(8)	NO	PRI	(Null)	
sname	varchar(10)	NO		(Null)	
sgender	char(2)	YES		(Null)	
sbirth	date	YES		(Null)	
sclass	varchar(20)	YES		(Null)	

图 5-1　数据表 studentinfo 的结构

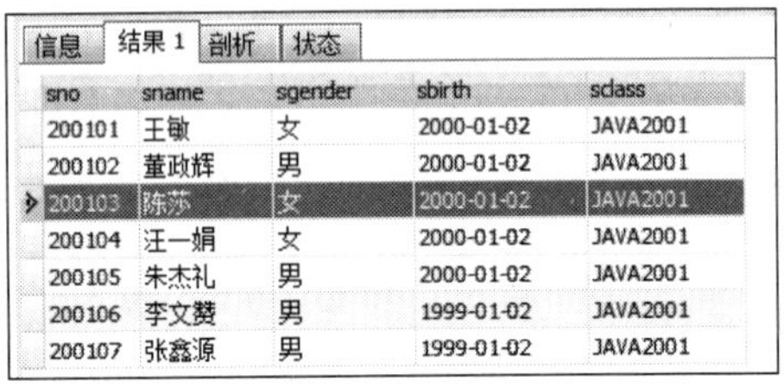

信息 | 结果 1 | 剖析 | 状态

sno	sname	sgender	sbirth	sclass
200101	王敏	女	2000-01-02	JAVA2001
200102	董政辉	男	2000-01-02	JAVA2001
200103	陈莎	女	2000-01-02	JAVA2001
200104	汪一娟	女	2000-01-02	JAVA2001
200105	朱杰礼	男	2000-01-02	JAVA2001
200106	李文赟	男	1999-01-02	JAVA2001
200107	张鑫源	男	1999-01-02	JAVA2001

图 5-2　数据表 studentinfo 中所有字段记录

注意:

(1) 在 SELECT 子句的查询字段列表中,字段的顺序是可以改变的,无须按照表中定义的顺序排列。例如,上述语句可以写为:

```
SELECT sname, sno, sgender, sbirth, sclass
FROM studentinfo;
```

(2) 当要查询的内容是数据表中所有列的集合时,可以用符号"*"代表所有字段名的集合。例如,上述语句可以写为:

```
SELECT * FROM studentinfo;
```

执行结果和图 5-2 是一样的。

【例 5-2】 查询 jwsystem 数据库的 studentinfo 表,输出所有学生的学号和姓名。

提示: 要从表中选择部分字段进行输出,则需要在 SELECT 后面给出所选字段的字段名,各字段名之间用逗号隔开。查询结果集中字段显示的顺序与 SELECT 子句中给出的字段顺序相同。

(1) 首先选择数据表 studentinfo 所在的数据库,然后执行 SELECT 语句查询指定字段的数据,对应的 SQL 语句如下。

```
USE jwsystem;
SELECT sno, sname
FROM studentinfo;
```

执行结果如图 5-3 所示。

(2) 调整 SELECT 后字段的排列顺序，对应的 SQL 语句如下。

```
SELECT sname ,sno
FROM studentinfo;
```

运行结果如图 5-4 所示。

sno	sname
200101	王敏
200102	董政辉
200103	陈莎
200104	汪一娟
200105	朱杰礼
200106	李文赟
200107	张鑫源

图 5-3　studentinfo 表中指定字段的数据记录

sname	sno
王敏	200101
董政辉	200102
陈莎	200103
汪一娟	200104
朱杰礼	200105
李文赟	200106
张鑫源	200107

图 5-4　调整指定字段顺序的查询结果

(3) 如果指定字段在数据表中不存在，则查询报错。例如，在 studentinfo 数据表中查询字段名为 price 的数据，对应的 SQL 语句如下。

```
SELECT price
FROM studentinfo;
```

执行结果将报错，错误信息“1054-Unknowncolumn'price' in 'fieldlist'”提示不存在 price 字段。

【例 5-3】 查询 jwsystem 数据库的 studentinfo 表，输出所有学生的详细信息，以及此次查询的日期和时间。

提示：可以使用 now()函数输出当前日期和时间。

对应的 SQL 语句如下。

```
SELECT * ,now()
FROM studentinfo;
```

执行结果如图 5-5 所示。

sno	sname	sgender	sbirth	sclass	now()
200101	王敏	女	2000-01-02	JAVA2001	2021-02-02 11:34:14
200102	董政辉	男	2000-01-02	JAVA2001	2021-02-02 11:34:14
200103	陈莎	女	2000-01-02	JAVA2001	2021-02-02 11:34:14
200104	汪一娟	女	2000-01-02	JAVA2001	2021-02-02 11:34:14
200105	朱杰礼	男	2000-01-02	JAVA2001	2021-02-02 11:34:14
200106	李文赟	男	1999-01-02	JAVA2001	2021-02-02 11:34:14
200107	张鑫源	男	1999-01-02	JAVA2001	2021-02-02 11:34:14

图 5-5　显示查询记录的日期和时间

注意：使用 SELECT 语句进行查询时，查询结果集中字段的名称与 SELECT 子句中字段的名称相同。也可以在 SELECT 语句中，让查询结果集显示新的字段名，称为字段的别名。指定返回字段的别名有以下两种方法。

```
字段名 AS 别名
```

或

```
字段名 别名
```

【例 5-4】 查询 jwsystem 数据库的 studentinfo 表，输出所有学生的学号、姓名，以及此次查询的日期和时间，并分别使用“学号”“姓名”“查询日期”作为别名。对应的 SQL 语句如下。

```
SELECT sno 学号,sname AS 姓名, now() AS 查询日期
FROM studentinfo;
```

执行结果如图 5-6 所示。

信息 | 结果 1 | 剖析 | 状态

学号	姓名	查询日期
200101	王敏	2021-02-02 11:41:26
200102	董政辉	2021-02-02 11:41:26
200103	陈莎	2021-02-02 11:41:26
200104	汪一娟	2021-02-02 11:41:26
200105	朱杰礼	2021-02-02 11:41:26
200106	李文赟	2021-02-02 11:41:26
200107	张鑫源	2021-02-02 11:41:26

图 5-6 字段名以别名显示的查询结果

5.2.2 使用 DISTINCT 子句

当在 MySQL 中执行数据查询时，查询结果可能会包含重复的数据。如果需要消除这些重复数据，可以在 SELECT 语句中使用 DISTINCT 关键字。语法格式如下。

```
SELECT DISTINCT 字段名
FROM 表名;
```

【例 5-5】 查询 jwsystem 数据库的 studentinfo 表，输出学生所在的班级，每个班级只输出一次。

提示： 使用 DISTINCT 关键字可以消除查询结果集中的重复行。否则，查询结果集中将包括所有满足条件的行。

（1）首先选择数据表 studentinfo 所在的数据库，然后执行 SELECT 语句查询 sclass 字段的值，对应的 SQL 语句如下。

```
USE jwsystem;
SELECT sclass
FROM studentinfo;
```

（2）上一步骤的返回结果中有重复数据，使用 DISTINCT 关键字消除重复数据，对应的 SQL 语句如下。

```
SELECT DISTINCT sclass
FROM studentinfo;
```

执行结果如图 5-7 所示。

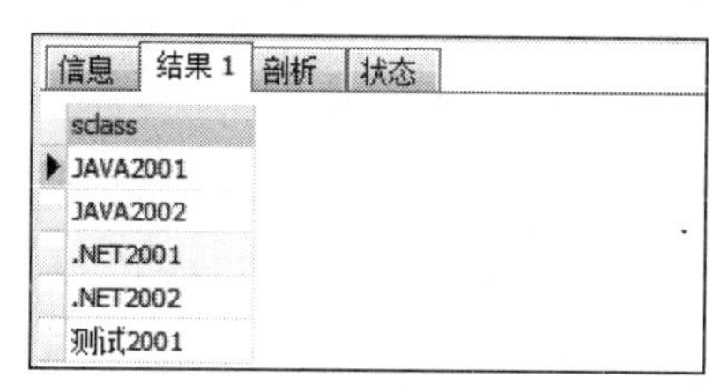

图 5-7　使用 DISTINCT 子句消除重复记录

注意：DISTINCT 关键字不能部分使用，一旦使用，将会应用于所有指定的字段，而不仅是某一个，也就是所有字段的组合值重复时才会被消除。

5.2.3　使用 WHERE 子句

WHERE 子句可以指定查询条件，用以从数据表中筛选出满足条件的数据行。其语法格式如下。

```
SELECT [ALL|DISTINCT] 要查询的内容
FROM 表名列表
WHERE 条件表达式;
```

WHERE 子句的条件表达式可以使用的运算符如表 5-1 所示。

表 5-1　条件表达式的运算符

运算符分类	运　算　符	说　明
比较运算符	>、>=、=、<、<=、<>、!=、!>、!<	比较字段值的大小
范围运算符	BETWEEN…AND、NOT、BETWEEN…AND	判断字段值是否在指定范围内
列表运算符	IN、NOT IN	判断字段值是否在指定的列表中
模式匹配运算符	LIKE、NOT LIKE	判断字段值是否和指定的模式字符串匹配
空值判断运算符	IS NULL、IS NOT NULL	判断字段值是否为空
逻辑运算符	AND、OR、NOT	用于多个条件表达式的逻辑连接

1. 比较运算符的使用

【例 5-6】　查询 jwsystem 数据库的 studentinfo 表，输出 JAVA2001 班学生的详细信息。对应的 SQL 语句如下。

```
USE jwsystem;
SELECT *
FROM studentinfo
WHERE sclass = 'JAVA2001';
```

执行结果如图 5-8 所示。

信息 结果 1 剖析 状态

sno	sname	sgender	sbirth	sclass
200102	董政辉	男	2000-01-02	JAVA2001
200103	陈莎	女	2000-01-02	JAVA2001
200104	汪一娟	女	2000-01-02	JAVA2001
200105	朱杰礼	男	2000-01-02	JAVA2001
200106	李文赟	男	1999-01-02	JAVA2001
200107	张鑫源	男	1999-01-02	JAVA2001
200108	龚洁	女	1999-02-03	JAVA2001

图 5-8 班级为 JAVA2001 的学生详细信息

2. 范围运算符的使用

【例 5-7】 查询 jwsystem 数据库的 studentinfo 表，输出 1999 年出生的学生的详细信息。对应的 SQL 语句如下。

```
USE jwsystem;
SELECT *
FROM studentinfo
WHERE sbirth BETWEEN '1999 - 1 - 1' AND '1999 - 12 - 31';
```

执行结果如图 5-9 所示。

信息 结果 1 剖析 状态

sno	sname	sgender	sbirth	sclass
200106	李文赟	男	1999-01-02	JAVA2001
200107	张鑫源	男	1999-01-02	JAVA2001
200108	龚洁	女	1999-02-03	JAVA2001
200109	张刚玉	女	1999-02-08	JAVA2001
200112	李聪	男	1999-01-02	JAVA2001
200113	黄子加	男	1999-02-08	JAVA2001
200114	方涛	男	1999-02-08	JAVA2001

图 5-9 1999 年出生的学生的详细信息

注意：日期和时间类型是一个特殊的数据类型，它不仅可以作为一个连续的范围使用 BETWEEN…AND 运算符，还可以进行加、减以及比较大小操作。例 5-7 的 SQL 语句还可以写成如下形式：

```
USE jwsystem;
SELECT *
FROM studentinfo
WHERE sbirth >= '1999 - 1 - 1' AND sbirth <=  '1999 - 12 - 31';
```

其执行结果和图 5-9 是一样的。

3. 列表运算符的使用

【例 5-8】 查询 jwsystem 数据库的 studentinfo 表，输出学号为 200101、200106、200108 的学生的详细信息。

对应的 SQL 语句如下。

```
USE jwsystem;
SELECT *
FROM studentinfo
WHERE sno IN ('200101', '200106', '200108');
```

执行结果如图 5-10 所示。

sno	sname	sgender	sbirth	sclass
200101	王敏	女	2000-01-02	JAVA2001
200106	李文龚	男	1999-01-02	JAVA2001
200108	龚洁	女	1999-02-03	JAVA2001

图 5-10 列表运算符使用的执行结果

4. 模式匹配运算符的使用

在指定的条件不是很明确的情况下，可以使用 LIKE 运算符与模式字符串进行匹配运算。其语法格式如下。

```
字段名 [NOT]  LIKE '模式字符串'
```

参数说明如下。

(1) 字段名：指明要进行匹配的字段。字段的数据类型可以是字符串类型或日期和时间类型。

(2) 模式字符串：可以是一般的字符串，也可以是包含通配符的字符串。通配符的种类如表 5-2 所示。

表 5-2 通配符的种类

通　配　符	含　义
%	匹配任意长度(0 个或多个)的字符串
_	匹配任意单个字符

通配符和字符串必须括在单引号中。例如，表达式“LIKE 'a%'”匹配以字母 a 开头的字符串；表达式“LIKE '%101'”匹配以 101 结尾的字符串；表达式“LIKE'学%'”匹配第二个字符为“学”的字符串。

如果要查找的字符串本身就包括通配符，可以用符号“\”将通配符转义为普通字符。例如，表达式“LIKE 'A_'”表示要匹配的字符串长度为 2，且第一个字符为 A，第二个字符为“_”。

【例 5-9】 查询 jwsystem 数据库的 studentinfo 表，输出姓“张”的学生的详细信息。对应的 SQL 语句如下。

```
SELECT *
FROM studentinfo
WHERE sname LIKE '张%';
```

执行结果如图 5-11 所示。

【例 5-10】 查询 jwsystem 数据库的 studentinfo 表，输出姓“张”且名字长度为 2 的学生的详细信息。对应的 SQL 语句如下。

```
SELECT *
FROM studentinfo
WHERE sname LIKE '张_';
```

执行结果如图 5-12 所示。

信息 | 结果 1 | 剖析 | 状态

sno	sname	sgender	sbirth	sclass
200107	张鑫源	男	1999-01-02	JAVA2001
200109	张刚玉	女	1999-02-08	JAVA2001
200111	张凯	男	2000-01-02	JAVA2001
200137	张柳柳	女	2000-04-25	JAVA2002
200142	张忠凯	男	2000-04-25	.NET2001
200143	张仁葵	男	2000-03-25	.NET2001
200169	张晓琳	女	2000-08-20	.NET2002

图 5-11 studentinfo 表中姓“张”的学生的详细信息

信息 | 结果 1 | 剖析 | 状态

sno	sname	sgender	sbirth	sclass
200111	张凯	男	2000-01-02	JAVA2001
200194	张彤	女	2001-02-01	测试2001
200197	张璨	女	2000-01-02	测试2001
200201	张明	男	1998-08-05	JAVA2001

图 5-12 姓“张”且名字长度为 2 的学生详细信息

5. 空值判断运算符的使用

IS [NOT] NULL 运算符用于判断指定字段的值是否为空值。对于空值判断，不能使用比较运算符或模式匹配运算符。

【例 5-11】 查询 jwsystem 数据库的 teacher 表，输出性别为空的教师的信息。对应的 SQL 语句如下。

```
SELECT *
FROM teacher
WHERE tgender IS NULL;
```

执行结果如图 5-13 所示。

信息 | 结果 1 | 剖析 | 状态

tno	tname	tgender	tedu	tpro
1011	李杰	(Null)	博士研究生	副教授

图 5-13 性别为空的教师的信息

6. 逻辑运算符的使用

查询条件可以是一个条件表达式，也可以是多个条件表达式的组合。逻辑运算符能够连接多个条件表达式，构成一个复杂的查询条件。逻辑运算符包括 AND(逻辑与)、OR(逻辑或)、NOT(逻辑非)。

(1) AND 连接两个条件表达式。当且仅当两个条件表达式都成立时，组合起来的条件才成立。

(2) OR 连接两个条件表达式。两个条件表达式之一成立，组合起来的条件就成立。

(3) NOT 连接一个条件表达式。对给定条件取反。

【例 5-12】 查询 jwsystem 数据库的 studentinfo 表，输出姓“李”且是 JAVA2001 班的学生的信息。对应的 SQL 语句如下。

```
SELECT *
FROM studentinfo
WHERE sname LIKE '李%' AND sclass = 'JAVA2001';
```

执行结果如图 5-14 所示。

【例 5-13】 查询 jwsystem 数据库的 studentinfo 表，输出姓“李”或者是 JAVA2001 班的学生的信息。对应的 SQL 语句如下。

```
SELECT *
FROM studentinfo
WHERE sname LIKE '李%' OR sclass = 'JAVA2001';
```

执行结果如图 5-15 所示。

信息　结果 1　剖析　状态

sno	sname	sgender	sbirth	sclass
200106	李文赞	男	1999-01-02	JAVA2001
200112	李聪	男	1999-01-02	JAVA2001

图 5-14　姓“李”且是 JAVA2001 班的学生的信息

信息　结果 1　剖析　状态

sno	sname	sgender	sbirth	sclass
200120	杨明	男	2001-12-08	JAVA2001
200121	陈娟	女	2001-12-08	JAVA2001
200163	李玲	女	2000-07-20	.NET2002
200176	李立志	男	2000-09-20	.NET2002
200201	张明	男	1998-08-05	JAVA2001

图 5-15　姓“李”或者是 JAVA2001 班的学生的信息

注意：AND 运算符的优先级高于 OR 运算符，因此两个运算符一起使用时，应该先处理 AND 运算符两边的条件表达式，再处理 OR 运算符两边的条件表达式。

【例 5-14】 查询 jwsystem 数据库的 studentinfo 表，输出不是 2000 年出生的学生的信息。

提示：要得到指定日期类型数据的年份，可以使用函数 YEAR()。

对应的 SQL 语句如下。

```
SELECT *
FROM studentinfo
WHERE NOT(YEAR(sbirth) = 2000);
```

执行结果如图 5-16 所示。

信息　结果 1　剖析　状态

sno	sname	sgender	sbirth	sclass
200114	方涛	男	1999-02-08	JAVA2001
200115	彭攀	男	1999-02-08	JAVA2001
200116	鲁文达	男	1999-02-08	JAVA2001
200117	汪媛丽	女	2001-12-08	JAVA2001
200118	雷浩	男	2001-12-08	JAVA2001

图 5-16　不是 2000 年出生的学生的信息

5.2.4 使用 ORDER BY 子句

默认情况下，查询结果是按照数据记录最初添加到数据表中的顺序排序的。这样的查询结果顺序不能满足用户的需求，所以 MySQL 提供了 ORDER BY 关键字对查询结果进行排序。其语法格式如下。

```
SELECT [ALL|DISTINCT] 要查询的内容
FROM 表名列表
[WHERE 条件表达式]
ORDER BY 字段名[ASC|DESC] ;
```

参数说明如下。

(1) 可以规定数据行按升序排列(使用参数 ASC)，也可以规定数据行按降序排列(使用参数 DESC)，默认参数为 ASC。

(2) 可以在 ORDER BY 子句中指定多个字段，查询结果首先按照第一个字段的值排序，第一个字段的值相同的数据行，再按照第二个字段的值排序，以次类推。

(3) ORDER BY 子句要写在 WHERE 子句的后面。

【例 5-15】 查询 jwsystem 数据库的 elective 表，输出选修了 J001 号课程的学生信息，并将查询结果按成绩的降序排序。

对应的 SQL 语句如下。

```
SELECT *
FROM elective
WHERE cno = 'J001'
ORDER BY score DESC;
```

信息 结果 1 剖析 状态

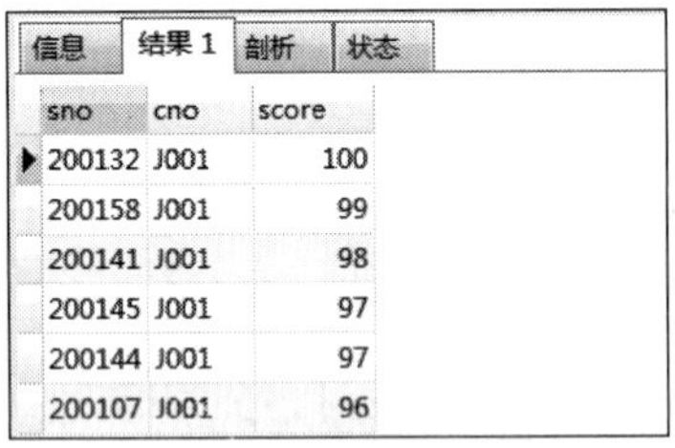

sno	cno	score
200132	J001	100
200158	J001	99
200141	J001	98
200145	J001	97
200144	J001	97
200107	J001	96

图 5-17 J001 号课程按成绩降序排序

执行结果如图 5-17 所示。

MySQL 中可以按照多个字段值的顺序对查询结果进行排序，字段之间须用逗号隔开。首先按照第一个字段的值排序，当字段值相同时，再按照第二个字段的值排序，以此类推。并且，每个字段都可以指定按照升序或者降序排序。例如，在 studentinfo 表中，将学生信息按学号升序和出生日期降序排序，SQL 语句如下。

```
SELECT *
FROM studentinfo
ORDER BY sno ASC, sbirth DESC;
```

5.2.5 使用 LIMIT 子句

当在 MySQL 中执行数据查询时，查询结果可能会包含很多数据。如果仅需要结果中的某些行数据，可以使用 LIMIT 关键字实现。其语法格式如下。

```
SELECT [ALL|DISTINCT] 要查询的内容
FROM 表名列表
[WHERE 条件表达式]
[ORDER BY 字段名 [ASC|DESC]]
LIMIT [OFFSET,] n;
```

LIMIT 子句接受一个或两个整数参数。其中，OFFSET 代表从第几行记录开始检索，n 代表检索多少行记录。需要注意的是，OFFSET 可以省略不写，默认取值为 0，代表从第一行记录开始检索。

【例 5-16】 查询 jwsystem 数据库的 studentinfo 表，输出前三条学生记录的信息。对应的 SQL 语句如下。

```
SELECT *
FROM studentinfo
LIMIT 3;
```

执行结果如图 5-18 所示。

【例 5-17】 查询 jwsystem 数据库的 studentinfo 表，输出表中第五行学生记录的信息。对应的 SQL 语句如下。

```
SELECT *
FROM studentinfo
LIMIT 4,1;
```

执行结果如图 5-19 所示。

信息 结果 1 剖析 状态

sno	sname	sgender	sbirth	sclass
200101	王敏	女	2000-01-02	JAVA2001
200102	董政辉	男	2000-01-02	JAVA2001
200103	陈莎	女	2000-01-02	JAVA2001

图 5-18 输出前三条学生记录的信息

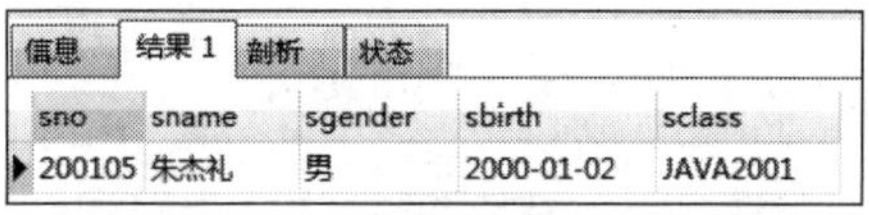

信息 结果 1 剖析 状态

sno	sname	sgender	sbirth	sclass
200105	朱杰礼	男	2000-01-02	JAVA2001

图 5-19 输出表中第五行学生记录的信息

5.3 统计查询

MySQL 提供了一些对数据进行分析的统计函数，因为有时我们需要的并不是某些具体数据，而是对数据的统计分析结果。例如，统计某个班级的总人数、某个部门的平均薪资等。本节将介绍这些统计函数的作用和使用方法。

5.3.1 集合函数

集合函数用于对查询结果集中的指定字段进行统计，并输出统计值。常用的集合函数如表 5-3 所示。

表 5-3 集合函数

集合函数	功能描述
COUNT([DISTINCT|ALL]字段|*)	计算指定字段中值的个数。COUNT(*)返回满足条件的行数,包括含有空值的行,不能与 DISTINCT 一起使用
SUM([DISTINCT|ALL]字段)	计算指定字段中数据的总和(此字段为数值类型)
AVG([DISTINCT|ALL]字段)	计算指定字段中数据的平均值(此字段为数值类型)
MAX([DISTINCT|ALL]字段)	计算指定字段中数据的最大值
MIN([DISTINCT|ALL]字段)	计算指定字段中数据的最小值

表 5-3 中,ALL 为默认选项,表示计算所有的值;DISTINCT 选项则表示去掉重复值后再计算。

【例 5-18】 查询 jwsystem 数据库的 studentinfo 表,统计学生总人数。

提示:统计学生总人数,就是统计学生表中的数据的行数。

对应的 SQL 语句如下。

```
SELECT COUNT( * ) AS 学生总人数
FROM studentinfo;
```

执行结果如图 5-20 所示。

【例 5-19】 查询 jwsystem 数据库的 elective 表,统计选修了 J001 号课程的学生人数、总成绩、平均分、最高分和最低分。对应的 SQL 语句如下。

```
SELECT COUNT( * ) AS 学生人数,SUM(score) AS 总成绩,
AVG(score) 平均分,MAX(score) 最高分,MIN(score) 最低分
FROM elective
WHERE cno = 'J001';
```

执行结果如图 5-21 所示。

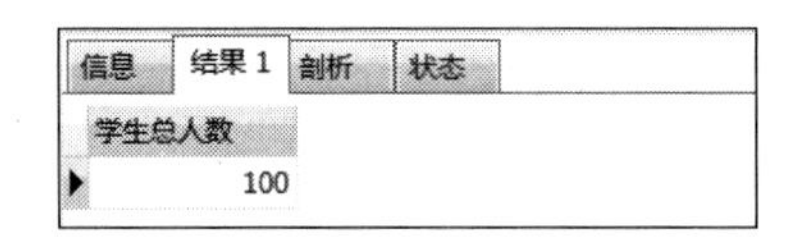

图 5-20 统计学生总人数

图 5-21 J001 号课程的学生人数、总成绩、平均分、最高分和最低分

5.3.2 分组数据查询

在对表中数据进行统计时,可能需要按照一定的类别进行统计,例如,统计每一类书籍的在库总册数。这时我们首先需要对书籍按类别进行分组,然后统计每一组书籍的在库册数总和。在 MySQL 中,通过 GROUP BY 关键字按照某个字段或者多个字段的值对数据进行分组,字段值相同的数据记录为一组。其语法格式如下。

```
SELECT [ALL|DISTINCT] 要查询的内容
FROM 表名列表
[WHERE 条件表达式]
GROUP BY 字段名列表 [HAVING 条件表达式];
```

注意：使用 GROUP BY 子句进行分组统计时，SELECT 子句要查询的字段只能是以下两种情况。

（1）字段应用了集合函数。

（2）未应用集合函数的字段必须包含在 GROUP BY 子句中。

1. 字段分组查询

如果 GROUP BY 关键字后只有一个字段，则数据将按该字段的值进行分组，具体示例如下。

【例 5-20】 查询 studentinfo 表，分别统计男女生人数。对应的 SQL 语句如下。

```
SELECT sgender,COUNT( * ) AS 人数
FROM studentinfo
GROUP BY sgender;
```

执行结果如图 5-22 所示。

【例 5-21】 查询 elective 表，统计并输出每个学生所选课程数目及平均分。对应的 SQL 语句如下。

```
SELECT sno,COUNT(cno) AS 选修课程数目,AVG(score) AS 平均分
FROM elective
GROUP BY sno;
```

执行结果如图 5-23 所示。

信息 | 结果 1 | 剖析 | 状态

sgender	人数
女	37
男	63

图 5-22　分别统计男女生人数

信息 | 结果 1 | 剖析 | 状态

sno	选修课程数目	平均分
200101	3	85.3333
200102	3	62.3333
200103	3	66.6667
200104	3	75.3333
200105	3	68.3333

图 5-23　统计每个学生所选课程数目及平均分

【例 5-22】 查询 elective 表，统计并输出每门课程选课人数、最高分、最低分和平均分。对应的 SQL 语句如下。

```
SELECT cno, COUNT(sno) AS 选课人数,MAX(score) AS 最高分,
MIN(score) AS 最低分,AVG(score) 平均分
FROM elective
GROUP BY cno;
```

执行结果如图 5-24 所示。

cno	选课人数	最高分	最低分	平均分
J001	99	100	50	75.5051
Z001	40	99	51	70.2500
Z002	41	99	51	70.0732
Z003	58	100	52	77.7069
Z004	59	96	51	73.9153

图 5-24　每门课程选课人数、最高分、最低分和平均分

使用 GROUP BY 关键字还可以对多个字段按层次进行分组。首先按第一个字段分组，然后在第一个字段值相同的每个分组中再根据第二个字段值进行分组。

2. HAVING 子句限定分组查询

HAVING 关键字和 WHERE 关键字都用于设置条件表达式，两者的区别在于，HAVING 关键字后可以有集合函数，而 WHERE 关键字不能。WHERE 子句的作用是在对查询结果进行分组前，将不符合 WHERE 条件子句的行去掉，即在分组之前过滤数据。HAVING 子句的作用是筛选满足条件的组，即在分组之后过滤数据。

注意：HAVING 子句常和 GROUP BY 子句配合使用。HAVING 子句用于对分组后的结果进行条件筛选，HAVING 子句只能出现在 GROUP BY 子句后。

当一个语句中同时出现了 WHERE 子句、GROUP BY 子句和 HAVING 子句时，执行顺序如下。

(1) 执行 WHERE 子句，从数据表中选取满足条件的数据行。

(2) 由 GROUP BY 子句对选取的数据行进行分组。

(3) 执行集合函数。

(4) 执行 HAVING 子句，选取满足条件的分组。

【例 5-23】 查询 elective 表中每门课成绩都在 70～90 分内的学生的学号。对应的 SQL 语句如下。

```
SELECT sno AS 每门成绩都在 70—90 之间的学生
FROM elective
GROUP BY sno
HAVING MIN(score)> = 70 AND MAX(score)< = 90;
```

执行结果如图 5-25 所示。

【例 5-24】 查询至少选修了三门课程的学生的学号。对应的 SQL 语句如下。

```
SELECT sno,count( * ) 选修课程数
FROM elective
GROUP BY sno
HAVING count( * )> = 3;
```

执行结果如图 5-26 所示。

每门成绩都在70—90之间的学生
200104
200148
200168
200173
200183

图 5-25　每门课成绩都在 70～90 分内的学生的学号

sno	选修课程数
200101	3
200102	3
200103	3
200104	3
200105	3

图 5-26　至少选修了三门课程的学生的学号

5.4 多表查询

在实际查询中，很多情况下用户需要的数据并不全在一个表中，而是存在于多个不同的表中，这时就要使用多表查询。多表查询是通过各个表之间的共同列的相关性来查询数据的。多表查询首先要在这些表中建立连接，再在连接生成的结果集基础上进行筛选。

多表查询语法格式如下。

```
SELECT [表名.]目标字段表达式[AS 别名],…
FROM 左表名[AS 别名] 连接类型 右表名[AS 别名]
ON 连接条件
[WHERE 条件表达式];
```

其中，连接类型以及运算符有以下几种。

(1) CROSS JOIN：交叉连接。

(2) INNER JOIN 或 JOIN：内连接。

(3) LEFT JOIN 或 LEFT OUTER JOIN：左外连接。

(4) RIGHT JOIN 或 RIGHT OUTER JOIN：右外连接。

(5) FULL JOIN 或 FULL OUTER JOIN：完全连接。

5.4.1 交叉连接

交叉连接就是将要连接的两个表的所有行进行组合，也就是将第一个表的所有行分别与第二个表的每个行连接形成一个新的行。连接后生成的结果集的行数等于两个表的行数的乘积，字段个数等于两个表的字段个数的和。其语法格式如下。

```
SELECT 字段名列表
FROM 表名1 CROSS JOIN 表名2;
```

图5-27中的表R和表S进行交叉连接的结果集如图5-28所示。

R

A	B	C
1	2	3
4	5	6

S

A	D
1	2
3	4
5	6

图5-27 示例表R和S的数据

R CROSS JOIN S

A	B	C	A	D
1	2	3	1	2
1	2	3	3	4
1	2	3	5	6
4	5	6	1	2
4	5	6	3	4
4	5	6	5	6

图5-28 表R和表S交叉连接的结果集

注意：交叉连接的结果集称为笛卡儿积，笛卡儿积在实际应用中一般是没有任何意义的。

【例 5-25】 对 course 表和 teacher 表进行交叉连接，观察交叉连接后的结果集。对应的 SQL 语句如下。

```
SELECT *
FROM course CROSS JOIN teacher;
```

执行结果如图 5-29 所示。

信息 | 结果 1 | 剖析 | 状态

cno	cname	cperiod	credit	ctno	tno	tname	tgender	tedu	tpro
Z004	数据结构	64	4.0	1010	1001	杜倩颖	女	本科	讲师
Z003	数据库	64	4.0	1008	1001	杜倩颖	女	本科	讲师
Z002	C#程序设计	84	6.0	1009	1001	杜倩颖	女	本科	讲师
Z001	JAVA程序设计	84	6.0	1002	1001	杜倩颖	女	本科	讲师
J001	公共英语	36	2.0	1001	1001	杜倩颖	女	本科	讲师
Z004	数据结构	64	4.0	1010	1002	赵复前	男	本科	讲师
Z003	数据库	64	4.0	1008	1002	赵复前	男	本科	讲师
Z002	C#程序设计	84	6.0	1009	1002	赵复前	男	本科	讲师
Z001	JAVA程序设计	84	6.0	1002	1002	赵复前	男	本科	讲师
J001	公共英语	36	2.0	1001	1002	赵复前	男	本科	讲师
Z004	数据结构	64	4.0	1010	1003	胡祥	男	硕士研究生	副教授

图 5-29　course 表和 teacher 表交叉连接的结果集

course 表是 5 行 5 列的表，teacher 表是 13 行 5 列的表。这两个表进行交叉连接形成的就是 65 行 10 列的表。但可以看出来，这张表是没有实际意义的。

5.4.2　内连接

内连接又称简单连接或自然连接，是一种常见的关系运算。内连接使用条件运算符对两个表中的数据进行比较，并将符合连接条件的数据记录组合成新的数据记录。

内连接有以下两种语法格式。

```
SELECT 字段名列表
FROM 表名 1 [INNER] JOIN 表名 2
ON 表名 1.字段名 比较运算符 表名 2.字段名;
```

或者

```
SELECT 字段名列表
FROM 表名 1, 表名 2
WHERE 表名 1.字段名 比较运算符 表名 2.字段名;
```

内连接包括三种类型：等值连接、非等值连接和自然连接。

(1) 等值连接：在连接条件中使用等号(=)比较运算符来比较连接字段的值，其查询结果中包含被连接表的所有字段，包括重复字段。在等值连接中，两个表的连接条件通常采用“表1.主键字段＝表2.外键字段”的形式。

（2）非等值连接：在连接条件中使用了除等号之外的比较运算符（>、<、>=、<=、!=）来比较连接字段的值。

（3）自然连接：与等值连接相同，都是在连接条件中使用比较运算符，但结果集不包括重复字段。图5-27中表R和表S进行等值连接、非等值连接和自然连接的结果集如图5-30所示。

R JOIN S(R.A=S.A)

R.A	B	C	S.A	D
1	2	3	1	2

(等值连接)

R JOIN S(R.A=S.A)

R.A	B	C	S.A	D
4	5	6	1	2
4	5	6	3	4

(非等值连接)

R JOIN S

R.A	B	C	D
1	2	3	2

(自然连接)

图5-30　表R和表S内连接的结果集

在上述语法格式中，如果要输出的字段是表1和表2都有的字段，则必须在输出的字段名前加上表名进行区分，用“表名.字段名”表示。如果表名太长，可以给表名定义一个简短的别名，这样在SELECT语句的输出字段名和连接条件中，用到表名的地方都可以用别名来代替。

【例5-26】　查询jwsystem数据库，输出考试成绩不及格学生的学号、姓名、课程号和成绩。

提示：需要输出四个字段作为查询结果，在jwsystem数据库中，没有一个表包含这四个字段，因此需要多表连接查询。多表连接查询首先确定需要哪几个表进行连接查询。进行连接查询的表要能够包含输出的所有字段，并且保证用到表的数量最少。进行连接的表之间要有含义相同的字段。

本例中，在studentinfo表和elective表中有“学号”字段，在studentinfo表中有“姓名”字段，在course表和elective表中有“课程号”字段，在elective表中有“成绩”字段。由此可知，要输出指定的四个字段，最少需要studentinfo表和elective表。这两个表可以进行连接的共同字段为“学号”。

对应的SQL语句如下。

```
SELECT s.sno,sname,cno,score
FROM studentinfo AS s JOIN elective AS e ON s.sno = e.sno
WHERE score < 60;
```

或者

```
SELECT s.sno,sname,cno,score
FROM studentinfo AS s,elective AS e
WHERE s.sno = e.sno AND score < 60;
```

执行结果如图5-31所示。

sno	sname	cno	score
200102	董政辉	Z001	52
200103	陈莎	J001	54
200103	陈莎	Z001	58
200105	朱杰礼	Z001	57
200106	李文蕾	Z001	58

图 5-31 成绩不及格学生的学号、姓名、课程号和成绩

【例 5-27】 查询 jwsystem 数据库，输出考试成绩不及格学生的学号、姓名、课程名和成绩。

提示：完成本查询需要用到三张表：studentinfo 表、course 表和 elective 表。这三张表的连接查询是通过表的两两连接来实现的。elective 表和 studentinfo 表有相同的"学号"字段，elective 表和 course 表有相同的"课程名"字段，所以 elective 表作为中间表，可以先和 studentinfo 表连接，再和 course 表连接。当然，这个连接顺序并不是固定的，elective 表也可以先和 course 表连接，再和 studentinfo 表连接。

对应的 SQL 语句如下。

```
SELECT s.sno,sname,cname,score
FROM studentinfo AS s JOIN elective AS e ON s.sno = e.sno
JOIN course AS c ON c.cname = e.cname
WHERE score < 60;
```

或者

```
SELECT s.sno,sname,cname,score
FROM studentinfo AS s,elective AS e,course AS c
WHERE s.sno = e.sno AND e.cname = c.cname AND score < 60;
```

执行结果如图 5-32 所示。

sno	sname	cname	score
200178	乐冬杰	C#程序设计	51
200200	周航	C#程序设计	51
200102	董政辉	JAVA程序设计	52
200103	陈莎	JAVA程序设计	58
200105	朱杰礼	JAVA程序设计	57
200106	李文蕾	JAVA程序设计	58

图 5-32 成绩不及格学生的学号、姓名、课程名和成绩

5.4.3 外连接

内连接查询中返回的查询结果只包含符合查询条件和连接条件的数据，然而，有时还需要包含左表（左外连接）或右表（右外连接）中的所有数据，此时就需要使用外连接查询。使用外连接时，以主表中每行数据去匹配从表中的数据行，如果符合连接条件，则返回到结果

集中；如果没有找到匹配的数据行，则在结果集中仍然保留主表的数据行，相对应的从表中的字段则被填上 NULL 值。

外连接的语法格式如下。

```
SELECT 字段名列表
FROM 表名 1 LEFT|RIGHT JOIN 表名 2
ON 表名 1.字段名 比较运算符 表名 2.字段名;
```

外连接包括三种类型：左外连接、右外连接和全外连接。

(1) 左外连接：即左表为主表，连接关键字为 LEFT JOIN。将左表中的所有数据行与右表中的每行按连接条件进行匹配，结果集中包括左表中所有的数据行。左表中与右表没有相匹配记录的行，在结果集中对应的右表字段都以 NULL 来填充。BIT 类型不允许为 NULL，就以 0 填充。

(2) 右外连接：即右表为主表，连接关键字为 RIGHT JOIN。将右表中的所有数据行与左表中的每行按连接条件进行匹配，结果集中包括右表中所有的数据行。右表中与左表没有相匹配记录的行，在结果集中对应的左表字段都以 NULL 来填充。

(3) 全外连接：连接关键字为 FULL JOIN。查询结果集中包括两个连接表的所有的数据行，若左表中每一行在右表中有匹配数据，则结果集中对应的右表的字段填入相应数据，否则填充为 NULL；若右表中某一行在左表中没有匹配数据，则结果集对应的左表字段填充为 NULL。

图 5-27 中表 R 和表 S 进行外连接的结果集如图 5-33 所示。

R LEFT JOIN S(R.A=S.A)

R.A	B	C	S.A	D
1	2	3	1	2
4	5	6	NULL	NULL

R RIGHT JOIN S(R.A=S.A)

R.A	B	C	S.A	D
1	2	3	1	2
NULL	NULL	NULL	3	4
NULL	NULL	NULL	5	6

R FULL JOIN S(R.A=S.A)

R.A	B	C	S.A	D
1	2	3	1	2
4	5	6	NULL	NULL
NULL	NULL	NULL	3	4
NULL	NULL	NULL	5	6

图 5-33 表 R 和表 S 外连接的结果集

注意：外连接查询只适用于两个表。

【例 5-28】 查询 jwsystem 数据库，输出所有教师教授的课程信息，没有教授课程的教师也要列出。

提示：要输出所有教师的授课信息，说明需要 teacher 表和 course 表。没有授课的教师也要列出，说明 teacher 表是主表。

对应的 SQL 语句如下。

```
SELECT *
FROM teacher AS t LEFT JOIN course AS c ON t.tno = c.ctno;
```

执行结果如图 5-34 所示。

tno	tname	tgender	tedu	tpro	cno	cname	cperiod	credit	ctno
1008	黄阳	男	博士研究生	讲师	Z003	数据库	64	4.0	1008
1009	胡冬	男	博士研究生	讲师	Z002	C#程序设计	84	6.0	1009
1010	许杰	男	博士研究生	教授	Z004	数据结构	64	4.0	1010
1011	李杰	(Null)	博士研究生	副教授	(Null)	(Null)	(Null)	(Null)	(Null)
1012	李连杰	男	硕士研究生	讲师	(Null)	(Null)	(Null)	(Null)	(Null)

图 5-34　教师教授的课程信息

5.4.4 自连接

自连接就是一个表的两个副本之间的内连接，即同一个表名在 FROM 子句中出现两次，故为了区别，必须对表指定不同的别名，字段名前也要加上表的别名进行限定。

【例 5-29】 查询和学号为 200102 的学生在同一个班级的学生的学号和姓名。对应的 SQL 语句如下。

```
SELECT s2.sno,s2.sname
FROM studentinfo AS s1 JOIN studentinfo AS s2
ON s1.sclass = s2.sclass
WHERE s1.sno = '200102' AND s2.sno!= '200102';
```

执行结果如图 5-35 所示。

sno	sname
200101	王敏
200103	陈莎
200104	汪一娟

图 5-35　与学号为 200102 的学生在同一个班级的学生的学号和姓名

5.5 子查询

子查询是指一个查询语句嵌套在另一个查询语句内部的查询，即在一个 SELECT 查询语句的 WHERE 或 FROM 子句中包含另一个 SELECT 查询语句。其中，外层 SELECT 查询语句称为主查询，WHERE 或 FROM 子句中的 SELECT 查询语句称为子查询。执行查询语句时，首先会执行子查询中的语句，然后将查询结果作为外层查询的过滤条件。子查询中常用的操作符有 ANY(SOME)、ALL、IN、EXISTS。本节将详细介绍如何在 SELECT 语句中嵌套子查询。

5.5.1 带比较运算符的子查询

子查询可以使用比较运算符，这些运算符包括=、!=、>、<、>=、<=和<>，其中!=和<>是等价的。比较运算符在子查询中应用非常广泛，下面用具体示例说明子查询中比较运算符的使用方法。

【例 5-30】 查询 jwsystem 数据库，输出选修了“数据库”这门课的所有学生的学号和成绩。

提示：先用子查询查找出“数据库”这门课的课程号，再用主查询查找出课程号等于子查询找到的课程号的那些数据行，输出其学号和成绩。

对应的 SQL 语句如下。

```
SELECT sno, score AS 数据库的成绩
FROM elective
WHERE cno = (SELECT cno FROM course WHERE cname = '数据库');
```

执行结果如图 5-36 所示。

【例 5-31】 查询 jwsystem 数据库，输出年龄最大的学生的姓名。

提示：在 jwsystem 数据库的“学生”表中，只有学生的“出生日期”字段。要查找年龄最大的学生信息，先用子查询查找“出生日期”最小值，再用外查询查找出“出生日期”等于子查询找到的“出生日期”的数据行，并输出“姓名”字段。

对应的 SQL 语句如下。

```
SELECT sname AS 年龄最大的学生
FROM studentinfo
WHERE sbirth = (SELECT MIN(sbirth) FROM studentinfo);
```

执行结果如图 5-37 所示。

信息　结果 1　剖析　状态

sno	数据库的成绩
200101	96
200102	70
200103	88

图 5-36　例 5-30 执行结果

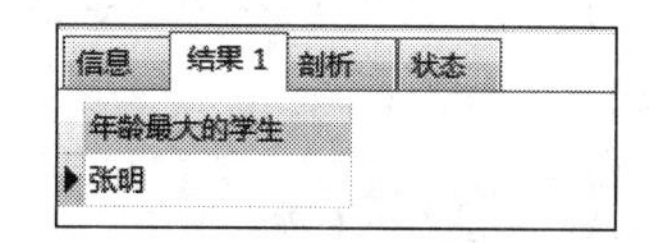

图 5-37　年龄最大的学生的姓名

【例 5-32】 查询 jwsystem 数据库，输出“数据库”这门课不及格的学生的姓名。

提示：先用子查询从“课程”表中查找出“数据库”这门课的课程号，再用外查询从“成绩”表中查找出课程号等于子查询找到的课程号且成绩小于 60 分的数据行，得到这个数据行的学号值，再用外查询从“学生”表中查找学号等于子查询找到的那个学号的学生的姓名。

对应的 SQL 语句如下。

```
SELECT sname AS 数据库不及格的学生
FROM studentinfo
WHERE sno = (SELECT sno FROM elective WHERE score < 60 AND cno = (SELECT cno FROM course WHERE
cname = '数据库'));
```

执行结果如图 5-38 所示。

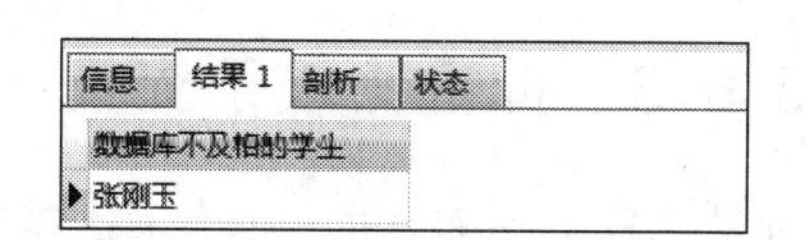

图 5-38　“数据库”这门课不及格的学生姓名

注意：例 5-32 用到了子查询的多层嵌套。外层查询和子查询用比较运算符连接，这就要求每一层子查询得到的值最多只能有一个，也

就是说，最多只能有一个学生的“数据库”课成绩不及格。如果有两个或两个以上学生的“数据库”课成绩不及格，这个查询就要出错。

在实际情况中，不止一个学生在同一门课上成绩不及格的情况是普遍存在的。假如有多个学生的“数据库”课成绩不及格，该怎么书写 SQL 语句呢？对于子查询可能返回给主查询多个数值的情况，就要在主查询和子查询之间使用谓词 IN 或 NOT IN 进行连接。

5.5.2 IN 子查询

当主查询的条件是子查询的查询结果时，就可以通过 IN 关键字进行判断。相反，如果主查询的条件不是子查询的查询结果时，就可以通过 NOT IN 关键字实现。下面通过一个具体示例加以说明。

【例 5-33】 查询 jwsystem 数据库，输出考试不及格的学生的姓名。

提示：先用子查询在“选课”表中查找出成绩小于 60 分的学生的学号，查找到的学号可能是多个，是一个集合。再用主查询从“学生”表中查找出学号等于子查询找到的某个学号的学生的姓名。

对应的 SQL 语句如下。

```
SELECT sname AS 考试不及格的学生
FROM studentinfo
WHERE sno IN (SELECT sno FROM elective WHERE score<60);
```

执行结果如图 5-39 所示。

注意：如果例 5-33 改为要查询考试成绩全部及格的学生的姓名，可把 IN 改为 NOT IN。对应的 SQL 语句如下。

```
SELECT sname AS 考试全及格的学生
FROM studentinfo
WHERE sno NOT IN (SELECT sno FROM elective WHERE score<60);
```

执行结果如图 5-40 所示。

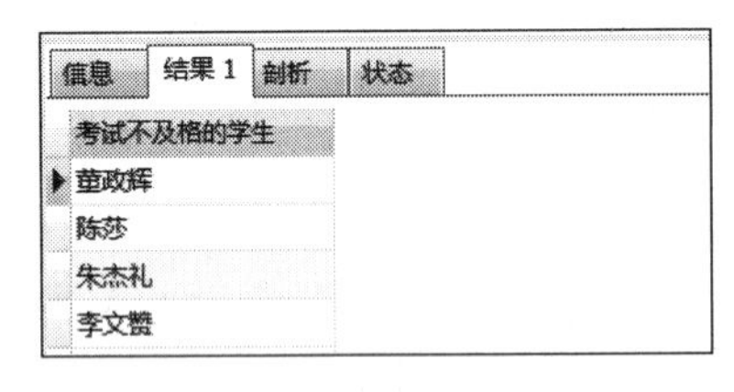

图 5-39 考试不及格的学生的姓名

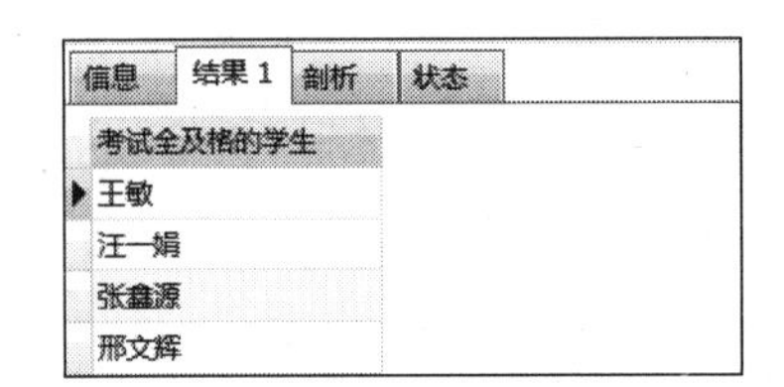

图 5-40 NOT IN 实现查询考试成绩全部及格的学生的姓名

5.5.3 批量比较子查询

批量比较子查询是指子查询的结果不止一个，主查询和子查询之间需要用比较运算符进行连接。这时候，就需要在子查询前面加上谓词 ALL 或 ANY。

1. 使用 ANY 谓词

ANY 关键字表示主查询需要满足子查询结果的任一条件。使用 ANY 关键字时，只要满足子查询结果中的任意一条，就可以通过该条件执行外层查询语句。ANY 关键字通常与比较运算符一起使用，> ANY 表示大于子查询结果记录中的最小值；=ANY 表示等于子查询结果记录中的任何一个值；< ANY 表示小于子查询结果记录中的最大值。

【例 5-34】 查询 jwsystem 数据库，输出需要补考的学生姓名。

对应的 SQL 语句如下。

```
SELECT sname AS 补考学生
FROM studentinfo
WHERE sno  =  ANY(SELECT sno FROM elective WHERE score < 60);
```

执行结果如图 5-41 所示。

2. 使用 ALL 谓词

ALL 关键字表示主查询需要满足所有子查询结果的所有条件。使用 ALL 关键字时，只有满足子查询语句返回的所有结果，才能执行外层查询语句。该关键字通常有两种使用方式：一种是> ALL，表示大于子查询结果记录中的最大值；另一种是< ALL，表示小于子查询结果记录中的最小值。

【例 5-35】 查询 jwsystem 数据库，输出不需要补考的学生的姓名。

对应的 SQL 语句如下。

```
SELECT sname AS 不需补考的学生
FROM studentinfo
WHERE sno != ALL(SELECT sno FROM elective WHERE score < 60);
```

查询结果如图 5-42 所示。

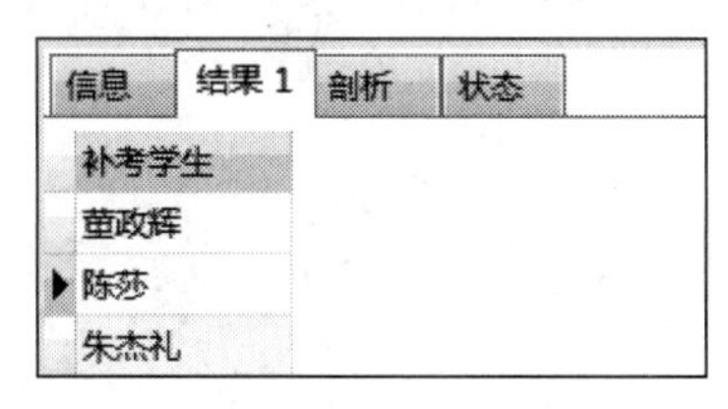

图 5-41　需要补考的学生姓名

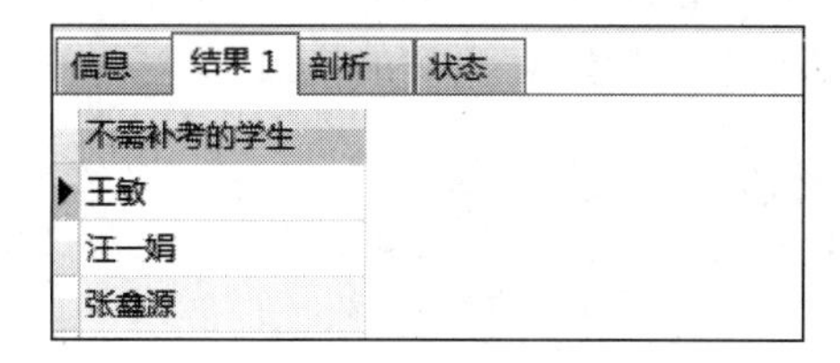

图 5-42　不需要补考的学生的姓名

5.5.4　EXISTS 子查询

EXISTS 关键字返回一个布尔类型的结果。如果子查询结果至少能够返回一行记录，则 EXISTS 的结果为 true，此时主查询语句将被执行，反之，如果子查询结果没有返回任何一行记录，则 EXISTS 的结果为 false，此时主查询语句将不被执行。下面用一个具体示例说明 EXISTS 的使用方法。

【例 5-36】 查看 jwsystem 数据库的 teacher 表，若不存在具有教授职称的教师，则显示所有教师的姓名和职称。

对应的 SQL 语句如下。

```
SELECT tname,tpro
FROM teacher
WHERE NOT EXISTS (SELECT * FROM teacher WHERE tpro = '教授');
```

执行结果如图 5-43 所示。

【例 5-37】 查询 jwsystem 数据库的 elective 表，如果有需要补考的学生，就显示所有学生的成绩信息。如果没有需要补考的学生，就不输出任何信息。

对应的 SQL 语句如下。

```
SELECT *
FROM elective
WHERE EXISTS (SELECT * FROM elective WHERE score < 60);
```

执行结果如图 5-44 所示。

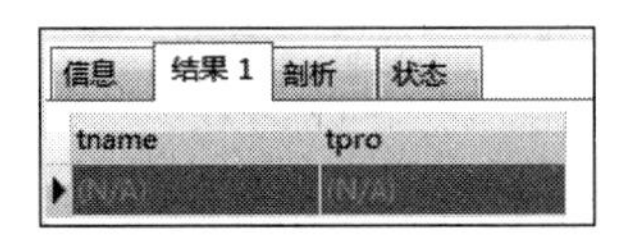

图 5-43　NOT EXISTS 子查询执行结果

信息　结果 1　剖析　状态

sno	cno	score
200101	J001	74
200101	Z001	86
200101	Z003	96

图 5-44　EXISTS 子查询执行结果

NOT EXISTS 与 EXISTS 的作用相反，如果子查询至少返回一行记录，则 NOT EXISTS 的结果为 false，此时主查询语句将不被执行。反之，如果子查询不返回任何记录，则 NOT EXISTS 的结果为 true，此时主查询将被执行。

注意：子查询和连接查询在很多情况下可以互换。

(1) 对于例 5-29 查询和学号为 200102 的学生在同一个班级的学生学号和姓名的问题，可以用子查询来实现，对应的 SQL 语句如下。

```
SELECT sno, sname
FROM studentinfo
WHERE sno!= '200102' AND sclass = (SELECT sclass FROM studentinfo
WHERE sno = '200102');
```

(2) 对于例 5-34 查询 jwsystem 数据库，输出需要补考的学生姓名的问题，也可以用连接查询来实现，对应的 SQL 语句如下。

```
SELECT sname
FROM studentinfo AS s JOIN elective AS e ON s.sno = e.sno
WHERE score < 60;
```

至于什么时候使用连接查询，什么时候使用子查询，可以参考以下原则。

（1）当查询语句要输出的字段来自多个表时，用连接查询。

（2）当查询语句要输出的字段来自一个表，但其 WHERE 子句涉及另一个表时，常用子查询。

（3）当查询语句要输出的字段和 WHERE 子句都只涉及一个表，但是 WHERE 子句的查询条件涉及应用集合函数进行数值比较时，一般用子查询。

5.5.5　在增、删、改语句中使用子查询

1. 在 INSERT 语句中使用子查询

使用 INSERT…SELECT 语句可以将 SELECT 语句的查询结果添加到表中，一次可以添加多行。语法格式如下。

```
INSERT 表 1[(字段名列表 1)]
SELECT 字段名列表 2 FROM 表 2 [WHERE 条件表达式]
```

注意：使用本语句时，表 1 已经存在，且“字段名列表 1”中字段的个数、字段的顺序、字段的数据类型必须和“字段名列表 2”中对应的字段信息一样或兼容。

【例 5-38】 建立一个 Java 编程方向学生的信息表 studs，表里有学号、姓名、所在班级等字段，把 jwsystem 数据库中的 studentinfo 表中查询到的 Java 编程方向的学生的相关信息添加到本表中。

（1）建立 studs 表。

对应的 SQL 语句如下。

```
CREATE TABLE studs
(
  sno CHAR(8),
  sname VARCHAR(10),
  sclass VARCHAR(20)
);
```

```
信息  剖析  状态
CREATE TABLE studs
(
sno CHAR(8),
sname VARCHAR(10),
sclass VARCHAR(20)
)
> OK
> 时间: 0.044s
```

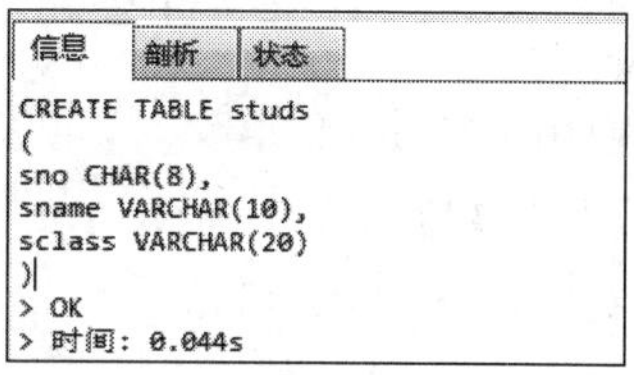

图 5-45　建立 studs 表的执行结果

执行结果如图 5-45 所示。

（2）将 studentinfo 表中 Java 编程方向的学生信息插入 studs 表中。

对应的 SQL 语句如下。

```
INSERT INTO studs(sno,sname,sclass)
SELECT sno,sname,sclass FROM studentinfo WHERE sclass LIKE 'JAVA%';
```

执行结果如图 5-46 所示。

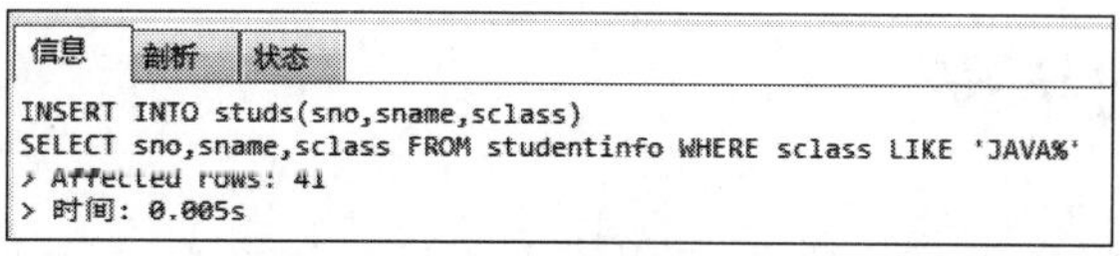

```
信息  剖析  状态
INSERT INTO studs(sno,sname,sclass)
SELECT sno,sname,sclass FROM studentinfo WHERE sclass LIKE 'JAVA%'
> Affected rows: 41
> 时间: 0.005s
```

图 5-46　插入数据的执行结果

(3) 查询 studs 表中的数据。

对应的 SQL 语句如下。

```
SELECT * FROM studs;
```

执行结果如图 5-47 所示。

2. 在 UPDATE 语句中使用子查询

使用 UPDATE 语句时,可以在 WHERE 子句中使用子查询。

【例 5-39】 修改 jwsystem 数据库的 course 表,把职称为"副教授"的教师教授课程的学时减少 6 个。

对应的 SQL 语句如下。

```
UPDATE course SET cperiod = cperiod - 6
WHERE ctno IN (SELECT tno FROM teacher WHERE tpro = '副教授');
```

执行结果如图 5-48 所示。

信息 | 结果 1 | 剖析 | 状态

sno	sname	sclass
200101	王敏	JAVA2001
200102	董政辉	JAVA2001
200103	陈莎	JAVA2001

图 5-47　查询数据的执行结果

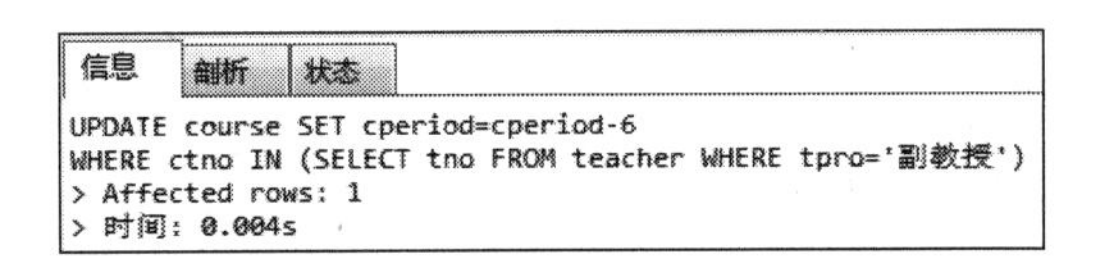

图 5-48　在 UPDATE 语句中使用子查询执行结果

3. 在 DELETE 语句中使用子查询

使用 DELETE 语句时,可以在 WHERE 子句中使用子查询。

【例 5-40】 将 elective 表中李聪的选课信息删除。

对应的 SQL 语句如下。

```
DELETE FROM elective
WHERE sno = (SELECT sno FROM studentinfo WHERE sname = '李聪');
```

执行结果如图 5-49 所示。

信息 | 剖析 | 状态

```
DELETE FROM elective
WHERE sno=(SELECT sno FROM studentinfo WHERE sname='李聪')
> Affected rows: 3
> 时间: 0.01s
```

图 5-49　在 DELETE 语句中使用子查询执行结果

5.6 合并查询结果

合并查询结果时将多条 SELECT 语句的查询结果合并到一起组合成单个结果集。进行合并操作时,两个结果集对应的列数和数据类型必须相同。每个 SELECT 语句之间使用

UNION 或 UNION ALL 关键字分隔。使用 UNION 时，需要注意以下四点。

(1) 所有 SELECT 语句中的字段个数必须相同。

(2) 所有 SELECT 语句中对应的字段的数据类型必须相同或兼容。

(3) 合并后的结果集中的字段名是第一个 SELECT 语句中各字段的字段名。如果要为返回的字段指定别名，则必须在第一个 SELECT 语句中指定。

(4) 使用 UNION 运算符合并结果集时，每一个 SELECT 语句本身不能包含 ORDER BY 子句，只能在最后使用一个 ORDER BY 子句对整个结果集进行排序，且在该 ORDER BY 子句中必须使用第一个 SELECT 语句中的字段名。

【例 5-41】 对 jwsystem 数据库进行查询，输出所有学生和教师的编号和姓名。

对应的 SQL 语句如下。

```
SELECT sno AS 编号,sname AS 姓名 FROM studentinfo
UNION
SELECT tno AS 编号,tname AS 姓名 FROM teacher;
```

执行结果如图 5-50 所示。

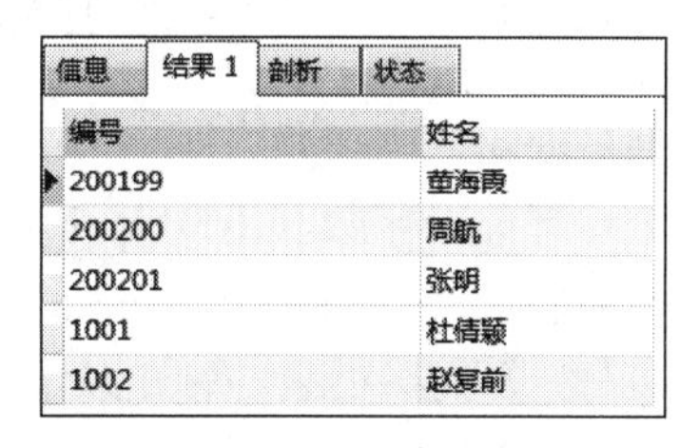

图 5-50 输出所有学生和教师的编号和姓名

单元小结

本单元主要介绍了 MySQL 软件对数据表进行查询的操作，具体包括单表查询、使用统计函数查询、分组查询、连接查询、子查询和合并查询结果等。本单元对单表查询，详细讲解了简单数据查询操作，使用 DISTINCT 关键字去除重复查询记录，限制查询结果数量，使用 ORDER BY 关键字对查询结果排序以及对条件数据查询；对使用统计函数查询，详细介绍了统计函数的作用和带统计功能的查询；对分组查询，详细介绍了单字段分组查询和多字段分组查询，以及带 HAVING 子句限定的分组查询；对连接查询，详细介绍了内连接和外连接查询；对子查询，详细介绍了带 IN、EXISTS、ANY、ALL 关键字，以及带比较运算符的子查询。最后，本单元详细介绍了如何使用 UNION 关键字合并多个查询结果。通过本单元的学习，读者能掌握各类数据查询的方法。

单元实训项目

项目一：在“网上书店”数据库中进行简单查询

目的：

掌握 SELECT 语句中 DISTINCT 子句、LIMIT 子句、WHERE 子句以及 ORDER BY 子句的使用。

内容：

(1) 查询会员表。输出积分高于 500 分的会员昵称和联系电话。

(2) 查询会员表。输出积分低于200分的会员昵称和联系电话，分别用英文username、telephone指定别名。

(3) 查询会员表。输出E-mail是QQ邮箱的会员昵称及其E-mail。

(4) 查询订购表。输出订购日期是2016年10月的订单的详细信息。

(5) 查询订购表。输出订货的会员编号，要求删除重复行。

(6) 查询图书表。输出图书的名称和价格，并把查询结果按价格降序排列。

(7) 查询图书表。输出价格最高的三种图书的名称和价格。

项目二：在“网上书店”数据库查询中使用集合函数

目的：

掌握集合函数、GROUP BY子句、HAVING子句。

内容：

(1) 查询图书表。输出所有图书的最高价格、最低价格和平均价格。

(2) 查询图书表。输出每一类图书的数量。

(3) 查询图书表。输出每一类图书的最高价格、最低价格和平均价格。

(4) 查询订购表。输出订购数量超过3本的会员编号和订购数量。

项目三：在“网上书店”数据库查询中使用连接查询和子查询

目的：

掌握连接查询和子查询。

内容：

(1) 输出所有图书的图书名称、价格以及所属类别名称。

(2) 输出订购了《平凡的世界》的会员昵称、联系电话和订购数量。

(3) 输出订购了图书的会员昵称和联系电话。

(4) 输出无人订购的图书名称和价格。

(5) 输出详细订购信息，包括订购图书的会员昵称、联系电话、所订图书名称、数量、价格和折扣价。

单元练习题

一、选择题

1. 数据查询语句SELECT由多个子句构成，(   )子句能够将查询结果按照指定字段的值进行分组。

   A. ORDER BY　　B. LIMIT　　C. GROUP BY　　D. DISTINCT

2. WHERE子句用于指定(   )。

   A. 查询结果的分组条件　　B. 查询结果的统计方式

   C. 查询结果的排序条件　　D. 查询结果的搜索条件

3. 要在“网上书店”数据库的“图书”表中查找图书名称包含“中国”两字的图书信息,可使用(　　)。

A. SELECT * FROM 图书 WHERE 图书名称 LIKE'中国%'

B. SELECT * FROM 图书 WHERE 图书名称 LIKE'%中国%'

C. SELECT * FROM 图书 WHERE 图书名称 LIKE'%中国'

D. SELECT * FROM 图书 WHERE 图书名称 LIKE'_中国%'

4. 在子查询语句中,下面子句(　　)用于将查询结果存储在另一张表中。

A. GROUP BY　　B. INSERT

C. WHERE　　D. DISTINCT

5. 集合函数(　　)可对指定字段求平均值。

A. SUM　　B. AVG　　C. MIN　　D. MAX

6. 对于“网上书店”数据库,以下 SELECT 语句的含义是(　　)。

```
SELECT 会员昵称 FROM 会员
WHERE 会员编号 NOT IN(SELECT 会员编号 FROM 订购)
```

A. 查询输出没有订购图书的会员昵称

B. 查询输出订购图书的会员昵称

C. 查询输出所有会员昵称

D. 查询输出没有编号的会员昵称

7. 子查询的结果不止一个值时,可以使用的运算符是(　　)。

A. IN　　B. LIKE　　C. =　　D. >

8. EXISTS 子查询的返回值是(　　)。

A. 数值类型　　B. 字符串类型　　C. 日期和时间类型　　D. 逻辑类型

9. 执行以下 SQL 语句:

```
SELECT 学号,姓名 FROM 学生 LIMIT 2,2;
```

查询结果(　　)。

A. 返回了两行数据,分别是第 1 行和第 2 行数据

B. 返回了两行数据,分别是第 2 行和第 3 行数据

C. 返回了两行数据,分别是第 3 行和第 4 行数据

D. 返回了两行数据,分别是第 4 行和第 5 行数据

10. 输出 jwsystem 数据库中学生的成绩,在输出时把每个学生每门课程成绩都提高10%,使用的 SQL 语句是(　　)。

A. SELECT sno,cno,score * 10 FROM elective

B. SELECT sno,cno,score+10 FROM elective

C. SELECT sno,cno,score * 0.1 FROM elective

D. SELECT sno,cno,score * 1.1 FROM elective

二、判断题

1. 在 MySQL 中,目前查询表中的记录只能使用 SELECT 语句。　　(　　)

2. 使用GROUP BY实现分组时，可以指定多个分组字段进行分组，当多个字段取值都相同时就认为是同一组。（ ）

3. SELECT语句中可以使用AS关键字指定表名的别名或字段的别名，AS关键字也可以省略不写。（ ）

4. 在字段进行升序排列时，如果某条记录的字段值为NULL，则这条记录会在最后一条显示。（ ）

三、简答题

1. 简述MySQL中通配符的类型以及它们各自的作用。

2. 简述HAVING关键字和WHERE关键字的区别(至少写两点)。

3. 现有一张表score记录所有学生数学和英语的成绩，表中字段有学号、姓名、学科和分数。要求如下：

(1) 查询姓名为张三的学生成绩。

(2) 查询英语成绩大于90分的同学。

(3) 查询总分大于180分的所有同学的学号。

索引和视图

在关系数据库中，视图和索引主要起到辅助查询和组织数据的功能，通过使用它们，可以大大提高查询数据的效率。视图和索引的主要区别是：视图将查询语句压缩，将大部分查询语句放在服务端，而客户端只需要输入要查询的信息，不用写出大量的查询代码；而索引的作用类似于目录，使得查询更快速、更高效，适用于访问大型数据库。

本单元主要学习目标如下：

- 理解索引的概念和作用。
- 理解视图的概念和作用。
- 熟练掌握创建和管理索引的 SQL 语句的语法。
- 熟练掌握创建和管理视图的 SQL 语句的语法。
- 能使用图形管理工具和命令方式实现索引的创建、修改和删除操作。
- 能使用图形管理工具和命令方式实现视图的创建、修改和删除操作。

6.1 索引

数据库中的索引类似于书中的目录，表中的数据类似于书的内容。读者可以通过书的目录快速查找到某些内容所在的具体位置，同理数据库的索引有助于快速检索数据。在关系型数据库中，索引是一种可以加快数据检索的数据结构，主要用于提高性能，因为检索可以从大量的数据中迅速找到所需要的数据，不再需要检索整个数据库，从而大大提高检索的效率。

6.1.1 索引概述

索引是一个单独的、物理的、存储在磁盘上的数据库结构，是对数据库某个表中一列或多列的值进行排序的一种结构，它包含列值的集合以及标识这些值所在数据页的逻辑指针清单。索引存放在单独的索引页面上。当进行数据检索时，系统先搜索索引页面，从中找到所需数据的指针，再直接通过指针从数据页面中读取数据。使用索引可以快速找出在某个或多个列中有一特定值的列，所有的 MySQL 列类型都可以被索引，对列使用索引是提高查询操作速度的最佳途径。

索引是在存储引擎中实现的,每种存储引擎支持的索引不一定完全相同。所有存储引擎支持每个表至少16个索引,总索引长度至少为256B。MySQL中索引的存储类型有两种:BTREE(B树)和HASH,具体和表的存储引擎相关。MyISAM和InooDB存储引擎只支持BTREE索引,MEMORY/HEFP存储引擎则可以支持HASH和BTREE索引。目前大部分MySQL索引都以BTREE方式存储。

BTREE方式可构建包含多个节点的一棵树,树顶部的节点构成了索引的开始点(根),每个节点中包含有索引列的几个值,节点中的每个值又都指向另一个节点或者指向表的一行。这样,表中的每一行都会在索引中有一个对应的值,数据检索时根据索引值就可以直接找到所在的行。

如果把数据表看作一本书,则表的索引就如同书的目录一样,可以大大提高查询速度,改善数据库的性能。其具体表现如下。

(1) 唯一性索引可以保证数据记录的唯一性。

(2) 可以加快数据的检索速度。

(3) 可以加快表与表之间的连接,这一点在实现数据的参照完整性方面有特别的意义。

(4) 在使用ORDER BY和GROUP BY子句进行数据检索时,可以显著减少查询中分组和排序的时间。

(5) 在检索数据的过程中使用优化隐藏器,可以提高系统性能。但是,索引带来的检索速度的提高也是有代价的,因为索引要占用存储空间,而且为了维护索引的有效性,向表中插入数据或者更新数据时,数据库还要执行额外的操作来维护索引。所以,过多的索引不一定能提高数据库的性能,必须科学地设计索引,才能提高数据库的性能。

6.1.2 索引的分类

根据索引列的内容,MySQL的索引可以分为以下四类。

1) 普通索引

普通索引是MySQL中最基本的索引类型,它允许在定义索引的列中插入重复值和空值。

2) 唯一性索引和主键索引

唯一性索引和普通索引类似,区别是索引列的值必须是唯一的,但允许有空值。如果唯一性索引是组合索引,则列值的组合必须是唯一的。当给表创建UNIQUE约束时,MySQL会自动创建唯一性索引。

主键索引是一种特殊的唯一性索引,不允许有空值。当给表创建PRIMARY约束时,MySQL会自动创建主键索引。每个表只能有一个主键。

3) 全文索引

全文索引是指在定义索引的列上支持值的全文查找,允许在这些索引列中插入重复值和空值。全文索引只能在CHAR、VARCHA或者TEXT类型的列上创建,并且只能在存储引擎为MyISAM的表中创建。全文索引非常适合大型数据集,对于小型数据集,它的用处比较小。

4) 空间索引

空间索引是针对空间数据类型的字段建立的索引。MySQL中有四种空间数据类型:

GEOMETRY、POINT、LINESTRING和POLYGON。MySQL使用SPATIL关键字进行扩展,因此可用创建正规索引类型类似的语法创建空间索引。创建空间索引的列,必须被声明为NOTNULL,并且空间索引只能在存储引擎为MyISAM的表中创建。

此外,根据索引列的数目,MySQL的索引又可以分为单列索引和组合索引。

1) 单列索引

单列索引是指一个索引只包含一个列。一个表可以包含多个单列索引。

2) 组合索引

组合索引又称复合索引、联合索引或多列索引,是指可将表的多个字段组合创建的索引。MySQL在使用组合索引时会遵循最左前缀匹配原则,即最左优先,在检索数据时从组合索引的最左边开始匹配。因此,创建组合索引时,要根据业务需要将WHERE子句中使用最频繁的一列放在最左边。

6.1.3 索引的设计原则

索引设计不合理或缺少索引都会给数据库的应用造成障碍。高效的索引对于用户获得良好的性能体验非常重要。设计索引时,应该考虑以下原则。

(1) 索引并非越多越好。一个表中如有大量的索引,不仅占用磁盘空间,而且会影响INSERT、UPDATE、DELETE等语句的性能。因为在更改表中的数据的同时,索引也会进行调整和更新。

(2) 避免对经常更新的表建立过多的索引,并且索引中的字段要尽可能少。对经常查询的字段应该建立索引,但要避免对不必要的字段建立索引。

(3) 数据量小的表最好不要使用索引。由于数据较少,查询花费的时间可能比遍历索引的时间还要短,索引可能不会产生优化的效果。

(4) 在不同值较少的字段上不要建立索引。字段中的不同值比较少,例如学生表的“性别”字段,只有“男”和“女”两个值,这样的字段就无须建立索引,建立索引后不但不会提高查询效率,反而会严重降低更新速度。

(5) 为经常需要进行排序、分组和连接查询的字段建立索引。为频繁进行排序或分组的字段和经常进行连接查询的字段创建索引。

6.1.4 创建索引

在MySQL中,创建索引的方式有三种,具体如下。

1. 创建表时直接创建索引

使用CREATE TABLE语句创建表时,除了可以定义表中包含的列的数据类型,还可以定义主键约束、外键约束或者唯一性约束。无论创建哪种约束,在定义约束的同时相当于在对应的列上创建了一个索引。创建表时创建索引的基本语法格式如下。

```
CREATE TABLE 表名
(
```

```
字段名 数据类型 [完整性约束条件],
字段名 数据类型 [完整性约束条件],
…
字段名 数据类型,
[UNIQUE|FULLTEXT|SPATIAL] INDEX|KEY [别名](字段名[(长度)]) [ASC|DESC]
);
```

参数说明如下。

(1) UNIQUE：表示创建唯一索引，在索引字段中不能有相同的值存在。

(2) FULLTEXT：表示创建全文索引。

(3) SPATIAL：表示创建空间索引。

(4) 别名：表示创建的索引的名称。不加此选项，则默认用创建索引的字段名作为该索引名称。

(5) 长度：指定字段中用于创建索引的长度。不加此选项，则默认用整个字段内容创建索引。

(6) ASC|DESC：表示创建索引时的排序方式。其中 ASC 为升序排列，DESC 为降序排列。默认为升序排列。

【例 6-1】 创建 tb_teacher 表，同时在表的 tname 字段上建立普通索引。SQL 语句如下。

```
CREATE TABLE tb_teacher
(
    tno CHAR (4) NOT NULL,
    tname VARCHAR(10) NOT NULL,
    tgender CHAR(1),
    tedu VARCHAR(10) ,
    tpro VARCHAR(8),
    INDEX (tname)
);
```

上述 SQL 语句执行后，使用 SHOW CREATE TABLE 语句查看表的结构，执行结果如图 6-1 所示。

信息 结果 1 剖析 状态

Table	Create Table
tb_teache	:FAULT NULL, KEY `tname` (`tname`)) ENGINE=InnoDB DEFAULT CHARSET=utf8

图 6-1 使用 SHOW CREATE TABLE 语句查看 tb_teacher 表的结构

从图 6-1 中可以看出，tname 字段上已经创建了一个名称为 tname 的索引。可以使用 EXPLAIN 语句查看索引是否被使用，SQL 语句如下。

```
EXPLAIN SELECT * FROM tb_teacher WHERE tname = '黄阳';
```

执行结果如图 6-2 所示。

id	select_type	table	partitions	type	possible_keys	key	key_len	ref	rows	filtered	Extra
1	SIMPLE	tb_teacher	(Null)	ref	tname	tname	32	const	1	100.00	(Null)

图 6-2　使用 EXPLAIN 语句查看 SELECT 语句执行结果

从图 6-2 中可以看出，“possible_keys”和“key”的值都为 tname，说明 tname 索引已经存在并且已经被使用了。

【例 6-2】 创建 tb_course 表，在 cname 字段上创建名为 UK_cname 的唯一索引，并且按照升序排列。SQL 语句如下。

```
CREATE TABLE tb_course
(
    cno CHAR(4) NOT NULL PRIMARY KEY,
    cname VARCHAR(40),
    cperiod INT,
    credit DECIMAL(3,1),
    ctno CHAR(4),brief VARCHAR(255),
    UNIQUE INDEX UK_cname(cname ASC)
);
```

上述 SQL 语句执行后，使用 SHOW CREATE TABLE 语句查看表的结构，执行结果如图 6-3 所示。

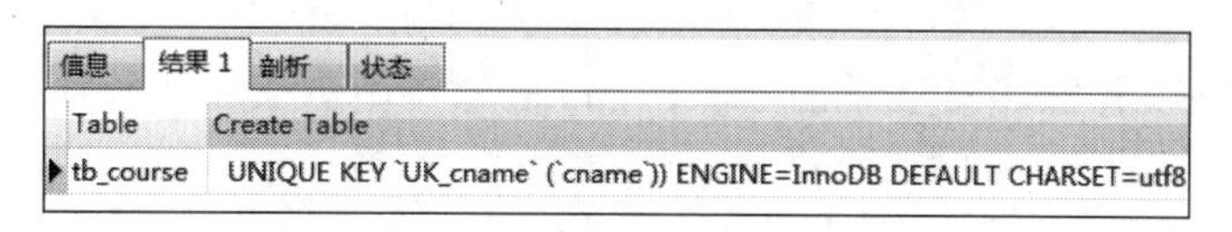

Table	Create Table
tb_course	UNIQUE KEY `UK_cname` (`cname`)) ENGINE=InnoDB DEFAULT CHARSET=utf8

图 6-3　使用 SHOW CREATE TABLE 语句查看 tb_course 表的结构

从图 6-3 中可以看出，在 tb_course 表的 cname 字段上已经创建了一个名为 UK_cname 的唯一索引。

【例 6-3】 创建 course_2 表，同时在 course_2 表中的 brief 字段上创建名为 FT_brief 的全文索引。SQL 语句如下。

```
CREATE TABLE course_2
(
    cno CHAR(4) NOT NULL PRIMARY KEY ,
    cname VARCHAR(40),
    cperiod INT,
    credit DECIMAL(3,1) ,
    ctno CHAR(4),
    brief VARCHAR(255),
    FULLTEXT INDEX FT_brief(brief)
)ENGINE = MyISAM;
```

上述 SQL 语句执行后，使用 SHOW CREATE TABLE 语句查看表的结构，执行结果如图 6-4 所示。

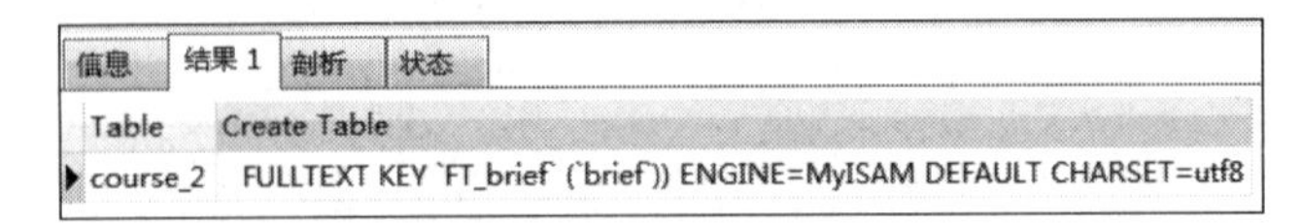

图 6-4　使用 SHOW CREATE TABLE 语句查看 course_2 表的结构

从图 6-4 中可以看出，brief 字段上已经创建了一个名为 FT_brief 的全文索引。

【例 6-4】 创建一个名为 e_0 的表，在数据类型为 GEOMETRY 的 space 字段上创建空间索引。SQL 语句如下。

```
CREATE TABLE e_0
(
    space GEOMETRY NOT NULL,
    SPATIAL INDEX sp(space)
)ENGINE = MyISAM;
```

上述 SQL 语句执行后，使用 SHOW CREATE TABLE 语句查看表的结构，执行结果如图 6-5 所示。

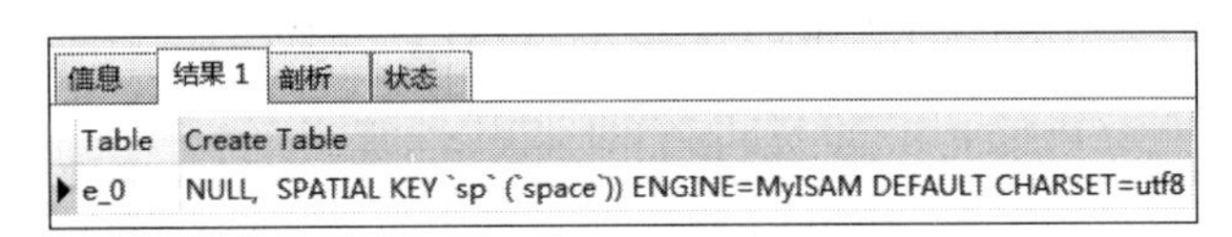

图 6-5　使用 SHOW CREATE TABLE 语句查看 e_0 表的结构

从图 6-5 中可以看出，e_0 表中的 space 字段上已经创建了一个名为 sp 的空间索引。

需要注意的是，创建空间索引的字段的值不能为空。

【例 6-5】 创建 course_3 表，同时在 course_3 表中的 cname 字段上创建名为 IDX_cname 的单列索引，索引长度为 10。对应的 SQL 语句如下。

```
CREATE TABLE course_3
(
    cno CHAR(4) NOT NULL PRIMARY KEY,
    cname VARCHAR(40),
    cperiod INT,
    credit DECIMAL(3,1),
    ctno CHAR(4),
    brief VARCHAR(255),
    INDEX IDX_cname(cname(10))
);
```

上述 SQL 语句执行后，使用 SHOW CREATE TABLE 语句查看表的结构，执行结果如图 6-6 所示。

信息　结果 1　剖析　状态

Table	Create Table
course_3	`), KEY `IDX_cname` (`cname`(10))) ENGINE=InnoDB DEFAULT CHARSET=utf8

图 6-6　使用 SHOW CREATE TABLE 语句查看 course_3 表的结构

从图 6-6 中可以看出，cname 字段上已经创建了一个名为 IDX_cname 的单列索引，长度为 10。

【例 6-6】 创建 elective_1 表，在表中的 sno 字段和 cno 字段上建立多列索引。

对应的 SQL 语句如下。

```
CREATE TABLE elective_1
(
    sno CHAR(8) NOT NULL,
    cno CHAR(4) NOT NULL,
    score INT,
    INDEX IDX_multi(sno,cno)
);
```

上述 SQL 语句执行后，使用 SHOW CREATE TABLE 语句查看表的结构，执行结果如图 6-7 所示。

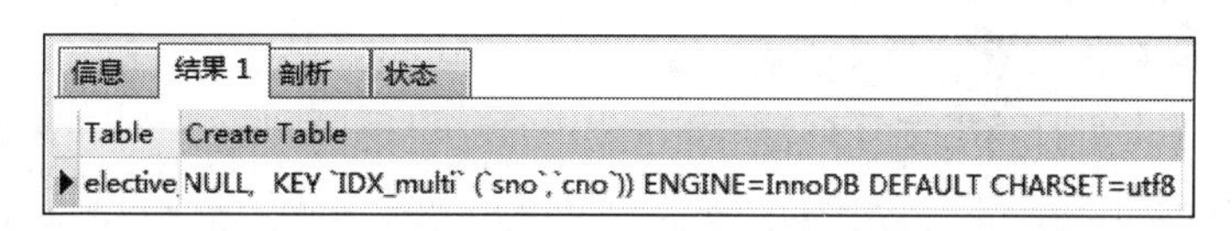

信息 结果 1 剖析 状态

Table	Create Table
elective	NULL, KEY `IDX_multi` (`sno`,`cno`)) ENGINE=InnoDB DEFAULT CHARSET=utf8

图 6-7 使用 SHOW CREATE TABLE 语句查看 elective_1 表的结构

从图 6-7 中可以看出，sno 和 cno 字段上已经创建了一个名为 IDX_multi 的多列索引。

需要注意的是，在多列索引中，只有查询条件中使用了多列索引的第一个字段时，索引才会被引用。

将 sno 字段作为查询条件时，使用 EXPLAIN 语句查看索引的使用情况，SQL 语句如下。

```
EXPLAIN SELECT * FROM elective_1 WHERE sno = '200101'
```

执行结果如图 6-8 所示。

信息 结果 1 剖析 状态

id	select_type	table	partitions	type	possible_keys	key	key_len	ref	rows	filtered	Extra
1	SIMPLE	elective_1	(Null)	ref	IDX_multi	IDX_multi	24	const	1	100.00	(Null)

图 6-8 使用 EXPLAIN 语句查看用 sno 学号字段作为查询条件时索引的使用

从图 6-8 中可以看出，“possible_keys”和“key”的值都为 IDX_multi，说明 IDX_multi 索引已经存在并且已经开始使用了。

将 cno 字段作为查询条件时，使用 EXPLAIN 语句查看索引的使用情况，SQL 语句如下。

```
EXPLAIN SELECT * FROM elective_1 WHERE cno = '200101'
```

执行结果如图 6-9 所示。

信息 结果 1 剖析 状态

id	select_type	table	partitions	type	possible_keys	key	key_len	ref	rows	filtered	Extra
1	SIMPLE	elective_1	(Null)	ALL	(Null)	(Nul	(Null)	(Nu	1	100.00	Using where

图 6-9　使用 EXPLAIN 语句查看用 cno 课程号字段作为查询条件时索引的使用

从图 6-9 中可以看出，“possible_keys”和“key”的值都为 NULL，说明 IDX_multi 索引没有被使用。

2. 在已经存在的表上使用 CREATE INDEX 语句创建索引

CREATE INDEX 语句的基本语法格式如下。

```
CREATE [UNIQUE] [FULLTEXT] [SPATIAL] INDEX 索引名
ON 表名(字段名[(长度)] [ASC | DESC] [, … ]);
```

其中的参数与 CREATE TABLE 语句中的参数含义相同。

先创建一个没有任何索引的学生表 stu。表中包含 sno(学号)字段、sname(姓名)字段、sgender(性别)字段、sbirth(出生日期)字段、sclass(班级)字段和 sresume(简历)字段。创建 stu 表的 SQL 语句如下。

```
CREATE TABLE stu
(
    sno char(8) NOT NULL,
    sname VARCHAR(10) NOT NULL,
    sgender CHAR(1),
    sbirth DATE,
    sclass VARCHAR(20),
    sresume VARCHAR(255)
)ENGINE = MyISAM;
```

【例 6-7】 在 stu 表的 sname 字段上创建名为 stu_name 的普通索引。SQL 语句如下。

```
CREATE INDEX stu_name ON stu(sname);
```

【例 6-8】 在 stu 表的 sno 字段上创建名为 stu_sno 的唯一索引。SQL 语句如下。

```
CREATE UNIQUE INDEX stu_sno ON stu(sno);
```

【例 6-9】 在 stu 表的 sresume 字段上创建名为 stu_sresume 的全文索引。SQL 语句如下。

```
CREATE FULLTEXT INDEX stu_sresume ON stu(sresume);
```

【例 6-10】 在 stu 表的 sname 和 sclass 字段上创建名为 stu_sname_sclass 的多列索引。SQL 语句如下。

```
CREATE INDEX stu_sname_sclass ON stu(sname,sclass);
```

上述 SQL 语句执行后，使用 SHOW CREATE TABLE 语句查看表的结构，执行结果如图 6-10 所示。

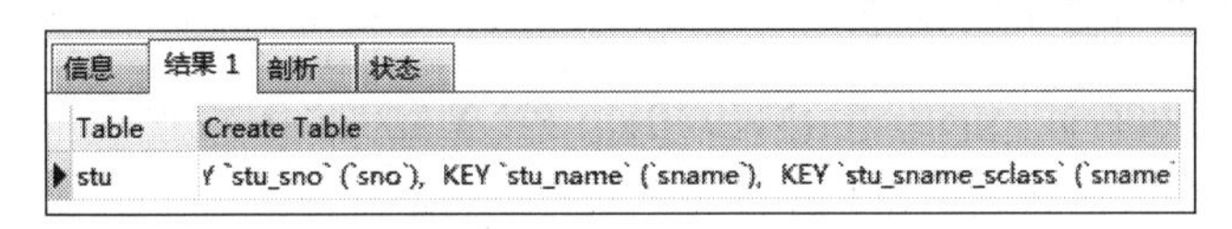

Table	Create Table
stu	Y `stu_sno` (`sno`), KEY `stu_name` (`sname`), KEY `stu_sname_sclass` (`sname`

图 6-10　使用 SHOW CREATE TABLE 语句查看 stu 表的结构

从图 6-10 中可以看出，在 stu 表中的 sno 字段上创建了唯一索引，sname 字段上创建了普通索引，sresume 字段上创建了全文索引，sname 和 sclass 两个字段上创建了普通索引。

【例 6-11】 创建一个名为 e_1 的表，在数据类型为 GEOMETRY 的 space 字段上创建空间索引。SQL 语句如下。

（1）创建 e_1 表。

```
CREATE TABLE e_1
(
 space GEOMETRY NOT NULL
)ENGINE = MyISAM;
```

（2）在 e_1 表的 space 字段上创建空间索引。

```
CREATE SPATIAL INDEX sp_space ON e_1(space);
```

3. 在已经存在的表上使用 ALTER TABLE 语句创建索引

在已经存在的表上创建索引，可以使用 ALTER TABLE 语句，其语法格式如下。

```
ALTER TABLE 表名
ADD [UNIQUE|FULLTEXT|SPATIAL] INDEX 索引名(字段名[(长度)] [ASC|DESC]);
```

为举例说明，先将上面的学生表 stu 删除，再重新建立一个没有任何索引的 stu 表。

【例 6-12】 在 stu 表的 sname 字段上创建名为 stu_sname 的普通索引。SQL 语句如下。

```
ALTER TABLE stu ADD INDEX stu_sname(sname);
```

【例 6-13】 在 stu 表的 sno 字段上创建名为 stu_sno 的唯一索引。SQL 语句如下。

```
ALTER TABLE stu ADD UNIQUE INDEX stu_sno(sno);
```

【例 6-14】 在 stu 表的 sresume 字段上创建名为 stu_sresume 的全文索引。SQL 语句如下。

```
ALTER TABLE stu ADD FULLTEXT INDEX stu_sresume(sresume);
```

【例 6-15】 在 stu 表的 sname 和 sclass 字段上创建名为 stu_sname_sclass 的多列索

引。SQL 语句如下。

```
ALTER TABLE stu ADD INDEX stu_sname_sclass(sname,sclass);
```

上述 SQL 语句执行后，使用 SHOW CREATE TABLE 语句查看表的结构，执行结果如图 6-11 所示。

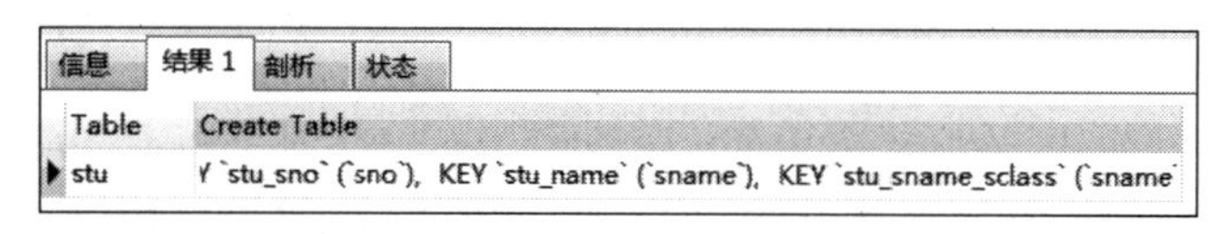

图 6-11　使用 SHOW CREATE TABLE 语句查看 stu 表的结构

从图 6-11 中可以看出，在 stu 表中的 sno 字段上创建了唯一索引，sname 字段上创建了普通索引，sresume 字段上创建了全文索引，sname 和 sclass 两个字段上创建了普通索引。

【例 6-16】　创建一个名为 e_2 的表，在数据类型为 GEOMETRY 的 space 字段上创建空间索引。SQL 语句如下。

(1) 创建 e_2 表。

```
CREATE TABLE e_2
(
    space GEOMETRY NOT NULL,
) ENGINE = MyISAM;
```

(2) 在 e_2 表的 space 字段上创建空间索引。

```
ALTER TABLE e_2 ADD SPATIAL INDEX sp_space(space);
```

6.1.5　删除索引

如果某些索引降低了数据库的性能，或者根本就没有必要创建该索引，可以考虑将索引删除。删除索引有两种方式，具体如下。

(1) 使用 DROP INDEX 删除索引。其语法格式如下。

```
DROP INDEX 索引名 ON 表名;
```

【例 6-17】　使用 DROP INDEX 将 stu 表中的 stu_sno 索引删除。SQL 语句如下。

```
DROP INDEX stu_sno ON stu;
```

(2) 使用 ALETR TABLE 删除索引。其语法格式如下。

```
ALTER TABLE 表名 DROP INDEX 索引名;
```

【例 6-18】　使用 ALTER TABLE 将 stu 表中的 stu_sname 索引删除。SQL 语句如下。

```
ALTER TABLE stu DROP INDEX stu_sname;
```

需要注意的是,如果从表中删除了列,则索引可能会受到影响。如果所删除的列为索引的组成部分,则该列也会从索引中删除。如果组成索引的所有列都被删除,则整个索引将被删除。

6.2 视图

6.2.1 视图概述

视图是从一个或多个基本表中导出的虚拟表。视图与基本表不同,视图不对数据进行实际存储,数据库中只存储视图的定义。用户对视图的数据进行操作时,系统会根据视图的定义去操作相关联的基本表。MySQL 从 5.0 版本开始可以使用视图。

对视图的操作与对基本表的操作相似,可以使用 SELECT 语句查询数据,使用 INSERT、UPDATE 和 DELETE 语句修改记录。当对视图的数据进行修改时,相应的基本表的数据也随之发生变化。同时,若基本表的数据发生变化,与之关联的视图也随之变化。

视图只是保存在数据库中的 SELECT 查询。因此,对查询执行的大多数操作也可以在视图上进行。也就是说,视图只是给查询起了一个名字,把它作为对象保存在数据库中。只要使用简单的 SELECT 语句即可查看视图中查询的执行结果。视图是定义在基表(视图的数据源)上的,对视图的一切操作最终会转换为对基表的操作。

为什么要引入视图呢?这是由于视图具有如下优点。

(1) 简化对数据的查询和处理。用户可以将经常使用的连接、投影、联合查询和选择查询定义为视图,这样在每次执行相同的查询时,不必重写这些复杂的语句,只要一条简单的查询视图语句即可。视图可以向用户隐藏表与表之间复杂的连接操作。

(2) 自定义数据。视图能够让不同的用户以不同的方式看到不同或相同的数据集。

(3) 隐蔽数据库的复杂性。用户不必了解复杂的数据库中的表结构,并且数据库表的更改也不影响用户对数据库的使用。

(4) 导入和导出数据。通过视图,用户可以重新组织数据,并且将数据导入或导出。

(5) 安全性。通过视图,用户只能查询和修改他们所能见到的数据,而数据库中的其他数据用户既看不见,也取不到。

6.2.2 视图的创建

视图的创建基于 SELECT 语句和已存在的数据表。视图可以建立在一个表上,也可以建立在多个表上。创建视图使用 CREATE VIEW 语句。语法格式如下。

```
CREATE [OR REPLACE] [ALGORITHM = {UNDEFINED|MERGE|TEMPTABLE}]
VIEW 视图名 [(字段名列表)]
AS SELECT 语句 [WITH [CASCADED|LOCAL] CHECK OPTION ]
```

参数说明如下。

(1) [OR REPLACE]：可选项，表示可以替换已有的同名视图。

(2) [(字段名,…)]：可选项，声明视图中使用的字段名。各字段名由逗号分隔，字段名的数目必须等于SELECT语句检索的列数。该选项省略时，视图的字段名与源表的字段名相同。

(3) SELECT语句：用来创建视图的SELECT语句，可在SELECT语句中查询多个表或视图。

(4) WITH CHECK OPTION：可选项，强制所有通过视图修改的数据必须满足SELECT语句中指定的选择条件，这样可以确保数据修改后，仍可通过视图看到修改的数据。当一个视图根据另一个视图定义时，WITH CHECK OPTION给出LOCAL和CASCADE两个可选参数，它们决定了检查测试的范围。LOCAL表示只对定义的视图进行检查，CASCADED表示对所有视图进行检查，该选项省略时，默认值为CASCADED。

使用视图时，要注意下列事项。

(1) 默认情况下，在当前数据库创建新视图。要想在给定数据库中明确创建视图，创建时应将名称指定为db_name.view_name(数据库名.视图名)。

(2) 视图的命名必须遵循标识符命名规则，不能与表同名。对于每个用户，视图名必须是唯一的，即对不同用户，即使是定义相同的视图，也必须使用不同的名字。

(3) 不能把规则、默认值或触发器与视图相关联。

(4) 定义视图的用户必须对所参照的表或视图有查询权限。

(5) 视图中的SELECT命令不能包含FROM子句中的子查询，不能引用系统或用户变量，不能引用预处理语句参数。

【例6-19】 在jwsystem数据库中创建一个基于teacher表的teacher_view视图，要求查询并输出所有教师的tname(姓名)字段、tgender(性别)字段和tpro(职称)字段。

(1) 打开jwsystem数据库，创建teacher_view视图，SQL语句如下。

```
USE jwsystem;
CREATE VIEW teacher_view
AS
SELECT tname,tgender,tpro FROM teacher;
```

执行上述语句，在jwsystem数据库中创建teacher_view视图。

(2) 视图定义以后，可以像基本表一样对它进行查询，使用SELECT语句查询teacher_view视图，SQL语句如下。

```
SELECT * FROM teacher_view;
```

信息 | 结果1 | 剖析 | 状态

tname	tgender	tpro
杜倩颖	女	讲师
赵复前	男	讲师
胡祥	男	副教授
何纯	女	副教授
刘小娟	女	讲师

图6-12 查询teacher_view视图

执行结果如图6-12所示。

【例6-20】 在jwsystem数据库中创建一个基于teacher表的teacher1_view视图，要求查询并输出所有教师的tname(姓名)字段、tgender(性别)字段和tpro(职称)字段，并将视图中的字段名设为教师姓名、教师性别和教师职称。

(1) 先将当前数据库设为 jwsystem 数据库，执行以下 SQL 语句。

```
USE jwsystem;
CREATE VIEW teacher1_view(教师姓名,教师性别,教师职称)
AS
SELECT tname,tgender,tpro FROM teacher;
```

执行上述语句，在 jwsystem 数据库中创建 teacher1_view 视图。

(2) 使用 SELECT 语句查询 teacher1_view 视图，SQL 语句如下。

```
SELECT * FROM teacher1_view;
```

执行结果如图 6-13 所示。

信息　结果 1　剖析　状态

教师姓名	教师性别	教师职称
杜倩颖	女	讲师
赵复前	男	讲师
胡祥	男	副教授
何纯	女	副教授

图 6-13　查询 teacher1_view 视图

从图 6-12 和图 6-13 所示的查询结果可以看出，teacher_view 视图和 teacher1_view 视图虽然字段名称不同，但数据却是相同的。这是因为两个视图引用的是同一个表，SELECT 语句也一样，只是在 teacher1_view 视图中指定了视图的字段名。

【例 6-21】 在 jwsystem 数据库中创建一个基于学生表 studentInfo、课程表 course 和选课表 elective 的 nopass_view 视图，要求查询并输出所有不及格学生的 sno(学号)字段、sname(姓名)字段、cname(课程名)字段和 score(成绩)字段。

(1) 先把当前数据库设为"jwsystem"数据库，该视图的定义涉及 studentInfo、course 和 elective 这三个表，因此，在创建视图的 SELECT 语句中需要建立多表查询，SQL 语句如下。

```
USE jwsystem;
CREATE VIEW nopass_view
AS
SELECT a.sno AS 学号,sname AS 姓名,cname AS 课程名,
score AS 成绩 FROM studentinfo a INNER JOIN elective b ON a.sno = b.sno
INNER JOIN course c ON b.cno = c.cno
WHERE score < 60;
```

(2) 使用 SELECT 语句查询 nopass_view 视图，SQL 语句如下。

```
SELECT * FROM nopass_view;
```

执行结果如图 6-14 所示。

学号	姓名	课程名	成绩
200178	乐冬杰	C#程序设计	51
200200	周航	C#程序设计	51
200102	董政辉	JAVA程序设计	52
200103	陈莎	JAVA程序设计	58

图 6-14 查询 nopass_view 视图

6.2.3 查看视图

查看视图是指查看数据库中已经存在的视图的定义。查看视图必须要有 SHOW VIEW 的权限。查看视图的方法包括 DESCRIBE、SHOW TABLE STATUS 和 SHOW CREATE VIEW。

1. 使用 DESCRIBE 语句查看视图

在 MySQL 中,使用 DESCRIBE 语句可以查看视图的字段信息,包括字段名、字段类型等。DESCRIBE 语句的语法格式如下。

```
DESCRIBE 视图名;
```

或简写为:

```
DESC 视图名;
```

【例 6-22】 查看 teacher_view 视图的基本信息。SQL 语句如下。

```
DESCRIBE teacher_view;
```

执行结果如图 6-15 所示。

Field	Type	Null	Default	Key	Extra
tname	varchar(10)	NO	(Null)		
tgender	char(2)	YES	(Null)		
tpro	varchar(8)	YES	副教授		

图 6-15 teacher_view 视图的基本信息

DESCRIBE 一般情况下都简写成 DESC。图 6-15 显示结果中的各列含义如下。

(1) Field 表示视图中的字段名。

(2) Type 表示字段的数据类型。

(3) Null 表示该字段是否允许存放空值。

(4) Default 表示该字段是否有默认值。

(5) Key 表示该字段是否已经建有索引。

(6) Extra 表示该字段的附加信息。

2. 使用 SHOW TABLE STATUS 语句查看视图

在 MySQL 中，使用 SHOW TABLE STATUS 语句可以查看视图的定义信息。其语法格式如下。

```
SHOW TABLE STATUS LIKE '视图名';
```

其中，“LIKE”表示后面是匹配字符串，“视图名”是要查看的视图名称，可以是一个具体的视图名，也可以包含通配符，代表要查看的多个视图。视图名称要用单引号括起来。

【例 6-23】 使用 SHOW TABLE STATUS 语句查看 teacher_view 视图的定义信息。SQL 语句如下。

```
SHOW TABLE STATUS LIKE 'teacher_view';
```

执行结果如图 6-16 所示。

信息 | 结果 1 | 剖析 | 状态

Name	Engine	Comment	Version	Row_format
teacher_view	(Null)	VIEW	(Null)	(Null)

图 6-16 使用 SHOW TABLE STATUS 语句查看视图

从图 6-16 中可以看出，Comment 项的值为 VIEW，说明所查看的 teacher_view 是一个视图。Engine(存储引擎)、Data_length(数据长度)、Index_length(索引长度)等项都显示为 NULL，说明视图是虚拟表。用 SHOW TABLE STATUS 语句查看 teacher 表，执行结果如图 6-17 所示。

信息 | 结果 1 | 剖析 | 状态

Name	Engine	Version	Row_format	Rows	Avg_row_length
teacher	InnoDB	10	Dynamic	14	1170

图 6-17 使用 SHOW TABLE STATUS 语句查看 teacher 表

比较图 6-17 和图 6-16，在表的显示信息中，Engine(存储引擎)、Data_length(数据长度)、Index_length(索引长度)等项都有具体的值，但是 Comment 项没有信息，说明这是表而不是视图，这也是视图和表最直接的区别。

3. 使用 SHOW CREATE VIEW 语句查看视图

在 MySQL 中，使用 SHOW CREATE VIEW 语句不仅可以查看创建视图的定义语句，还可以查看视图的字符编码以及视图中记录的行数。SHOW CREATE VIEW 语句的语法格式如下。

```
SHOW CREATE VIEW 视图名;
```

【例 6-24】 使用 SHOW CREATE VIEW 语句查看 teacher_view 视图。SQL 语句如下。

```
SHOW CREATE VIEW teacher_view;
```

执行结果如图 6-18 所示。

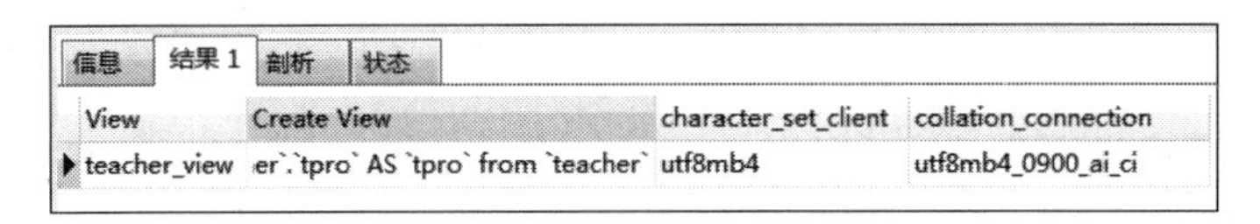

View	Create View	character_set_client	collation_connection
teacher_view	er`.`tpro` AS `tpro` from `teacher`	utf8mb4	utf8mb4_0900_ai_ci

图 6-18　使用 SHOW CREATE VIEW 语句查看 teacher_view 视图

6.2.4　修改和删除视图

1. 修改视图

视图被创建后，若其关联的基本表的某些字段发生变化，则需要对视图进行修改，从而保持视图与基本表的一致性。MySQL 通过 CREATE 或 REPLACE VIEW 语句和 ALTER VIEW 语句修改视图。

(1) 使用 CREATE 或 REPLACE VIEW 语句。语法格式如下。

```
CREATE 或 REPLACE [ALGORITHM = {UNDEFINED|MERGE|TEMPTABLE}]
VIEW 视图名[(字段名列表)]
AS
select 语句 [ WITH [CASCADED|LOCAL] CHECK OPTION ]
```

(2) 使用 ALTER VIEW 语句。语法格式如下。

```
ALTER [ALGORITHM = {UNDEFINED|MERGE|TEMPTABLE}]
VIEW 视图名[(字段名列表)]
AS
SELECT 语句 [WITH [CASCADED|LOCAL] CHECK OPTION ]
```

上述语句中的参数含义和创建视图语句中的参数含义一样。

【例 6-25】 使用 ALTER VIEW 语句修改例 6-19 创建的 teacher_view 视图，查询输出所有职称为“讲师”的教师的 tname 字段和 tpro 字段。SQL 语句如下。

```
ALTER VIEW teacher_view
AS
SELECT tname AS 姓名,tpro AS 职称 FROM teacher WHERE tpro = '讲师';
```

姓名	职称
杜倩颖	讲师
赵复前	讲师
刘小娟	讲师

图 6-19　查询修改后的 teacher_view 视图

使用 SELECT 语句查询 teacher_view 视图，执行结果如图 6-19 所示。

从图 6-19 中可以看出，teacher_view 视图中只有职称为“讲师”的数据记录。视图已经被修改。

2. 删除视图

当不再需要视图时，可以将视图删除。删除视图只是将视图的定义删除，并不会影响基表中的数据。删除视图的语法格式如下。

```
DROP VIEW [IF EXISTS]视图名1[,视图名2]…;
```

在上述语法格式中，视图名可以有一个或多个，即同时删除一个或多个视图。视图名之间用逗号分隔。删除视图必须有 DROP VIEW 权限。IF EXISTS 可选项表示删除视图时如果存在指定视图，则将指定视图删除，如果不存在指定视图，删除操作也不会出现错误。

【例 6-26】 删除例 6-25 创建的 teacher_view 视图。SQL 语句如下。

```
DROP VIEW IF EXISTS teacher_view;
```

上述语句执行后，teacher_view 被删除。为了验证视图是否删除成功，使用 SELECT 语句查询视图，执行结果如图 6-20 所示。

从图 6-20 中可以看出，teacher_view 视图已经不存在了。

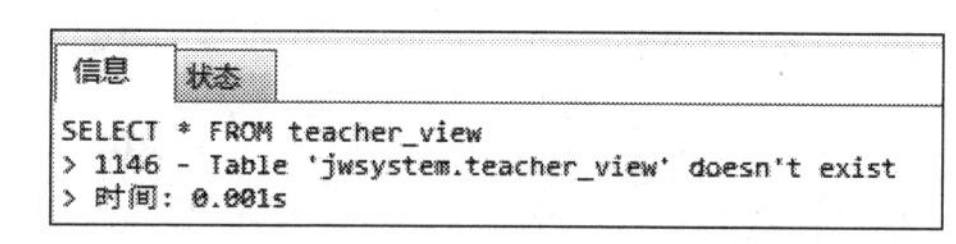

图 6-20 查询删除后的 teacher_view 视图

6.2.5 更新视图

更新视图是指通过视图插入、更新和删除表中的数据。因为视图是一个虚拟表，所以更新视图就是更新其关联的基本表中的数据。要通过视图更新基本表数据，必须保证视图是可更新视图，即可以在 INSERT、UPDATE 或 DELETE 等语句中使用它们。对于可更新视图，视图中的行和基本表中的行必须具有一对一的关系。

1. 使用 INSERT 语句向视图中插入数据

使用视图插入数据与向基表中插入数据一样，都可以通过 INSERT 语句实现。插入数据的操作是针对视图中字段的插入操作，而不是针对基表中所有字段的插入操作。

【例 6-27】 在 jwsystem 数据库中，基于 studentInfo 表创建一个名为 student_view 的视图。该视图包含所有学生的 sno 字段、sname 字段和 sgender 字段的数据。

（1）打开 jwsystem 数据库，创建 student_view 视图，SQL 语句如下。

```
USE jwsystem;
CREATE VIEW student_view
AS
SELECT sno,sname,sgender
FROM studentInfo;
```

（2）成功执行上述语句后，使用 SELECT 语句查看该视图中的数据，SQL 语句如下。

```
SELECT * FROM student_view;
```

执行结果如图 6-21 所示。

(3) 接下来向 student_view 视图中插入一条数据，sno(学号)字段的值为 200205、sname(姓名)字段的值为“张三”、sgender(性别)字段的值为“女”。实现上述操作，可以使用 INSERT 语句。

```
INSERT INTO student_view VALUES('200205', '张三','女');
```

成功执行上述语句后，使用 SELECT 语句查看该视图和学生表 studentInfo 中的数据，执行结果如图 6-22 所示。

信息 结果 1 剖析 状态

sno	sname	sgender
200101	王敏	女
200102	董政辉	男
200103	陈莎	女
200104	汪一娟	女

图 6-21 student_view 视图中的数据

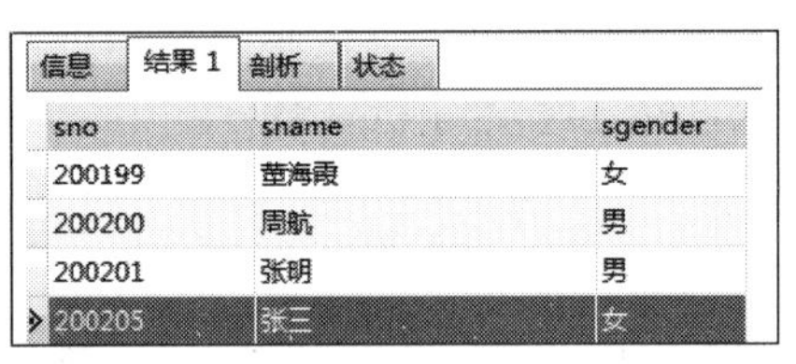

信息 结果 1 剖析 状态

sno	sname	sgender
200199	董海霞	女
200200	周航	男
200201	张明	男
200205	张三	女

信息 结果 1 剖析 状态

sno	sname	sgender	sbirth	sclass
200199	董海霞	女	2000-01-02	测试2001
200200	周航	男	2001-10-20	.NET2002
200201	张明	男	1998-08-05	JAVA2001
200205	张三	女	(Null)	(Null)

图 6-22 插入数据后视图和表中的数据

从图 6-22 中可以看出，新的数据既出现在视图中，也出现在基表中。

(1) 使用视图插入数据时，要注意下列事项。

(2) 使用 INSERT 语句进行插入操作的用户必须有在基表中插入数据的权限，否则插入操作会失败。

(3) 如果视图上没有包含基表中所有属性为 NOT NULL 的字段，那么插入操作会由于那些字段存在 NULL 值而失败。

(4) 如果视图中的数据是由聚合函数或者表达式计算得到的，则插入操作不成功。

(5) 不能在使用了 DISTINCT、UNION、TOP、GROUP BY 或 HAVING 子句的视图中插入数据。

(6) 如果在创建视图的 CREATE VIEW 语句中使用了 WITH CHECK OPTION 子句，那么所有对视图进行修改的语句必须符合 WITH CHECK OPTION 中的限定条件。

(7) 对于由多个基表连接查询而生成的视图来说，一次插入操作只能作用于一个基表上。

2. 使用 UPDATE 语句更新视图中数据

在视图中更新数据与在基表中更新数据一样，都需要使用 UPDATE 语句。当视图中的数据来源于多个基表时，与插入操作一样，每次更新操作只能更新一个基表中的数据。通过视图修改存在于多个基表中的数据时，要分别对不同的基表使用 UPDATE 语句。在视图中使用 UPDATE 语句进行更新操作时也受到与进行插入操作时一样的限制。

【例 6-28】 将前面的 student_view 视图中 sname(姓名)字段值为“张三”的学生记录

的 sgender(性别)字段值更新为“男”。SQL 语句如下。

```
USE jwsystem;
UPDATE student_view
SET sgender = '男'
WHERE sname = '张三';
```

成功执行上述语句后,使用 SELECT 语句查看该视图和学生表 studentInfo 中的数据,执行结果如图 6-23 所示。

从图 6-23 中可以看出,视图和表中张三的性别都变为“男”了。

3. 使用 DELETE 语句删除数据

通过视图删除数据与在基表中删除数据的方式一样,都需要使用 DELETE 语句。在视图中删除的数据,同时也会从基表中删除。当一个视图连接了两个以上的基表时,对该视图中数据的删除操作是不允许的。

【例 6-29】 删除 student_view 视图中 sname 字段值为“张三”的数据。SQL 语句如下。

```
USE jwsystem;
DELETE FROM student_view
WHERE sname = '张三';
```

成功执行上述语句后,使用 SELECT 语句查看该视图和学生表 studentInfo 中的数据,执行结果如图 6-24 所示。

信息 结果 1 剖析 状态

sno	sname	sgender
200199	董海霞	女
200200	周航	男
200201	张明	男
200205	张三	男

信息 结果 1 剖析 状态

sno	sname	sgender	sbirth	sclass
200199	董海霞	女	2000-01-02	测试2001
200200	周航	男	2001-10-20	.NET2002
200201	张明	男	1998-08-05	JAVA2001
200205	张三	男	(Null)	(Null)

图 6-23 更新数据后视图和表中的数据

信息 结果 1 剖析 状态

sno	sname	sgender
200199	董海霞	女
200200	周航	男
200201	张明	男

信息 结果 1 剖析 状态

sno	sname	sgender	sbirth	sclass
200199	董海霞	女	2000-01-02	测试2001
200200	周航	男	2001-10-20	.NET2002
200201	张明	男	1998-08-05	JAVA2001

图 6-24 删除数据后视图和表中的数据

从图 6-24 中可以看出,视图和表中的相应数据都被删除了。

单元小结

MySQL 索引是一种特殊的文件,它包含对数据表里所有记录的引用指针。索引是加快检索的最重要的工具,检索时可以根据索引值直接找到所在的行。MySQL 会自动更新索引,以保持索引总是和表的数据内容一致。索引也会占用额外的磁盘空间,在更新表的同时，索引也会被同时更新，因此使用索引要恰当。

视图是根据用户的不同需求，在物理数据库上按用户观点定义的数据结构。视图是一个虚拟表，数据库中只存储视图的定义，不实际存储视图对应的数据。对视图的数据进行操作时，系统会根据视图的定义去操作与视图相关联的基本表。视图定义后，就可以像基本表一样被查询、更新和删除。

单元实训项目

项目一：在“网上书店”数据库中创建索引并查看维护

目的：掌握索引的创建、维护和使用。

内容：

(1) 在会员表的联系方式列上定义唯一索引。

(2) 在图书表的图书名称列上定义普通索引。

(3) 在订购表的图书编号和订购日期列上创建多列索引。

(4) 删除以上所建索引。

项目二：在“网上书店”数据库中创建视图并维护使用

目的：掌握视图的定义、维护和使用。

内容：

(1) 定义基于图书表的视图(包含图书编号、图书名称、作者、价格、出版社和图书类别)。

(2) 查询图书表视图，输出图书的名称和价格，并把查询结果按价格降序排列。

(3) 查询图书表视图，输出价格最高的三种图书的名称和价格。

单元练习题

一、选择题

1. (　　)的功能是视图可以实现的。

   A. 将用户限定在表中的特定行上

   B. 将用户限定在特定列上

   C. 将多个表中的列连接起来

   D. 将多个数据库的视图连接起来

2. 下列(　　)是在使用视图修改数据时需要注意的。

   A. 在一个 UPDATE 语句中修改的字段必须属于同一个基本表

   B. 一次可以修改多个视图的基本表

   C. 视图中所有字段的修改必须遵守基本表所定义的各种数据完整性约束

   D. 可以对视图中的计算字段进行修改

3. 下列关于视图的说法错误的是(　　)。

A. 视图可以集中数据,简化和定制不同用户对数据集的不同要求

B. 视图可以使用户只关心他感兴趣的某些特定数据和他所负责的特定任务

C. 视图可以让不同的用户以不同的方式看到不同或者相同的数据集

D. 视图不能用于连接多表

4. 下列选项中,关于视图叙述正确的是(　　)。

A. 视图是一张虚表,所有的视图中不含有数据

B. 不允许用户使用视图修改表中的数据

C. 视图只能访问所属数据库的表,不能访问其他数据库的表

D. 视图既可以通过表得到,也可以通过其他视图得到

5. (　　)是索引的类型。

A. 唯一索引　　B. 普通索引　　C. 多列索引　　D. 全文索引

6. 一张表中至多可以有(　　)个普通索引。

A. 1　　B. 249　　C. 3　　D. 无限多

7. 下列选项中,查看视图需要的权限是(　　)。

A. SELECT VIEW　　B. CREATE VIEW

C. SHOW VIEW　　D. SET VIEW

8. 下列将 view_stu 视图中 chinese 字段值更新为 100 的语句中,正确的是(　　)。

A. UPDATE view_stu SET chinese = 100;

B. ALTER view_stu SET chinese = 100;

C. UPDATE VIEW view_stu SET chinese = 100;

D. ALTER VIEW view_stu SET chinese = 100;

二、判断题

1. 视图中包含了 SELECT 查询的结果,因此视图的创建基于 SELECT 语句和已经存在的数据表。(　　)

2. 视图属于数据库,在默认情况下,视图将在当前数据库中创建。(　　)

3. 查看视图必须要有 CREATE VIEW 的权限。(　　)

4. 视图是一个虚拟表,其中没有数据,所以当通过视图更新数据时其实是在更新基本表中的数据。(　　)

三、简答题

1. 简述视图的基本概念及优点。

2. 举例说明简单 SELECT 查询和视图的区别与联系。

3. 举例说明索引的概念与作用。

4. 举例说明全文索引的概念并写出创建全文索引的 SQL 语句。

存储过程与触发器

存储过程和存储函数是在数据库中定义一些 SQL 语句的集合，然后直接调用这些存储过程与存储函数来执行已经定义好的 SQL 语句。存储过程和存储函数是在 MySQL 服务器中存储和执行的，可以减少客户端和服务器端的数据传输。触发器是常用的数据库对象。触发器主要用于监视对表的 INSERT、UPDATE、DELETE 等更新操作，这些操作可以分别激活该表的 INSERT、UPDATE、DELETE 类型的触发器，从而为数据库自动维护提供便利条件。

本单元主要学习目标如下：

- 熟练掌握 SQL 编程基础知识。
- 理解存储过程和存储函数的概念与作用。
- 理解触发器的概念与作用。
- 熟练掌握创建与管理存储过程和存储函数的 SQL 语句的语法。
- 熟练掌握创建与管理触发器的 SQL 语句的语法。
- 能使用图形管理工具和命令方式实现存储过程和存储函数的操作。
- 能使用图形管理工具和命令方式实现触发器的操作。

7.1 MySQL 程序设计基础

前面几单元介绍了 SQL 命令，命令采用的是联机交互的使用方式，命令执行的方式是每次一条。为了提高工作效率，有时需要把多条命令组合在一起，形成一个程序一次性执行。因为程序可以重复使用，这样就能减少数据库开发人员的工作量，也能通过设定程序的权限来限制用户对程序的定义和使用，从而提高系统的安全性。几乎所有数据库管理系统都提供了“程序设计结构”，这些“程序设计结构”在 SQL 标准的基础上进行了扩展。本节将介绍 MySQL 编程的相关基础知识。

7.1.1 常量

常量又称文字值或标量值，是指程序运行中值始终不变的量。常量的格式取决于它表示的值的数据类型。

1. 字符串常量

字符串常量是指用单引号或双引号括起来的字符序列，如“Hi”“Hello”等。每个汉字用两个字节存储，而每个ASCII字符用一个字节存储。

2. 数值常量

数值常量分为整数常量和实型常量。整数常量是不带小数点的整数，如十进制数1000、6、+1234、−5678等。使用前缀0x可以表示十六进制数，如0x1F00、0x19等。实型常量是使用小数点的数值常量，它包括定点数和浮点数两种，如1.3、−6.8、6.7E4、0.9E-5等。

3. 日期时间常量

日期时间常量是指用单引号括起来的日期时间。MySQL是按年-月-日的顺序表示日期的。中间的间隔符可以用“-”“\”“/”“@”“%”等特殊符号，如“2021-01-01”“2021/01/02”“2021@01@03”等。

4. 布尔值常量

布尔值常量只包含TRUE和FALSE两个值。FALSE的数字值为“0”，TRUE的数字值为“1”。

5. Null值

Null值适用于各种列类型，通常用来表示“没有值”“无数据”等，并且不同于数字“0”或字符串类型的空字符串。

7.1.2　变量

变量就是在程序执行过程中值可以改变的量。变量用于临时存放数据，变量中的数据随着程序的运行而变化。变量由变量名和变量值构成，变量名用于标识该变量，变量名不能与命令和函数名相同。变量的数据类型与常量一样，它确定了该变量存放值的格式及允许的运算。MySQL中的变量有系统变量、用户变量和局部变量三种。

1. 系统变量

系统变量是MySQL的一些特定的设置，又可分为全局变量和会话变量两种。

(1) 全局变量在MySQL启动时由服务器自动将它们初始化为默认值，这些默认值可以通过my.ini配置文件更改。

(2) 会话变量在每次建立一个新的连接时由MySQL初始化，MySQL会将当前所有全局变量的值复制一份作为会话变量。也就是说，如果在建立会话以后没有手动更改会话变量与全局变量的值，则所有这些变量的值都是一样的。全局变量与会话变量的区别是，对全局变量的修改会影响整个服务器，但是对会话变量的修改只会影响到当前的会话，也就是当前的数据库连接。

大多数系统变量应用于其他 SQL 语句时，必须在名称前加两个@符号，而为了与其他 SQL 产品保持一致，某些特定的系统变量要省略这两个@符号，如 CURRENT_DATE(系统日期)、CURRENT_TIME(系统时间)、CURRENT_USER(SQL 用户的名字)等。

【例 7-1】 查看当前使用的 MySQL 的版本信息和当前的系统日期。SQL 语句如下。

```
SELECT @@VERSION AS '当前 MySQL 版本',CURRENT_DATE;
```

执行结果如图 7-1 所示。

在 MySQL 中，可以通过 SHOW 命令显示系统变量的清单，其基本语法格式如下。

```
SHOW [GLOBAL|SESSION|LOCAL] VARIABLES [LIKE'字符串']
```

参数说明如下。

(1) [GLOBAL|SESSION|LOCAL]：可选项。GLOBAL 表示全局变量，SESSION 表示会话变量，LOCAL 与 SESSION 同义。若此项缺省，则默认为会话变量。

(2) [LIKE'字符串']：可选项。LIKE 子句表示与字符串匹配的具体的变量名称或名称清单。若此项缺省，则默认查看所有的变量。

【例 7-2】 显示所有的全局系统变量。SQL 语句如下。

```
SHOW GLOBAL VARIABLES;
```

执行结果如图 7-2 所示。

信息 结果 1 剖析 状态

当前MySQL版本	CURRENT_DATE
8.0.23	2021-02-03

图 7-1 查看当前使用的 MySQL 的版本信息和当前的系统日期

信息 结果 1 剖析 状态

Variable_name	Value
version	8.0.23
version_comment	MySQL Community Server - GPL
version_compile_machine	x86_64
version_compile_os	Win64
version_compile_zlib	1.2.11
wait_timeout	28800
windowing_use_high_precision	ON

图 7-2 显示所有的全局系统变量

在 MySQL 中，有些系统变量的值是不可以改变的，有些可以通过 SET 语句修改，其基本语法格式如下。

```
SET[GLOBAL|SESSION|LOCAL]系统变量名 = 表达式|DEFAULT
|@@[GLOBAL|SESSION|LOCAL].系统变量名 = 表达式|DEFAULT
```

参数说明如下。

(1) [GLOBAL|SESSION|LOCAL]：可选项。GLOBAL 表示全局变量，SESSION 表示会话变量，LOCAL 与 SESSION 同义。若此项缺省，则默认为会话变量。

(2) 表达式|DEFAULT：表达式是为系统变量设定的新值，DEFAULT 是将系统变量的值恢复为默认值。

【例 7-3】 将全局系统变量 sort_buffer_size 的值修改为 260000，并查看修改后的值。SQL 语句如下。

```
SET @@GLOBAL.sort_buffer_size = 260000;
SELECT @@GLOBAL.sort_buffer_size;
```

执行结果如图 7-3 和图 7-4 所示。

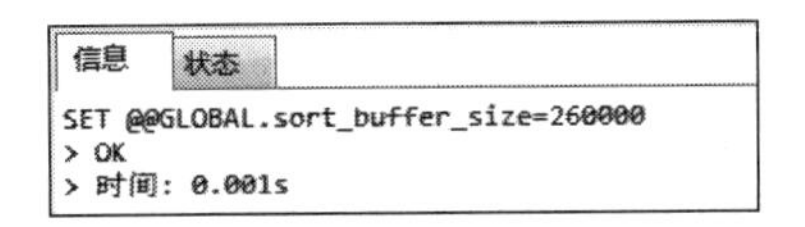

图 7-3 将全局系统变量 sort_buffer_size 的值修改为 260000

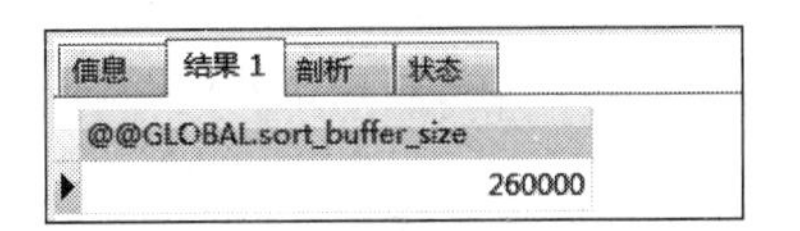

图 7-4 查看全局系统变量 sort_buffer_size 的值

2. 用户变量

用户可以在表达式中使用自己定义的变量，这样的变量称为用户变量。使用用户变量前必须先进行定义和初始化。如果变量没有初始化，则它的值为 Null。

用户变量与连接有关。一个客户端定义的变量不能被其他客户端看到或使用。当客户端退出时，该客户端连接的所有用户变量将自动释放。

定义和初始化用户变量可以使用 SET 语句，其基本语法格式如下。

```
SET @用户变量名 1 = 表达式 1, …
```

利用 SET 语句可以同时定义多个变量，每个变量之间用逗号分隔。参数说明如下。

(1) @用户变量名 1。@符号必须放在一个用户变量的前面，以便将它和字段名区分开。用户变量名由当前字符集的文字数字字符、“.”“_”和“$”组成。当变量名中需要包含一些特殊符号(如空格、# 等)时，可以使用双引号或单引号将整个变量括起来。

(2) 表达式 1。要给变量赋的值，可以是常量、变量或表达式。

当一个用户变量被创建后，它可以以一种特殊形式的表达式用于其他 SQL 语句中。变量名前面也必须加上符号@，开发人员可以使用查询给变量赋值。

【例 7-4】 创建用户变量 username 并赋值为“李东”，用户变量 score 赋值为 90。查询这两个变量的值。SQL 代码如下。

```
SET @username = '李东', @score = 90;
SELECT @username, @score;
```

执行结果如图 7-5 和图 7-6 所示。

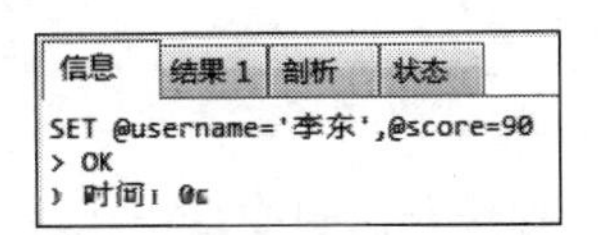

图 7-5 创建用户变量 username 和 score

图 7-6 查询用户变量 username 和 score

【例 7-5】 查询表 studentinfo 中 sname 为“方涛”的 sno，并将该值保存在用户变量 id_student 中。SQL 语句如下。

```
SET @id_student = (SELECT sno FROM studentinfo WHERE sname = '方涛');
```

执行结果如图 7-7 所示。

【例 7-6】 查询 studentinfo 表中 sno 等于变量 id_student 的 sname。SQL 语句如下。

```
SELECT sname FROM studentinfo WHERE sno = @id_student;
```

执行结果如图 7-8 所示。

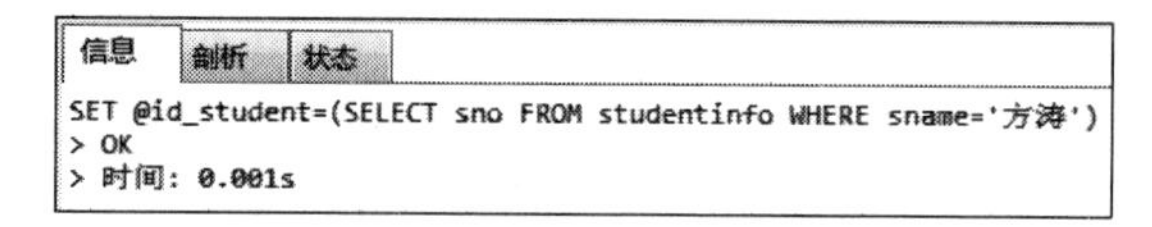

图 7-7 创建用户变量 id_student 并赋值

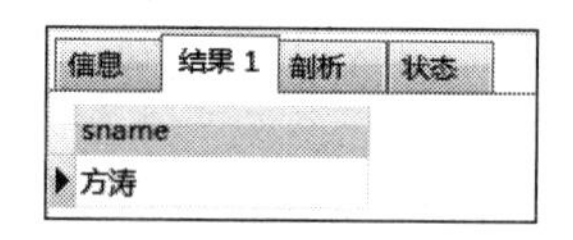

图 7-8 查询 studentinfo 表中 sno 等于变量 id_student 的 sname

3. 局部变量

局部变量可以使用 DECLARE 语句定义，它的作用范围只局限在 BEGIN…END 语句块中。局部变量的赋值方法与用户变量相同，与用户变量不同的是局部变量不用@符号开头。其基本语法格式如下。

```
DECLARE 局部变量名 1, … 类型 [DEFAULT 值]
```

参数说明如下。

(1) 局部变量名是用户自定义的局部变量的名字，这里可以一次定义多个局部变量，每个变量名之间用逗号分隔。

(2) 类型：局部变量的数据类型。

(3) DEFAULT 值：可选项。将用户变量的默认初始值设为 DEFAULT 值，此项缺省时默认值为 Null。

【例 7-7】 定义局部变量 num，数据类型为 INT，默认值为 10。SQL 语句如下。

```
DECLARE num INT DEFAULT 10;
```

【例 7-8】 定义局部变量 stusex 和 stubirth，将 studentinfo 表中姓名为“方涛”的学生的性别和出生日期分别赋给变量 stusex 和 stubirth。SQL 语句如下。

```
DECLARE stusex, stubirth;
SELECT sgender, sbirth INTO stusex, stubirth WHERE sname = '方涛';
```

这里使用了 SELECT…INTO 语句将选定的列值直接存储到变量中。

7.1.3 流程控制语句

结构化程序设计语言的基本结构是顺序结构、条件分支结构和循环结构。顺序结构是一种自然结构,条件分支结构和循环结构需要根据程序的执行情况对程序的执行顺序进行调整和控制。在SQL中,流程控制语句就是用来控制程序执行流程的语句,使用流程控制语句可以提高编程语言的处理能力。

注意:流程控制语句只能放在存储过程和函数或触发器中控制程序的执行流程,不能单独执行。

1. IF语句

IF语句根据逻辑判断条件的值是TRUE还是FALSE,转去执行相应的分支中的语句。IF语句的语法格式如下。

```
IF expr_condition THEN statement_list
[ELSEIF expr_condition THEN statement_list]
[ELSE statement_list]
END IF;
```

IF语句用于实现分支判断的程序结构。在上述语法格式中,expr_condition代表逻辑判断条件,statement_list代表一条或多条SQL语句。如果expr_condition的值为TRUE,则执行THEN后面的SQL语句块;如果expr_condition的值为FALSE,则执行ELSE后面的SQL语句块。

下面举一个IF语句的例子,SQL语句如下。

```
IF x > y
  THEN SELECT x;
  ELSE SELECT y;
END IF;
```

上述语句中,判断两个数x,y的大小,如果x>y,则执行THEN后的语句,显示x的值;反之,则执行ELSE后的语句,显示y的值。

2. CASE语句

CASE也是一个条件判断语句,用于多分支判断的程序结构,常用语法格式如下。

```
CASE case_expr
  WHEN when_value THEN statement_list
    [WHEN when_value THEN statement_list]…
    [ELSE statement_list]
  END CASE;
```

其中,case_expr是一个表达式,when_value表示case_expr表达式可能的匹配值。如果某一个when_value的值与case_expr表达式的值相匹配,则执行对应THEN关键字后的

statement_list 中的语句。如果所有 when_value 的值与 case_expr 表达式的值都不匹配，则执行 ELSE 关键字后的 statement_list 中的语句。下面给出一个 CASE 的语句片段，根据人名显示这个人的特征。

```
CASE name
  WHEN 'sam' THEN SELECT 'young';
  WHEN 'lee' THEN SELECT 'handsome' ;
  ELSE SELECT 'good';
END CASE;
```

3. LOOP 语句

LOOP 是一个循环语句，用来实现对一个语句块的循环执行。LOOP 语句并不能进行条件判断来决定何时退出循环，会一直执行循环语句。如果要退出循环，需要使用 LEAVE 等语句。LOOP 语句的语法格式如下。

```
[loop_label:] LOOP
      Statement_list
      END LOOP [loop_label];
```

其中，loop_label 是 LOOP 语句的标记名称，该参数可以省略；Statement_list 是循环体内的语句列表。

以下代码使用 LOOP 语句计算 1＋2＋3＋…＋100。

```
DECLARE i INT DEFAULT 0;
DECLARE sum INT DEFAULT 0;
sum_loop:LOOP
      SET i = i + 1;
      SET sum = sum + i;
      IF i > 100 THEN LEAVE sum_loop;
      END IF;
      END LOOP sum_loop;
```

在上述代码中，利用循环实现了对 i 的增 1 操作，同时把 i 的值累加到 sum 变量中，当 i 的值大于 100 时，使用 LEAVE 语句跳出 LOOP 循环。代码结束，1～100 之和存储在 sum 变量中。

4. LEAVE 语句

LEAVE 语句的基本语法格式如下。

```
LEAVE label;
```

其中，label 是一个标记名称，执行 LEAVE 语句时会无条件跳出到该标记名称所标识的语句块。因此，可以使用 LEAVE 语句跳出循环体。

5. ITERATE 语句

与 LEAVE 语句结束整个循环的功能不同，ITERATE 语句的功能是结束本次循环，转到循环开始语句，进行下一次循环。ITERATE 语句的语法格式如下。

```
ITERATE label
```

其中，label 是一个循环标记名称，ITERATE 语句只可以出现在 LOOP、REPEAT、WHILE 等循环语句中。以下代码首先使用 ITERATE 语句跳转显示 1～5，然后使用 LEAVE 语句退出整个循环。

```
DECLARE a INT DEFAULT 1;
    label1: LOOP
        IF a < 6 THEN
            SELECT a;
            SET a = a + 1;
            ITERATE label1;
        END IF;
    LEAVE label1;
END LOOP label1;
```

6. REPEAT 语句

REPEAT 语句用于循环执行一个语句块，执行的流程是先执行一次循环语句块再进行条件表达式判断，如果条件表达式的值为 TRUE，则循环结束，否则再重复执行一次循环语句块。REPEAT 语句的语法格式如下。

```
[repeat_label:] REPEAT
      statement_list
      UNTIL expr_condition
      END REPEAT [repeat_label];
```

其中，repeat_label 为循环标记名称，是可选的。statement_list 中的语句将会被循环执行，直到 expr_condition 表达式的值为 TRUE 时才结束循环。

以下代码使用 REPEAT 语句计算 1＋2＋3＋…＋100。

```
DECLARE i INT DEFAULT 0;
DECLARE sum INT DEFAULT 0;
REPEAT
    SET i = i + 1;
    SET sum = sum + i;
    UNTIL i > = 100;
END REPEAT;
```

7. WHILE 语句

WHILE 语句也用于循环执行一个语句块，但是与 REPEAT 语句不同，WHILE 语句在执行时会首先判断条件表达式是否为 TRUE,如果为 TRUE 则继续执行一次循环语句块,执行完后再判断条件表达式。如果条件表达式的值为 FALSE,则直接退出循环。WHILE 语句的语法格式如下。

```
[while_label:] WHILE expr_condition DO
        Statement_list
    END WHILE [while_label];
```

其中,while_label 为 WHILE 语句的标记名称,expr_condition 为逻辑表达式,值为 TRUE 时 Statement_list 中的语句将会被循环执行,直至 expr_condition 的值为 FALSE 时退出循环。

以下代码使用 WHILE 语句计算 1+2+3+…+100。

```
DECLARE i INT DEFAULT 0;
DECLARE sum INT DEFAULT 0;
WHILE i < 100 DO
  SET i = i + 1;
  SET sum = sum + i;
END WHILE;
```

7.1.4 游标

使用 SQL 语句对表中数据进行查询时,可能返回很多条记录。如果需要对查询结果集中的多条记录进行逐条读取,则需要使用游标。

1. 游标的声明

要使用游标对查询结果集中的数据进行处理,首先需要声明游标。游标的声明必须在声明变量和条件之后,声明处理程序之前。游标的声明语法格式如下。

```
DECLARE cursor_name CURSOR FOR select_statement;
```

其中,cursor_name 表示游标的名字,select_statement 是游标的 SELECT 语句,返回一个用于创建游标的查询结果集。下面的代码声明一个名为 cur_teacher 的游标。

```
DECLARE cur_teacher CURSOR FOR SELECT name, age
FROM teacher;
```

上面的示例代码中,游标的名称为 cur_teacher,SELECT 语句的作用是从 teacher 表中查询出所有记录的 name 和 age 字段值。

2. 游标的使用

游标在使用之前必须先打开。MySQL 中使用 OPEN 关键字打开游标。从游标查询结果集中取出一条记录可用 FETCH 语句。其语法格式如下。

```
OPEN cursor_name ;
FETCH cursor_name INTO var_name[,var_name…] ;
```

其中,cursor_name 表示游标的名称；var_name 是一个变量,用于存储从游标查询结果集取出的一条记录中一个字段的值。变量必须在声明游标之前就定义好。游标查询结果集中有多少个字段,FETCH 语句中就必须有多少个变量来存放对应字段的值。

下面代码使用名为 cur_teacher 的游标,将查询结果集中一条记录的 name 和 age 字段的值存入 teacher_name 和 teacher_age 变量中。

```
FETCH cur_teacher INTO teacher_name,teacher_age ;
```

注意：teacher_name 和 teacher_age 变量必须在声明游标之前定义。

3. 游标的关闭

MySQL 中使用 CLOSE 关键字来关闭游标,其语法格式如下。

```
CLOSE cursor_name;
```

其中,cursor_name 表示游标的名称。

下面的代码关闭名为 cur_teacher 的游标。

```
CLOSE cur_teacher;
```

游标关闭之后就不能再使用 FETCH 语句从游标查询结果集中取出数据了。

每执行一次 FETCH 语句从查询结果集中取出一条记录,将该记录字段的值送入指定的变量,通过循环可以逐条访问查询结果集中的所有记录。

以下代码使用游标查询并显示 teacher 表中所有教师的姓名 tname 和学历 tedu 字段的信息。

```
DECLARE no_more_record INT DEFAULT 0;
DECLARE t_name varchar(20);
DECLARE t_edu varchar(20);
DECLARE cur_record CURSOR FOR
SELECT tname, tedu FROM teacher; /* 对游标进行定义 */
DECLARE CONTINUE HANDLER FOR NOT FOUND
SET no_more_record = 1;
/* 错误处理,针对 NOT FOUND 错误,当没有记录时将 no_more_record 赋值为 1 */
OPEN cur_record;                    /* 使用 OPEN 打开游标 */
WHILE no_more_record != 1 DO
 FETCH cur_record INTO t_name, t_edu;
 SELECT t_name, t_edu;
END WHILE;
CLOSE cur_record;                   /* 用 CLOSE 语句把游标关闭 */
```

7.2 简单查询

存储过程是数据库服务器上一组预先编译好的 SQL 语句的集合，作为一个对象存储在数据库中，可以被应用程序作为一个整体来调用。在调用过程中，存储过程可以从调用者那里接收输入参数，执行后再通过输出参数向调用者返回处理结果。

在 MySQL 操作过程中，数据库开发人员可以根据实际需要，把数据库操作过程中频繁使用的一些 MySQL 代码封装在一个存储过程中，需要执行这些 MySQL 代码时则对存储过程进行调用，从而提高程序代码的复用性。

7.2.1 存储过程的基本概念

在进行数据库开发的过程中，数据库开发人员经常把一些需要反复执行的代码放在一个独立的语句块中。这些能实现一定具体功能、独立放置的语句块，我们称之为“过程”(Procedure)。MySQL 的存储过程(Stored Procedure)，就是为了完成某一特定功能，把一组 SQL 语句集合经过编译后作为一个整体存储在数据库中。用户需要的时候，可以通过存储过程名来调用存储过程。

存储过程增强了 SQL 语言编程的灵活性，提高了数据库应用程序的运行效率，增强了代码的复用性和安全性，同时也使程序代码维护起来更加容易，从而大大减少数据库开发人员的工作量，缩短整个数据库程序的开发时间。

7.2.2 存储程序的类型

在 MySQL 中，存储程序的方式主要分为以下四种。

(1) 存储函数(stored function)。根据调用者提供的参数进行处理，最终返回调用者一个值作为函数处理结果。

(2) 存储过程(stored procedure)。一般用来完成运算，并不返回结果。需要的时候可以把处理结果以输出参数的形式传递给调用者。

(3) 触发器(trigger)。当执行 INSERT、UPDATE、DELETE 等操作时，将会引发与之关联的触发器自动执行。

(4) 事件(event)。事件是根据时间调度器在预订时间自动执行的存储程序。

7.2.3 存储过程的作用

MySQL 存储过程具有以下作用。

(1) 存储过程的使用，提高了程序设计的灵活性。存储过程可以使用流程控制语句组织程序结构，方便实现结构较复杂的程序的编写，使设计过程具有很强的灵活性。

(2) 存储过程把一组功能代码作为单位组件。一旦被创建，存储过程作为一个整体，可以被其他程序多次反复调用。对于数据库程序设计人员，可以根据实际情况，对存储过程进行维护，不会对调用程序产生不必要的影响。

(3) 使用存储过程有利于提高程序的执行速度。在数据库操作中，因为存储过程在执行之前已经被预编译，对于包含大量 SQL 代码或者需要被反复执行的代码段，使用存储过程会大大提高其执行速度。相对于存储过程，批处理的 SQL 语句段在每次运行之前都要进行编译，导致运行速度较慢。

(4) 使用存储过程能减少网络访问的负荷。在访问网络数据库的过程中，如果采用存储过程的方式对 SQL 语句进行组织，当需要调用存储过程时，仅需在网络中传输调用语句即可，从而大大减少了网络的流量和负载。

(5) 作为一种安全机制，系统管理员可以充分利用存储过程对相应数据的访问权限进行限制，从而避免非授权用户的非法访问，进一步保证数据访问的安全性。

7.3　创建和调用存储过程

创建存储过程的语法格式如下。

```
CREATE PROCEDURE sp_name ([proc_parameter[,…]])
[characteristic…]
routine_body
```

其中：

(1) proc_parameter:[IN|OUT|INOUT]param_name type。

(2) characteristic:LANGUAGE SQL|[NOT]DETERMINISTIC|{CONTAINS SQL|NO SQL|READS SQL DATA|MODIFIES SQL DATA}|SQL SECURITY{DEFINER|INVOKER}|COMMENT 'string'。

参数说明如下。

(1) sp_name。存储过程的名称。建立这个名称时，要避免和 MySQL 内置函数的名称相同。

(2) proc_parameter。存储过程的参数列表，其中 param_name 为参数的名称，type 为参数的数据类型。需要多个参数时，各参数之间要用逗号分开。输入参数、输出参数和输入输出参数，分别用 IN、OUT、INOUT 标识。参数的取名要避免和数据表的字段名相同。

(3) characteristic。存储过程的特征参数，其中 CONTAINS SQL 表示存储程序不包含读或写数据的语句；NO SQL 表示存储程序不包含 SQL 语句；READS SQL DATA 表示存储过程包含读数据的语句，但不包含写数据的语句；MODIFIES SQL DATA 表示存储过程包含写数据的语句；SQL SECURITY{DEFINER|INVOKER}指明谁有权限来执行存储过程，DEFINER 表示只有定义者自己才能够执行存储过程，INVOKER 表示调用者可以执行存储过程。COMMENT 'string'是注释信息。如果这些特征没有明确给定，默认的是 CONTAINS SQL。

(4) routine_body。表示存储过程的程序体，包含了在存储过程调用时必须执行的 SQL 语句。以 BEGIN 开始，以 END 结束。如果存储过程的程序体中仅有一条 SQL 语句，可以省略 BEGIN 和 END 标志。

7.3.1 创建和调用不带输入参数的存储过程

创建不带输入参数的存储过程,其语法格式如下。

```
CREATE PROCEDURE sp_name()
  BEGIN
    MySQL 语句;
  END;
```

其中,sp_name 为存储过程名称。

【例 7-9】 在 jwsystem 数据库中创建一个名为 sp_teacher1 的存储过程。该存储过程输出 teacher 表中所有 tedu 字段为"硕士研究生"的记录。对应的 SQL 语句如下。

```
DELIMITER //
CREATE PROCEDURE sp_teacher1()
BEGIN
  SELECT * FROM teacher WHERE tedu = '硕士研究生';
END; //
DELIMITER ;
```

注意:结束符的作用就是告诉 MySQL 解释器,该段命令已经结束,MySQL 可以执行了。默认情况下,结束符是分号(;)。在客户端命令行中,如果有一行命令以分号结束,那么按 Enter 键后,MySQL 将会执行该命令。由于存储过程包含多条语句,并且每条语句以";"结束,所以必须先改变结束符。改变结束符可以使用 DELIMITER 语句。例 7-9 中"DELIMITER//"语句的作用就是把结束符临时改为"//",存储过程语句输入结束后,再用"DELIMITER;"语句把结束符改回";"。

存储过程创建成功后,用户就可以执行存储过程了。执行不带参数的存储过程的语法如下。

```
CALL sp_name();
```

其中,sp_name 为存储过程名称。

【例 7-10】 执行例 7-9 中创建的存储过程 sp_teacher1。对应的 SQL 语句如下。

```
USE jwsystem;
CALL sp_teacher1();
```

执行结果如图 7-9 所示。

信息 | 结果 1 | 剖析 | 状态

tno	tname	tgender	tedu	tpro
1003	胡祥	男	硕士研究生	副教授
1004	何纯	女	硕士研究生	副教授
1005	刘小娟	女	硕士研究生	讲师
1006	章梓雷	男	硕士研究生	讲师
1012	李连杰	男	硕士研究生	讲师

图 7-9 执行 sp_teacher1 存储过程

7.3.2　创建和调用带输入参数的存储过程

1. 创建带输入参数的存储过程

输入参数是指由调用程序向存储过程传递的参数，在创建存储过程时定义输入参数，在调用存储过程时给出相应的参数值。

在例7-9中，存储过程sp_teacher1只能对“硕士研究生”这个给定的学历进行查询。要让用户能够按任意给定的学历进行查询，也就是说，每次查询的学历是可变的，这时就要用到输入参数了。

【例7-11】 在jwsystem数据库中创建一个名为sp_teacher2的存储过程，该存储过程能根据用户给定的学历进行查询并返回teacher表中对应的记录。

分析：在例7-9的语句“SELECT * FROM teacher WHERE tedu='硕士研究生'”中，将学历“硕士研究生”用变量代替，上述语句可以写为“SELECT * FROM teacher WHERE tedu=vartedu”，其中变量vartedu取代了原本的固定值“硕士研究生”。同时，由于使用了变量，所以需要定义变量，而且由于该变量要存储字段tedu的值，所以该变量的数据类型应和学历tedu字段的数据类型兼容，可以把vartedu设为20位可变长字符串类型。

对应的SQL语句如下。

```
USE jwsystem;
DELIMITER //
CREATE PROCEDURE sp_teacher2(IN vartedu varchar(20))
BEGIN
  SELECT * FROM teacher WHERE tedu = vartedu;
END; //
DELIMITER ;
```

2. 调用带输入参数的存储过程

执行带输入参数的存储过程有两种方法：一种是使用变量名传递参数值，另一种是直接传递一个值给参数。

1）使用变量名传递参数值

先通过SET @parameter_name=value语句给一个变量设定值，调用存储过程时再用该变量给参数传递值。其语法格式如下。

```
CALL procedure_name ([@parameter_name] [,…n]);
```

【例7-12】 用变量名传递参数值的方法执行存储过程sp_teacher2，分别查询学历为“本科”和“博士研究生”的记录。对应的SQL语句如下。

```
SET @vartedu = '本科';
CALL sp_teacher2(@vartedu);
SET @vartedu = '博士研究生';
CALL sp_teacher2(@vartedu);
```

2）按给定表达式值传递参数

在执行存储过程的语句中，直接给定参数的值。采用这种方式传递参数值，给定参数值的顺序必须与存储过程中定义的输入变量的顺序一致。其语法格式如下。

```
CALL procedure_name(value1,value2, … )
```

【例 7-13】 按给定表达式值传递参数的方式执行存储过程 sp_teacher2，分别查找学历为“本科”和“博士研究生”的记录。对应的 SQL 语句如下。

```
CALL sp_teacher2('本科');
CALL sp_teacher2('博士研究生');
```

执行结果如图 7-10 所示。

信息 | 结果 1 | 结果 2 | 剖析 | 状态

tno	tname	tgender	tedu	tpro
1001	杜倩颖	女	本科	讲师
1002	赵复前	男	本科	讲师

信息 | 结果 1 | 结果 2 | 剖析 | 状态

tno	tname	tgender	tedu	tpro
1007	胡建君	女	博士研究生	副教授
1008	黄阳	男	博士研究生	讲师
1009	胡冬	男	博士研究生	讲师
1010	许杰	男	博士研究生	教授
1011	李杰	(Null)	博士研究生	副教授

图 7-10 按给定表达式值传递参数的执行结果

7.3.3 创建和调用带输出参数的存储过程

如果需要从存储过程中返回一个或多个值，可以在创建存储过程的语句中定义输出参数。定义输出参数，需要在 CREATE PROCEDURE 语句中定义参数时在参数名前面指定 OUT 关键字。语法格式如下。

```
OUT parameter_name datatype[ = default]
```

【例 7-14】 创建存储过程 sp_teacher3，要求能根据用户给定的学历值，统计出 teacher 表的所有教师中学历为该值的教师人数，并将结果以输出变量的形式返回给调用者。对应的 SQL 语句如下。

```
DELIMITER //
CREATE PROCEDURE sp_teacher3(IN vartedu varchar(20),
                             OUT teachernum smallint)
BEGIN
    SELECT COUNT( * ) INTO teachernum FROM teacher WHERE tedu = vartedu;
END//
DELIMITER;
```

【例 7-15】　执行存储过程 sp_teacher3，统计 teacher 表中学历为“硕士研究生”的教师人数。由于在存储过程 sp_teacher3 中使用了输出参数 teachernum，所以在调用该存储过程之前，要先设置一个变量来接收存储过程的输出参数。对应的 SQL 语句如下。

```
SET @teachernum = 0;
CALL sp_teacher3('硕士研究生',@teachernum);
SELECT @teachernum;
```

执行结果如图 7-11 所示。

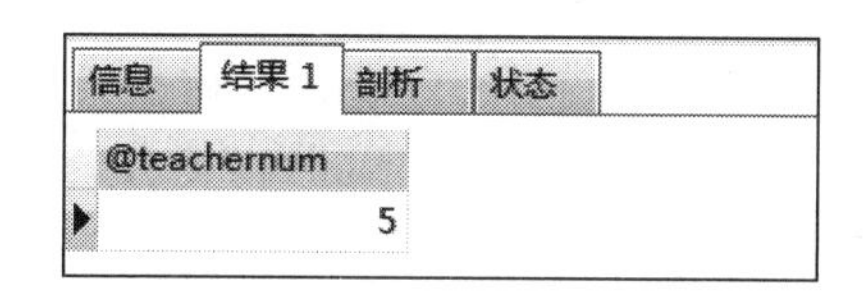

图 7-11　带输出参数的存储过程 sp_teacher3 的执行结果

【例 7-16】　在 jwsystem 数据库中创建存储过程 sp_teacher4，要求能根据用户给定的性别，统计 teacher 表中性别为该值的教师人数，并将结果以输出变量的形式返回给用户。对应的 SQL 语句如下。

```
USE jwsystem;
DELIMITER //
CREATE PROCEDURE sp_teacher4(in_sex char(2),out out_num int)
BEGIN
  IF in_sex = '男'  THEN
      SELECT COUNT( * ) INTO out_num FROM teacher
      WHERE tgender = '男';
    ELSE
      SELECT COUNT( * ) INTO out_num FROM teacher
      WHERE tgender = '女';
  END IF;
END//
DELIMITER ;
```

【例 7-17】　执行存储过程 sp_teacher4，统计 teacher 表中性别为“男”的教师人数。对应的 SQL 语句如下。

```
SET @out_num = 0;
CALL sp_teacher4('男',@out_num);
SELECT @out_num;
```

执行结果如图 7-12 所示。

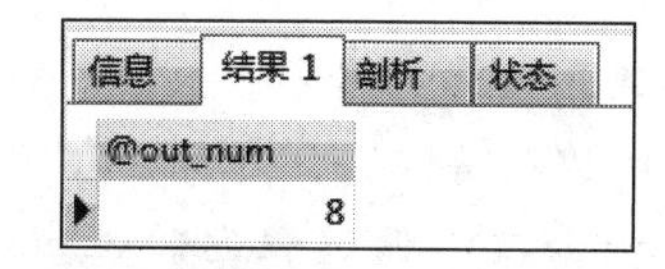

图 7-12　带输出参数的存储过程 sp_teacher4 的执行结果

7.4 管理存储过程

7.4.1 查看存储过程

存储过程创建后被存储在 information_schema 数据库的 ROUTINES 表中，其源代码被存放在系统数据库 mysql 的 proc 表中。可以使用以下两种方法来显示数据库内存储过程的列表。

（1）SELECT name FROM mysql. proc WHERE db='数据库名'。

（2）SELECT routine_name FROM information_schema. ROUTINES WHERE routine_schema='数据库名'。

使用“SHOW PROCEDURE status WHERE db='数据库名'”可以显示数据库内存储过程的名称和详细信息。

【例 7-18】 查看 jwsystem 数据库内存储过程的信息。对应的 SQL 语句如下。

```
USE jwsystem;
SELECT * FROM mysql.proc WHERE db = 'jwsystem';
```

使用“SHOW CREATE PROCEDURE 数据库. 存储过程名;”可以查看指定存储过程的定义语句等信息。

【例 7-19】 查看存储过程 sp_teacher3 的定义语句等信息。对应的 SQL 语句如下。

```
USE jwsystem;
SHOW CREATE PROCEDURE sp_teacher3;
```

执行结果如图 7-13 所示。

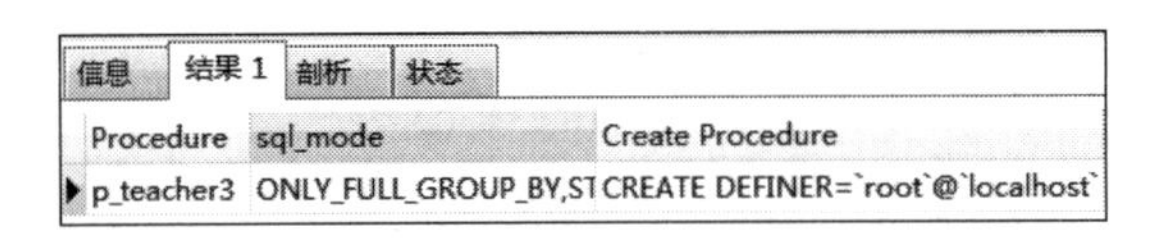

图 7-13 查看存储过程 sp_teacher3 的定义语句等信息

7.4.2 修改存储过程

修改存储过程是由 ALTER PROCEDURE 语句来完成的，其语法格式如下。

```
ALTER PROCEDURE sp_name [characteristic…];
```

参数说明如下。

（1）sp_name 表示存储过程或函数的名称。

（2）characteristic 指定存储函数的特性。其内容和含义参照存储过程的定义语句。

注意：使用 ALTER 语句只能修改存储过程的特性。如果要重新定义已有的存储过程，建议先删除该存储过程，然后再进行创建。

【例 7-20】 修改存储过程 sp_teacher1 的定义，将读写权限改为 MODIFIES SQL DATA，并指明调用者可以执行。对应的 SQL 语句如下。

```
ALTER PROCEDURE sp_teacher1
    MODIFIES SQL DATA
    SQL SECURITY INVOKER;
```

【例 7-21】 查询修改后的存储过程 sp_teacher1 的信息。对应的 SQL 语句如下。

```
SELECT SPECIFIC_NAME,SQL_DATA_ACCESS,SECURITY_TYPE
FROM information_schema.ROUTINES
WHERE ROUTINE_NAME = 'sp_teacher1';
```

执行结果如图 7-14 所示。

信息 | 结果 1 | 剖析 | 状态

SPECIFIC_NAME	SQL_DATA_ACCESS	SECURITY_TYPE
p_teacher1	MODIFIES SQL DATA	INVOKER

图 7-14 修改后的存储过程 sp_teacher1 的信息

由查询结果可以看出，访问数据的权限（SQL_DATA_ACCESS）已经变成了 MODIFIES SQL DATA，安全类型（SECURITY_TYPE）已经变成了 INVOKER。

7.4.3 删除存储过程

存储过程的删除是通过 DROP PROCEDURE 语句来实现的。其语法格式如下。

```
DROP PROCEDURE [IF EXISTS] sp_name;
```

删除时如果存储过程不存在，使用 IF EXISTS 语句可以防止发生错误。

【例 7-22】 删除 jwsystem 数据库中的存储过程 sp_teacher2。对应的 SQL 语句如下。

```
USE jwsystem;
DROP PROCEDURE sp_teacher2;
```

执行结果如图 7-15 所示。

图 7-15 删除存储过程 sp_teacher2

7.5 存储函数

7.5.1 存储过程与存储函数的联系与区别

存储函数和存储过程在结构上很相似，都是由 SQL 语句和过程式语句组成的代码段，都可以被别的应用程序或 SQL 语句所调用。但是它们之间是有区别的，主要区别如下。

（1）存储函数由于本身就要返回处理的结果，所以不需要输出参数，而存储过程则需要用输出参数返回处理结果。

(2) 存储函数不需要使用 CALL 语句进行调用,而存储过程必须使用 CALL 语句进行调用。

(3) 存储函数必须使用 RETURN 语句返回结果,而存储过程不需要 RETURN 语句返回结果。

7.5.2 创建和执行存储函数

在 MySQL 中,创建存储函数的基本语法格式如下。

```
CREATE FUNCTION fn_name ([func_parameter[, … ]])
RETURNS type
[characteristic … ]
routine_body
```

参数说明如下。

(1) fn_name。创建的存储函数的名字。

(2) RETURNS type 子句。用于声明存储函数返回值的数据类型。

其余参数和创建存储过程语句中的含义一样。

【例 7-23】 创建一个存储函数,返回两个数中的最大数。

(1) 创建存储函数 maxNumber,对应的 SQL 语句如下。

```
DELIMITER //
CREATE FUNCTION maxNumber(x SMALLINT UNSIGNED, y SMALLINT UNSIGNED)
RETURNS SMALLINT
  BEGIN
  DECLARE max SMALLINT UNSIGNED DEFAULT 0;
    IF x > y
    THEN SET max = x;
    ELSE SET max = y;
    END IF;
  RETURN max;
  END//
DELIMITER;
```

(2) 调用存储函数 maxNumber,SQL 语句如下。

```
SET @num1 = 10;
SET @num2 = 20;
SET @result = maxNumber(@num1,@num2);
SELECT @result;
```

执行结果如图 7-16 所示。

@result
20

图 7-16　调用存储函数 maxNumber

【例 7-24】　创建一个存储函数,计算 1～100 的整数之和。

(1) 创建存储函数 addSum,对应的 SQL 语句如下。

```
DELIMITER //
CREATE FUNCTION addSum()
RETURNS SMALLINT
  BEGIN
  DECLARE i INT DEFAULT 0;
  DECLARE sum INT DEFAULT 0;
  Sum_loop:LOOP
      SET i = i + 1;
      SET sum = sum + i;
      IF i >= 100 THEN LEAVE Sum_loop;
      END IF;
    END LOOP Sum_loop;
  RETURN sum;
  END//
DELIMITER ;
```

(2) 调用存储函数 addSum,SQL 语句如下。

```
SET @result = addSum();
SELECT @result;
```

执行结果如图 7-17 所示。

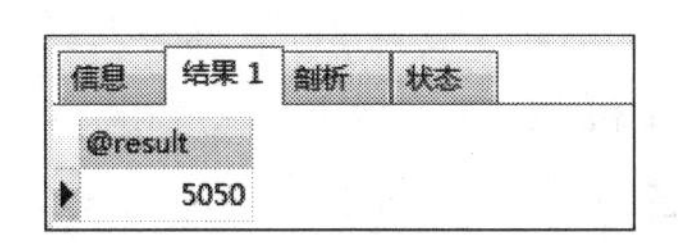

图 7-17　调用存储函数 addSum

7.5.3　查看存储函数

与存储过程相同,存储函数被创建之后,用户也可以使用同样的方法来查看用户创建的存储函数的相关信息。可以使用以下两种方法显示数据库内存储函数的列表。

(1) SELECT name FROM mysql. proc WHERE db='数据库名'。

(2) SELECT routine_name FROM information_schema. ROUTINES WHERE routine_schema='数据库名'。

使用"SHOW PROCEDURE status WHERE db='数据库名'"可以显示数据库内所有存储函数的名称和存储函数的详细信息。使用"SHOW CREATE FUNCTION 数据库. 存储函数名"可以查看指定存储函数的定义信息。

7.5.4　删除存储函数

存储函数的删除是通过 DROP FUNCTION 语句来实现的。其语法格式如下。

```
DROP FUNCTION [IF EXISTS] fn_name;
```

例如,删除 addSum 函数可以使用如下命令。

```
DROP FUNCTION addSum;
```

7.5.5 MySQL的系统函数

为了能更好地为用户服务,MySQL 提供了丰富的系统函数,这些函数无须定义就能直接使用,其中包括数学函数、聚合函数、字符串函数、日期和时间函数等。

1. 数学函数

ABS(x):返回 x 的绝对值。
BIN(x):返回 x 的二进制值。
CEILING(x):返回大于或等于 x 的最小整数值。
EXP(x):返回自然对数 e 的 x 次方。
FLOOR(x):返回小于或等于 x 的最大整数值。
LN(x):返回 x 的自然对数。
LOG(x,y):返回 x 以 y 为底的对数。
MOD(x,y):返回 x/y 的余数。
PI():返回圆周率的值。
RAND():返回 0~1 内的随机数。
ROUND(x,y):返回 x 四舍五入到 y 位小数的值。
SIGN(x):返回 x 的符号。其中−1 代表负数,1 代表正数,0 代表 0。
SQRT(x):返回 x 的平方根。

2. 字符串函数

ASCII(char):返回字符的 ASCII 码值。
CONCAT(s1,s2,…,sn):将字符串 s1,s2,…,sn 连接成一个字符串。
LCASE(str)或 LOWER(str):返回将字符串 str 中所有字符改变为小写字母后的结果。
UCASE(str)或 UPPER(str):返回将字符串 str 中所有字符改变为大写字母后的结果。
LEFT(str,x):返回字符串 str 中最左边的 x 个字符。
RIGHT(str,x):返回字符串 str 中最右边的 x 个字符。
LENGTH(s):返回字符串 str 中的字符数。
LTRIM(str):从字符串 str 中去掉开头的空格。
RTRIM(str):从字符串 str 中去掉尾部的空格。
TRIM(str):去除字符串 str 首部和尾部的所有空格。

POSITION(substr,str)：返回子串 substr 在字符串 str 中第一次出现的位置。

REVERSE(str)：返回颠倒字符串 str 后的结果。

STRCMP(s1,s2)：比较字符串 s1 和 s2 的大小,s1 大于 s2 时返回 1,s1 等于 s2 时返回 0,s1 小于 s2 时返回－1。

3. 日期和时间函数

CURDATE()或 CURRENT_DATE()：返回系统当前的日期。

CURTIME()或 CURRENT_TIME()：返回系统当前的时间。

DAYOFWEEK(date)：返回日期 date 是一个星期的第几天(1～7)。

DAYOFMONTH(date)：返回日期 date 是一个月的第几天(1～31)。

DAYOFYEAR(date)：返回日期 date 是一年的第几天(1～366)。

HOUR(time)：返回时间 time 的小时值(0～23)。

MINUTE(time)：返回时间 time 的分钟值(0～59)。

MONTH(date)：返回日期 date 的月份值(1～12)。

MONTHNAME(date)：返回日期 date 的月份名。

NOW()：返回系统当前的日期和时间。

QUARTER(date)：返回日期 date 在一年中所处的季度(1～4)。

WEEK(date)：返回日期 date 为一年中第几周(0～53)。

YEAR(date)：返回日期 date 的年份(1000～9999)。

7.6 触发器

7.6.1 触发器概述

触发器(Trigger)是一种特殊的存储过程,它也是嵌入 MySQL 中的一段程序。和存储过程不同的是,触发器不需要使用 CALL 语句调用,也不需要手工启动。触发器是由事件来触发某个操作过程的,事件包括 INSERT、UPDATE 和 DELETE 语句。当一个预定义的事件发生时,触发器才会自动执行。

触发器是用来保护表中数据的。触发器基于一个表创建,但是可以针对多个表进行操作,所以,触发器可用来对表实施复杂的完整性约束。例如,当要修改 jwsystem 数据库中 course 表中一门课程的 cno(课程编号)时,该课程在 elective 表中的所有数据也要同时更新。通过定义 UPDATE 触发器可以实现这一操作,触发器可以用来对表实施复杂的完整性约束。触发器具有以下优点。

(1) 触发器可以自动执行。当对表进行 INSERT、UPDATE、DELETE 操作,试图修改表中的数据时,相应操作的触发器立即自动执行。

(2) 触发器可以对数据库中相关表进行层叠更改。这比直接把代码写在前端的做法更安全合理。

(3) 触发器可以实现表的约束实现不了的复杂约束。在触发器中可以引用其他表中的字段,从而实现多表之间的复杂约束。

（4）触发器可以维护冗余数据，实现外键级联等。

7.6.2 创建触发器

创建触发器用 CREATE TRIGGER 语句。CREATE TRIGGER 语句的语法格式如下。

```
CREATE TRIGGER 触发器名
AFTER/BEFORE INSERT/UPDATE/DELETE
ON 表名
FOR EACH ROW
  BEGIN
    SQL 语句; # 触发程序
  END;
```

（1）触发器是数据库对象，因此创建触发器时，需要指定该触发器属于哪一个数据库。

（2）触发器是在表上创建的。这个表必须是基表，不能是临时表，也不能是视图。

（3）MySQL 触发器的触发事件有三种：INSERT、UPDATE 和 DELETE。

- INSERT：将新记录插入表时激活触发程序。
- UPDATE：更改表中的记录时激活触发程序。
- DELETE：从表中删除记录时激活触发程序。

（4）触发器的触发时间有两种：BEFORE 和 AFTER。BEFORE 表示在触发事件发生之前执行触发程序，AFTER 表示在触发事件发生之后执行触发程序。

（5）FOR EACH ROW 表示行级触发器。目前，MySQL 仅支持行级触发器，不支持语句级别的触发器。FOR EACH ROW 表示 INSERT、UPDATE、DELETE 操作影响的每一条记录都会执行一次触发程序。

（6）触发程序中的 SELECT 语句不能产生结果集。

（7）触发程序中可以使用 OLD 关键字与 NEW 关键字。

① 向表中插入新记录时，在触发程序中可以使用 NEW 关键字表示新记录。当需要访问新记录中的某个字段时，可以使用“NEW. 字段名”进行访问。

② 从表中删除某条旧记录时，在触发程序中可以使用 OLD 关键字表示删除的旧记录。当需要访问删除的旧记录中的某个字段时，可以使用“OLD. 字段名”进行访问。

③ 修改表中的某条记录时，在触发程序中可以使用 NEW 关键字表示修改后的记录，使用 OLD 关键字表示修改前的记录。当需要访问修改后的记录中的某个字段时，可以使用“NEW. 字段名”进行访问。当需要访问修改前的记录中的某个字段时，可以使用“OLD. 字段名”进行访问。

④ OLD 记录是只读的，在触发程序中只能引用它，不能更改它。在 BEFORE 触发程序中，可使用“SET NEW. 字段名＝值”更改 NEW 记录的值。但在 AFTER 触发程序中，不能使用“SET NEW. 字段名＝值”更改 NEW 记录的值。

⑤ 对于 INSERT 操作，只有 NEW 关键字是合法的。对于 DELETE 操作，只有 OLD 关键字是合法的。对于 UPDATE 操作，NEW 关键字和 OLD 关键字都是合法的。

7.6.3 触发器的使用

1. 使用触发器实现检查约束

在 MySQL 中,可以使用复合数据类型 SET 或 ENUM 对字段的取值范围进行检查约束,也可以实现对离散的字符串类型数据的检查约束。对于数值类型的字段,不建议使用 SET 或者 ENUM 数据类型实现检查约束,可以使用触发器实现。

【例 7-25】 使用触发器实现检查约束,在向 elective 表插入记录时,score 字段的值或者为空,或者取值 0～100。如果 score 字段的值不满足要求,小于 0 则填入 0,大于 100 则填入 100。

(1) 创建触发器 tr_elective_insert,对应的 SQL 语句如下。

```
USE jwsystem;
DELIMITER //
CREATE TRIGGER tr_elective_insert BEFORE INSERT ON elective FOR EACH ROW
  BEGIN
    IF(NEW.score IS NOT NULL&&NEW.score < 0)
    THEN
      SET NEW.score = 0;
    ELSEIF(NEW.score IS NOT NULL&&NEW.score > 100)
    THEN
      SET NEW.score = 100;
    END IF;
  END//
  DELIMITER ;
```

这个触发器的触发时间是 BEFORE,即将记录插入表之前,先执行触发程序。在触发程序中判断新插入的记录的 score 字段的值是否小于 0 或者大于 100,若是,将 score 字段的值改为 0 或 100,再插入表中。

(2) 在 elective 表中插入一行新记录,用一条 INSERT 语句测试 tr_elective_insert 触发器,对应的 SQL 语句如下。

```
INSERT INTO elective VALUES('200199','Z001',200);
```

执行结果如图 7-18 所示。

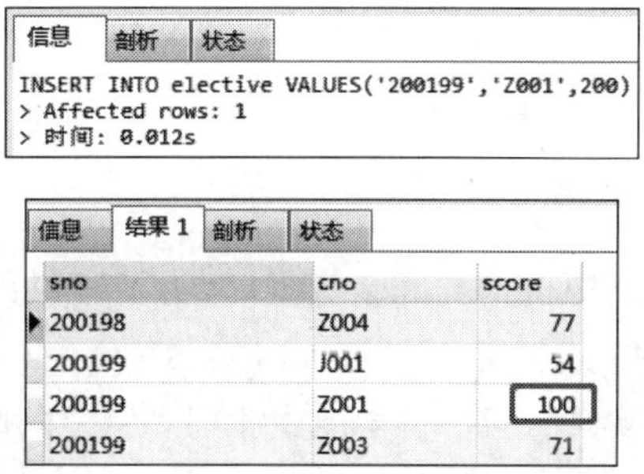

```
信息 | 剖析 | 状态
INSERT INTO elective VALUES('200199','Z001',200)
> Affected rows: 1
> 时间: 0.012s
```

信息 | 结果 1 | 剖析 | 状态

sno	cno	score
200198	Z004	77
200199	J001	54
200199	Z001	100
200199	Z003	71

图 7-18 tr_elective_insert 触发器实现检查约束

从图 7-18 中可以看出，当向 elective 表中插入新的一行时，INSERT 语句引发触发器执行触发动作，即如果 score 字段的值大于 100 则填入 100。

【例 7-26】 使用触发器实现检查约束，在修改 elective 表的记录时，记录的 score 字段值或者为空，或者取值 0～100。如果 score 字段的值不满足要求，则记录不允许修改。

(1) 创建触发器 tr_elective_UPDATE，对应的 SQL 语句如下。

```
USE jwsystem;
DELIMITER //
  CREATE TRIGGER tr_elective_UPDATE BEFORE UPDATE on elective
  FOR EACH ROW
    BEGIN
      IF(NEW.score IS NOT NULL&&NEW.score NOT BETWEEN 0 AND 100)
      THEN
        SET NEW.score = OLD.score;
      END IF;
    END //
DELIMITER;
```

注意：这里，触发器中的 OLD 用于标识触发事件 UPDATE 中更新前对应的行，NEW 用于标识更新后对应的行。

(2) 以更新学号为“200199”的同学的 Z003 课程的成绩为例，用一条 UPDATE 语句测试 tr_elective_UPDATE 触发器，对应的 SQL 语句如下。

```
UPDATE elective SET score = 220 WHERE sno = '200199' AND cno = 'Z003';
SELECT * FROM elective;
```

执行结果如图 7-19 所示。

信息 | 结果 1 | 剖析 | 状态

sno	cno	score
200199	J001	54
200199	Z001	100
200199	Z003	71
200199	Z004	51

图 7-19 tr_elective_UPDATE 触发器实现检查约束

从图 7-19 中可以看出，当修改表 elective 中学号为“200199”的同学的 Z003 课程的成绩时，因为 220 不满足“score 字段值或者为空，或者取值 0～100”这个条件，所以记录不允许修改，也就是 score 字段的值仍然为 71，这是因为 UPDATE 语句引发触发器执行了触发动作。

注意：这个触发器的触发时间是 BEFORE，在记录的更新操作执行前，先执行触发程序，再在触发程序中判断更新的 score 字段的值是不是满足要求，如果不满足，则将要更新的 score 字段的值修改为原来 score 字段的值，然后再对记录进行更新操作。

2. 使用触发器维护冗余数据

冗余的数据需要额外的维护。维护冗余数据时，为了避免数据不一致问题的发生，最好交由系统(如触发器)自动维护。

【例 7-27】 使用触发器实现：当一位学生退学时，将该学生的信息放入 old_stuInfo 表中。old_stuInfo 表的结构如图 7-20 所示。

Field	Type	Null	Key	Default	Extra
sno	char(8)	NO	PRI	(Null)	
sname	varchar(10)	NO		(Null)	
sgender	char(2)	YES		(Null)	
sbirth	date	YES		(Null)	
sclass	varchar(20)	YES		(Null)	

图 7-20 old_stuInfo 表的结构

(1) 创建触发器 tr_stuInfo_delete,对应的 SQL 语句如下。

```
USE jwsystem;
DELIMITER //
CREATE TRIGGER tr_stuInfo_delete AFTER DELETE on studentInfo
FOR EACH ROW
BEGIN
    INSERT INTO old_stuInfo(sno,sname,sgender,sbirth,sclass)
    VALUES(OLD.sno,OLD.sname,OLD.sgender,OLD.sbirth,OLD.sclass);
END //
DELIMITER;
```

(2) 先用 SELECT 语句查询 studentInfo 表的数据,查询结果如图 7-21 所示。

(3) 下面用一条 DELETE 语句测试 tr_stuInfo_delete 触发器。将 studentInfo 表中的学号为“200201”的记录删除,对应的 SQL 语句如下。

```
DELETE FROM studentInfo WHERE sno = '200201';
```

执行上述命令之后,查看 old_stuInfo 表中的数据,如图 7-22 所示。

sno	sname	sgender	sbirth	sclass
200198	胡林娇	女	2000-01-02	测试2001
200199	董海雨	女	2000-01-02	测试2001
200200	周航	男	2001-10-20	.NET2002
200201	张明	男	2000-01-19	JAVA2001

图 7-21 查询 studentInfo 表记录的结果

sno	sname	sgender	sbirth	sclass
200201	张明	男	2000-01-19	JAVA2001

图 7-22 删除学号为“200201”学生后的 old_stuInfo 表记录

从图 7-22 中可以看出,当删除 studentInfo 表中的学号为“200201”的记录后,该学生的记录会“复制”到 old_stuInfo 表中,这是因为 DELETE 语句引发触发器执行了触发动作。

3. 使用触发器实现外键级联选项

对于使用 InnoDB 存储引擎的表而言,可以通过设置外键级联选项 CASCADE、SET NULL 或者 NO ACTION(RESTRICT),将外键约束关系交由 InnoDB 存储引擎自动维护。外键级联选项 CASCADE、SET NULL 或者 NO ACTION(RESTRICT)的含义如下。

(1) CASCADE。从主表中删除或更新对应的行时,同时自动删除或更新从表中匹配的行。ON DELETE CASCADE 和 ON UPDATE CASCADE 都被 InnoDB 存储引擎所支持。

(2) SET NULL。从主表中删除或更新对应的行时,同时将从表中的外键列设为空。注意,在外键列没有被约束为 NOT NULL 时才有效。ON DELETE SET NULL 和 ON UPDATE SET NULL 都被 InnoDB 存储引擎所支持。

(3) NO ACTION。InnoDB 存储引擎拒绝删除或者更新主表。

(4) RESTRICT。拒绝删除或者更新主表。指定 RESTRICT(或者 NO ACTION)和忽略 ON DELETE 或者 ON UPDATE 选项的效果是一样的。

对于使用 InnoDB 存储引擎的表之间存在外键约束关系但是没有设置级联选项或者使用的数据库表为 MyISAM(MyISAM 表不支持外键约束关系)时,可以使用触发器来实现外键约束之间的级联选项。

【例 7-28】 创建"后勤管理(rear_service)"数据库,数据库中有学生表 stu 和宿舍表 dorm,学生表 stu 中有学号 sno、姓名 sname、性别 sgender、班级 sclass 等字段,主键为学号 sno 字段,宿舍表 dorm 中有宿舍号 dno、床位号 bno、学号 sno 等字段,宿舍号 dno 和床位号 bno 字段联合起来做主键,分别用触发器实现宿舍表 dorm 的学号 sno 字段和学生表 stu 的学号 sno 字段之间的外键级联选项 CASCADE、SET NULL。对应的 SQL 语句如下。

(1) 创建"后勤管理"数据库。

```
CREATE DATABASE rear_service;
```

(2) 创建学生表 stu 和宿舍表 dorm。

```
USE rear_service;
CREATE TABLE stu
(
sno CHAR(8) PRIMARY KEY,
sname varchar(10),
sgender CHAR(1),
sclass VARCHAR(20)
);
CREATE TABLE dorm
(
dno SMALLINT,
bno TINYINT,
sno CHAR(8),
PRIMARY KEY(dno,bno)
);
```

(3) 在学生表 stu 和宿舍表 dorm 中插入记录。

```
INSERT INTO stu VALUES("200201","张永峰","男","电子商务 101");
INSERT INTO stu VALUES("200202","何小丽","女","电子商务 101");
INSERT INTO stu VALUES("200301","王斌","男","JAVA101");
INSERT INTO stu VALUES("200203","刘淑芳","女","电子商务 111");
INSERT INTO dorm VALUES(1001,4,"200201");
INSERT INTO dorm VALUES(2001,2,"200202");
INSERT INTO dorm VALUES(1001,1,"200301");
INSERT INTO dorm VALUES(1010,3,"200203");
```

(4) 创建触发器 tr_1,实现宿舍表 dorm 中学号 sno 字段和学生表 stu 中学号 sno 字段的外键 CASCADE 级联选项,在学生表 stu 中删除某个学生记录时,宿舍表 dorm 中对应学生的住宿记录也被删除。

```
DELIMITER //
CREATE TRIGGER tr_1 BEFORE DELETE ON stu
FOR EACH ROW
BEGIN
  IF(EXISTS(SELECT * FROM dorm WHERE sno = OLD.sno))
  THEN
    DELETE FROM dorm WHERE sno = OLD.sno;
  END IF;
END //
DELIMITER ;
```

(5) 创建触发器 tr_2,实现宿舍表 dorm 中学号 sno 字段和学生表 stu 中学号 sno 字段的外键 SET NULL 级联选项,在学生表中修改某个学生的学号时,宿舍表中对应学生的学号 sno 字段值被设为 NULL。

```
DELIMITER //
CREATE TRIGGER tr_2 BEFORE UPDATE ON stu
FOR EACH ROW
BEGIN
  IF(EXISTS(SELECT * FROM dorm WHERE sno = OLD.sno))
  THEN
    UPDATE dorm SET sno = NULL WHERE sno = OLD.sno;
  END IF;
END //
DELIMITER ;
```

(6) 删除学生表 stu 中学号 sno 字段值为 200201 的记录,再将学生表 stu 中学号 sno 字段值从 200202 修改为 200204,查看触发器 tr_1 和 tr_2 的执行结果。

```
DELETE FROM stu WHERE sno = '200201';
UPDATE stu SET sno = '200204' WHERE sno = '200202';
```

在 DELETE 和 UPDATE 语句执行后,两个表中的记录如图 7-23 所示。

信息 | 结果 1 | 剖析 | 状态

sno	sname	sgender	sclass
200203	刘淑芳	女	电子商务111
200204	何小丽	女	电子商务101
200301	王斌	男	JAVA101

信息 | 结果 1 | 剖析 | 状态

dno	bno	sno
1001	1	200301
1010	3	200203
2001	2	(Null)

图 7-23　触发器实现外键级联选项 CASCADE、SET NULL

7.6.4 查看触发器的定义

我们常常使用以下三种方法查看触发器的定义。

(1) 使用 SHOW TRIGGERS 命令查看触发器的定义。使用“SHOW TRIGGERS\G”命令可以查看当前数据库中所有触发器的信息。使用“SHOW TRIGGER LIKE 模式\G”命令可以查看与模式模糊匹配的触发器的信息。

【例 7-29】 查看在前面的 stu 表上创建的触发器的信息。对应的 SQL 语句如下。

```
SHOW TRIGGERS LIKE 'stu%'
```

执行结果如图 7-24 所示。

信息 | 结果 1 | 剖析 | 状态

Trigger	Event	Table	Statement	Timing	Created	sql_mode	Definer
tr_2	UPDATE	stu	BEGINIF(EXIST	BEFORE	2021-02-05 16:04:24.28	ONLY_FULL_GROUP_BY,ST	root@localhost
tr_1	DELETE	stu	BEGINIF(EXIST	BEFORE	2021-02-05 16:03:58.55	ONLY_FULL_GROUP_BY,ST	root@localhost

图 7-24 查看触发器信息

当使用一个含有 SHOW TRIGGERS 的 LIKE 子句时，待匹配的表达式会与触发器定义时所在的表名称相比较，而不与触发器的名称相比较。

(2) 使用 SHOW CREATE TRIGGER 命令查看触发器的定义。使用“SHOW CREATE TRIGGER 触发器名”命令可以查看指定名称的触发器的定义。

(3) 通过查询 information_schema 数据库中的 triggers 表，可以查看触发器的定义。MySQL 中所有触发器的定义都存放在 information_schema 数据库的 triggers 表中，查询 triggers 表时，可以查看所有数据库中所有触发器的详细信息，查询语句如下。

```
SELECT * FROM information_schema.triggers
```

7.6.5 删除触发器

如果不再使用某个触发器，可以使用 DROP TRIGGER 语句将其删除。DROP TRIGGER 语句的语法格式如下。

```
DROP TRIGGER 触发器名;
```

单元小结

过程式对象是由 SQL 和过程式语句组成的代码式片段，是存放在数据库中的一段程序。MySQL 过程式对象有存储过程、存储函数和触发器。使用过程式对象具有执行速度快、确保数据库安全等优点。存储过程是存放在数据库中的一段程序，存储过程可以由程序、触发器和另一个存储过程通过 CALL 语句调用来激活。存储函数与存储过程很相似，但不能由CALL语句调用，它可以像系统函数一样直接引用。触发器不需要调用，它是由事件来触发某个操作过程的，只有当一个预定义的事件发生时，触发器才会自动执行。

单元实训项目

项目一：在“网上书店”数据库中创建存储过程

目的：掌握存储过程的创建和执行。

内容：

在“网上书店”数据库中创建一个名为proc_1的存储过程，实现查询所有会员信息的功能。

项目二：在“网上书店”数据库中创建带输入输出参数的存储过程

目的：掌握存储过程中输入、输出参数的使用。

内容：

(1) 在“网上书店”数据库中创建一个名为proc_2的存储过程，要求实现如下功能：根据会员昵称查询会员的积分情况。然后调用存储过程，查询“平平人生”和“感动心灵”的积分。

(2) 在“网上书店”数据库中创建一个名为proc_3的存储过程，要求实现如下功能：根据会员昵称查询会员的订购信息，如果该会员没有订购任何图书，则输出“某某会员没有订购图书”的信息；否则输出订购图书的相关信息。然后调用存储过程，显示会员“四十不惑”订购图书的情况。

项目三：在“网上书店”数据库中创建触发器

目的：掌握触发器的创建和执行。

内容：

在“网上书店”数据库中创建一个名为tri_1的触发器，当向订购表中插入记录时，如果订购量小于或等于0，就将订购量设置为1。

项目四：在“网上书店”数据库中使用触发器

目的：掌握触发器的使用。

内容：

(1) 在“网上书店”数据库中创建一个名为tri_2的触发器，要求实现如下功能：当删除图书类别表中的某个图书类别时，将图书表中对应的图书类别的值设置为NULL。

(2) 在“网上书店”数据库中创建一个名为tri_3的触发器，要求实现如下功能：当删除某个会员时，自动删除该会员的订购信息。

项目五：在“网上书店”数据库中删除触发器

目的：掌握触发器的删除。

内容：删除网上书店数据库中的触发器tri_1。

单元练习题

一、选择题

1. CREATE PROCEDURE 是用来创建(　　)的语句。
   A. 程序　　B. 存储过程　　C. 触发器　　D. 存储函数
2. 要删除一个名为 AA 的存储过程,应该使用命令(　　)PROCEDURE AA。
   A. DELETE　　B. ALTER　　C. DROP　　D. EXECUTE
3. 执行带参数的存储过程,正确的方法为(　　)。
   A. CALL 存储过程名(参数)　　B. CALL 存储过程名参数
   C. 存储过程名=参数　　D. 以上答案都正确
4. 调用存储函数使用(　　)关键字。
   A. CALL　　B. LOAD　　C. CREATE　　D. SELECT
5. (　　)语句用来创建一个触发器。
   A. CREATE PROCEDURE　　B. CREATE TRIGGER
   C. DROP PROCEDURE　　D. DROP TRIGGER
6. 触发器创建在(　　)上。
   A. 表　　B. 视图　　C. 数据库　　D. 查询
7. 当删除(　　)时,与它关联的触发器也同时删除。
   A. 视图　　B. 临时表　　C. 过程　　D. 表
8. 在数据库中,为了维护冗余数据,可以使用(　　)保存数据的一致性。
   A. 索引　　B. 约束　　C. 触发器　　D. 存储过程

二、简答题

1. 什么是存储过程?写出存储过程的创建、修改和删除语句。
2. 什么是存储函数?写出存储函数的创建、查看和删除语句。
3. 什么是触发器?它与存储过程有什么区别与联系?
4. 使用触发器有什么优点?

事务与锁机制

软件开发过程中，事务与并发一直是一个令开发者很头疼的问题，在 MySQL 中同样也存在该问题。因此，为了保证数据的一致性和完整性，我们有必要掌握 MySQL 中的事务机制和锁机制，以及事物的并发问题等内容。

本单元主要学习目标如下：

- 了解事务的概念。
- 了解事务的创建与存在周期。
- 掌握事务的查询和提交。
- 掌握事务行为。
- 掌握锁机制的基本知识。
- 掌握为 MyISAM 表设置表级锁的方法。
- 了解死锁的概念与避免方法。
- 理解事务的隔离级别。

8.1 MySQL 事务概述

在 MySQL 中，事务由单独单元的一条或多条 SQL 语句组成，且各条 SQL 语句是相互依赖的。整个单独单元是一个不可分割的整体，一旦其中某条 SQL 语句执行失败或产生错误，整个单元将会回滚，所有受到影响的数据将被返回到事务开始以前的状态。如果单元中的所有 SQL 语句均执行成功，则表明事务已被顺利执行。

在现实生活中，事务处理数据的应用非常广泛，如网上交易、银行事务等。下面以网上交易过程为例展示事务的概念。

用户登录电商平台，浏览该网站中的商品，将喜欢的商品放入购物车中，选购完毕后，用户对选购的商品进行在线支付，用户付款完毕，便通知商家发货。在此过程中，用户所付货款并未提交到商户手中，当用户收到商品，确认收货后，商家才会收到商品货款，整个交易过程才算完成。任何一步操作失败，都会导致交易双方陷入尴尬的境地。例如，用户在付款之后取消了订单，此时如果不应用事务处理，商家仍然继续将商品发给用户，这会导致一些不愉快的争端。故整个交易过程中，必须采用事务对网上交易进行回滚操作。

在网上交易过程中，商家与用户的交易可以看作一个事务处理过程。在交易过程中任一某个环节失败，如用户放弃下单、用户终止付款、用户取消订单、用户退货等，都可能导致双方的交易失败。应如前面在事务定义中所说，所有语句都应该被成功执行，因为在MySQL中任何命令失败都会导致所有操作命令被撤销，系统会返回未操作前的状态，即回滚到初始状态。

通过InnoDB和BDB类型表，MySQL事务能够完全满足事务安全的ACID测试，但并不是所有表类型都支持事务，如MyISAM类型表就不能支持事务，只能通过伪事务对其实现事务处理。如果用户想让数据表支持事务处理能力，必须将当前操作数据表的类型设置为InnoDB或BDB。

事务必须具有ACID特性，即原子性(Atomicity)、一致性(Consistency)、隔离性(Isolation)和持久性(Durability)。

(1) 原子性。原子性是指事务是一个不可分割的逻辑工作单元，事务处理的操作要么全部执行，要么全部不执行。

(2) 一致性。一致性是指事务在执行前后必须处于一致性状态。如果事务全部正确执行，数据库的变化将生效，从而处于有效状态；如果事务执行失败，系统将会回滚，从而将数据库恢复到事务执行前的有效状态。

(3) 隔离性。隔离性是指当多个事务并发执行时，各个事务之间不能相互干扰。

(4) 持久性。持久性是指事务完成后，事务对数据库中数据的修改将永久保存。

8.2 MySQL事务的创建与存在周期

创建事务的一般过程是：初始化事务、创建事务、应用SELECT语句查询数据是否被录入和提交。如果用户不在操作数据库完成后执行事务提交，则系统会默认执行回滚操作。如果用户在提交事务前选择撤销事务，则用户在撤销前的所有事务将被取消，数据库系统会回到初始状态。在创建事务的过程中，用户须创建一个InnoDB或BDB类型的数据表，其语法格式如下。

```
CREATE TABLE table_name
(field_definitions)
TYPE = INNODB/BDB;
```

其中，table_name是表名，field_definitions是表内定义的字段等属性，TYPE指定数据表的类型，其既可以是InnoDB类型，也可以是BDB类型。

若用户希望让已经存在的表支持事务处理，则可以使用ALTER TABLE命令，指定数据表的类型，其语法格式如下。

```
ALTER TABLE table_name TYPE = INNODB/BDB;
```

用户准备好数据表之后，即可使数据表支持事务处理。

8.2.1 初始化事务

初始化 MySQL 事务，首先声明初始化 MySQL 事务后所有的 SQL 语句为一个单元。在 MySQL 中，应用 START TRANSACTION 命令标记一个事务的开始。初始化事务的语法格式如下。

```
START TRANSACTION;
```

另外，用户也可以使用 BEGIN 或者 BEGIN WORK 命令初始化事务，通常 START TRANSACTION 命令后跟随的是组成事务的 SQL 语句。

如果在用户输入该代码后，MySQL 数据库没有给出警告提示或返回错误，则说明事务初始化成功，用户可以继续执行下一步操作。

8.2.2 创建事务

初始化事务成功后，可以创建事务。

【例 8-1】 创建一个事务，在 teacher 表中插入两条记录，SQL 语句如下。

```
START TRANSACTION;
INSERT INTO teacher
VALUES('1014','张君瑞','男','硕士研究生','副教授');
INSERT INTO teacher
VALUES('1015','赵楠','女','博士研究生','教授');
```

执行结果如图 8-1 所示。

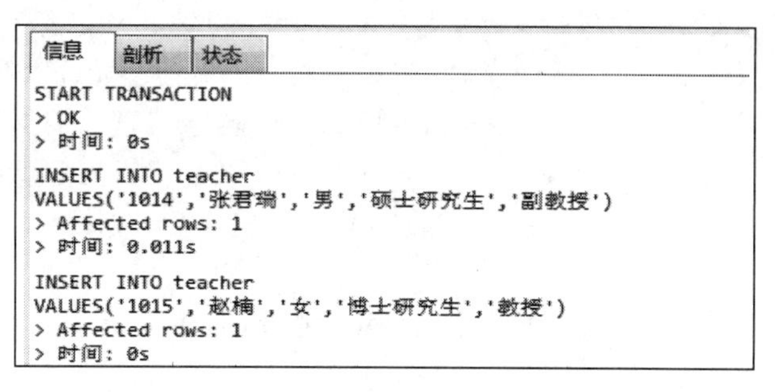

图 8-1 创建事务以添加新教师“张君瑞”和“赵楠”

执行上述命令之后，使用 SELECT 语句查询 teacher 表。执行结果如图 8-2 所示。

信息 结果 1 剖析 状态

tno	tname	tgender	tedu	tpro
1012	王娟	女	博士研究生	副教授
1013	李连杰	男	本科	副教授
1014	张君瑞	男	硕士研究生	副教授
1015	赵楠	女	博士研究生	教授

图 8-2 启动事务插入记录后的查询结果

从以上结果来看，似乎已经完成了事务的处理，但是退出数据库重新登录（或者使用其他用户连接 MySQL 服务器）后，再次对 teacher 表进行查询，结果如图 8-3 所示。

tno	tname	tgender	tedu	tpro
1010	许杰	男	博士研究生	教授
1011	李东	男	硕士研究生	副教授
1012	王娟	女	博士研究生	副教授
1013	李连杰	男	本科	副教授

图 8-3　退出数据库再次查询 teacher 表的记录

8.2.3 提交事务

从例 8-1 中可以看出，事务中的记录插入操作最终并未完成，这是因为事务未经提交（COMMIT）就已经退出数据库了，由于采用的是手动提交模式，事务中的操作被自动取消了。

事务具有孤立性，当事务处在处理过程中时，其实 MySQL 并未将结果写进磁盘中，即正在处理的事务相对其他用户不可见。一旦数据操作完成，用户可以使用 COMMIT 命令提交事务。提交事务的命令如下。

```
COMMIT;
```

一旦当前执行事务的用户提交当前事务，其他用户就可以通过会话查询结果。

为了能够把两条记录永久写入数据库中，需要在事务处理结束后加入 COMMIT 语句来完成整个事务的提交。具体 SQL 语句如下。

```
START TRANSACTION;
INSERT INTO teacher
VALUES('1014','张君瑞','男','硕士研究生','副教授');
INSERT INTO teacher
VALUES('1015','赵楠','女','博士研究生','教授');
COMMIT;
```

执行上述命令之后，退出数据库重新登录，使用 SELECT 语句查询 teacher 表中的记录，执行结果如图 8-4 所示。

tno	tname	tgender	tedu	tpro
1011	李东	男	硕士研究生	副教授
1012	王娟	女	博士研究生	副教授
1013	李连杰	男	本科	副教授
1014	张君瑞	男	硕士研究生	副教授
1015	赵楠	女	博士研究生	教授

图 8-4　提交事物后查询 teacher 表的结果

一旦当前执行事务的用户提交当前事务，其他用户就可以通过会话查询结果。显然，两条记录已永久性地插入 teacher 表中。

8.2.4　事务回滚

事务回滚又称事务撤销，即事务被用户开启，用户输入的 SQL 语句被执行后，尚未使用 COMMIT 提交前，如果用户想撤销刚才的数据库操作，可使用 ROLLBACK 命令撤销数据库中的所有变化，命令如下。

```
ROLLBACK;
```

【例 8-2】 创建事务，向 jwsystem 数据库中的表 teacher 中添加一个新教师“李俊武”('1016','李俊武','男','硕士研究生','副教授')，然后回滚事务。

（1）初始化事务。

```
START TRANSACTION;
```

（2）添加新记录。

```
INSERT INTO teacher
VALUES('1016','李俊武','男','硕士研究生','副教授');
```

执行结果如图 8-5 所示。

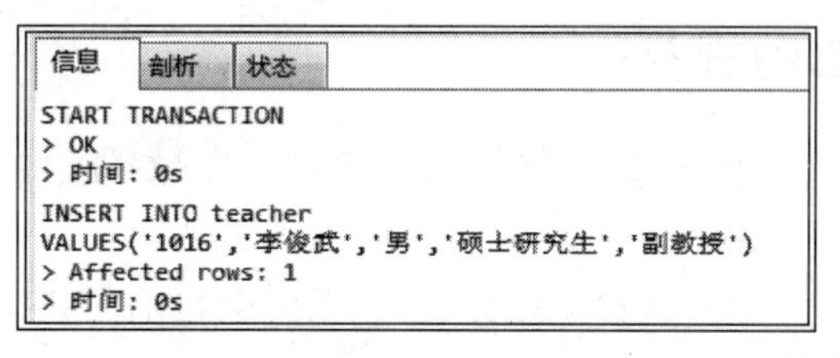

图 8-5　创建事务以添加新教师“李俊武”的数据

（3）使用 SELECT 语句查看该记录是否被成功录入。

```
SELECT * FROM teacher WHERE tname = '李俊武';
```

对于操作事务的用户来说，新教师添加成功了，执行结果如图 8-6 所示。

（4）回滚事务。

```
ROLLBACK;
```

（5）再次使用 SELECT 语句查看该记录是否存在。操作已经被回滚，执行结果如图 8-7 所示。

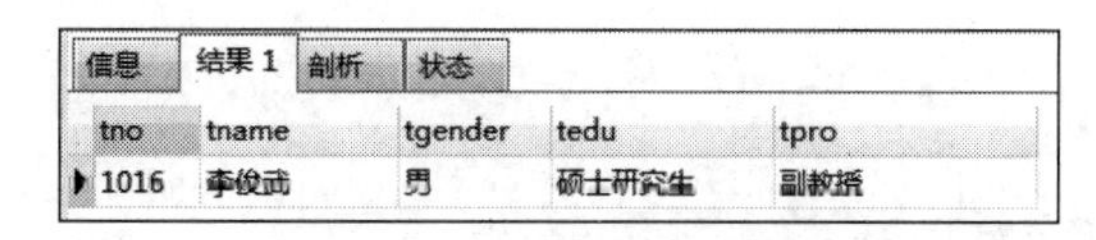

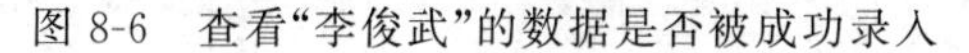

图 8-6　查看“李俊武”的数据是否被成功录入

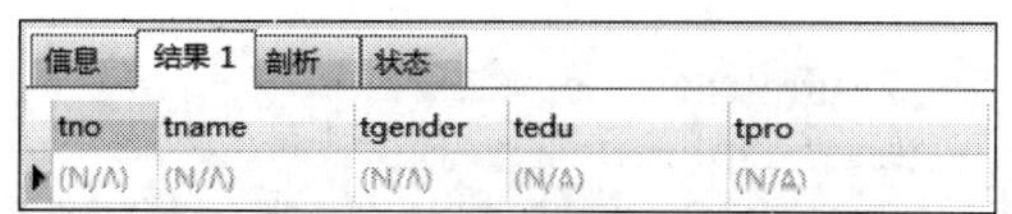

图 8-7　执行回滚操作后记录被取消

注意：如果执行回滚操作，则在输入 START TRANSACTION 命令后的所有 SQL 语句都将执行回滚操作。因此，在执行事务回滚前，用户需要谨慎选择执行回滚操作。如果用户开启事务后没有提交事务，则事务默认为自动回滚状态，即不保存用户之前的任何操作。

在现实应用中，事务回滚即事务撤销有重要的意义。例如，用户 A 和用户 B 采用银行转账方式交易，用户 A 将个人账户的部分存款转移到用户 B 的个人账户过程中，若银行的数据库系统突然发生错误或异常，则交易事务提交失败，系统执行回滚操作，恢复到交易的初始状态。因此，采用事务回滚可以避免因特殊情况而导致事务提交失败，以及相应的不必要的损失。

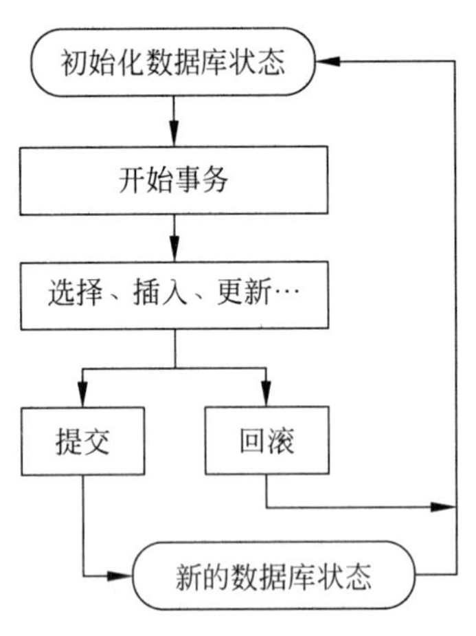

图 8-8　一个简单事务的存在周期

8.2.5　事务的存在周期

事务的周期是从 START TRANSACTION 指令开始，直到 COMMIT 指令结束。图 8-8 展示了一个简单事务的存在周期。事务不支持嵌套功能，当用户在未结束一个事务而又重新打开另一个事务时，前一个事务会被自动提交。在 MySQL 中，很多命令都会隐藏执行 COMMIT 命令。

8.2.6　事务自动提交

MySQL 中存在两个可以控制行为的变量，分别是 AUTOCOMMIT 变量和 TRANSACTION ISOLACTION LEVEL 变量。

在 MySQL 中，如果不更改其自动提交变量，系统会自动向数据库提交结果，用户在执行数据库操作过程中不需要使用 START TRANSACTION 语句开始事务，应用 COMMIT 或者 ROLLBACK 提交事务或执行回滚操作。如果用户希望通过控制 MySQL 自动提交参数，则可以更改提交模式，这一改变过程是通过设置 AUTOCOMMIT 变量实现的。

使用以下命令会关闭自动提交。

```
SET AUTOCOMMIT = 0;
```

自动提交功能关闭时，只有当用户输入 COMMIT 命令后，MySQL 才会将数据表中的资料提交到数据库中。如果不提交事务而终止 MySQL 会话，数据库将会自动执行回滚操作。

【例 8-3】 关闭自动提交功能后，向 jwsystem 数据库中的 teacher 表中添加一个新教师"李桂花"('1017','李桂花','女','博士研究生','副教授')，SQL 语句如下。

```
SET AUTOCOMMIT = 0;
INSERT INTO teacher
VALUES('1017','李桂花','女','博士研究生','副教授');
```

执行结果如图 8-9 所示。

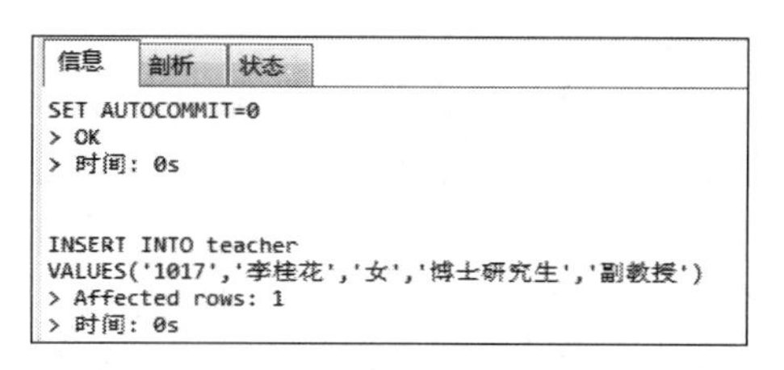

图 8-9 取消自动提交后添加记录

刷新数据库后，查看数据表中的数据，SQL 语句如下。

```
SELECT * FROM teacher WHERE tname = '李桂花';
```

执行结果如图 8-10 所示。

用户关闭自动提交功能后，添加新记录的操作中没有执行事务的提交操作，导致数据没有成功添加。再次查询数据表中的数据可知，之前插入的数据并未插入数据库中。

另外，可以通过查看@@AUTOCOMMIT 变量查看当前自动提交状态，查看此变量同样使用 SELECT 语句，执行结果如图 8-11 所示。

信息 结果 1 剖析 状态

tno	tname	tgender	tedu	tpro
(N/A)	(N/A)	(N/A)	(N/A)	(N/A)

图 8-10 事务未提交的记录查询结果

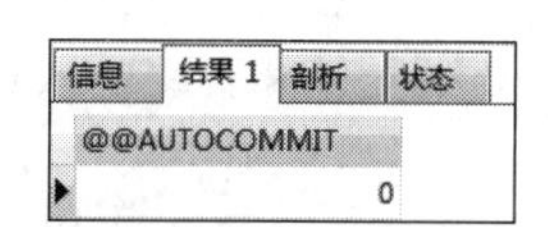

图 8-11 查看自动提交变量

8.3 锁机制

锁是计算机用以协调多个进程间并发访问同一共享资源的一种机制。MySQL 中为了保证数据访问的一致性与有效性等功能，实现了锁机制，MySQL 中的锁是在服务器层或者存储引擎层实现的。

8.3.1 MySQL 锁机制基础

在同一时刻，可能会有多个客户端对表中同一行记录进行操作，例如，有的客户端在读取该行数据，有的则尝试去删除它。为了保证数据的一致性，数据库就要对这种并发操作进行控制，因此就有了锁的概念。下面将介绍 MySQL 锁机制涉及的基本概念。

1. 锁的类型

在处理并发读或者写时，可以通过实现一个由两种类型的锁组成的锁系统来解决问题。这两种类型的锁通常称为读锁(Read Lock)和写锁(Write Lock)。下面分别进行介绍。

1）读锁

读锁又称共享锁(Shared Lock)，它是共享的，或者说是相互不阻塞的。多个客户端在同一时间可以同时读取同一资源，互不干扰。

2）写锁

写锁又称排他锁(Exclusive Lock)，它是排他的，即一个写锁会阻塞其他的写锁和读锁。这是为了确保在给定的时间里，只有一个用户能执行写入，并防止其他用户读取正在写入的同一资源，保证安全。

在实际的数据库系统中，随时都在发生锁定。例如，当某个用户在修改某一部分数据时，MySQL 就会通过锁定防止其他用户读取同一数据。在大多数时候，MySQL 锁的内部管理都是透明的。

2. 锁粒度

一种提高共享资源并发性的方式就是让锁定对象更有选择性，也就是尽量只锁定部分数据，而不是所有的资源。这就是锁粒度的概念。它是指锁的作用范围，是为了对数据库中高并发响应和系统性能两方面进行平衡而提出的。

锁粒度越小，并发访问性能越高，越适合做并发更新操作(即采用 InnoDB 存储引擎的表适合做并发更新操作)；锁粒度越大，并发访问性能就越低，越适合做并发查询操作(即采用 MyISAM 存储引擎的表适合做并发查询操作)。

不过需要注意，在给定的资源上，锁定的数据量越少，系统的并发程度越高，完成某个功能时所需要的加锁和解锁的次数就会越多，反而会消耗较多的资源，甚至会出现资源的恶性竞争，乃至于发生死锁。

注意：由于加锁也需要消耗资源，所以需要注意如果系统花费大量的时间来管理锁，而不是存储数据，那就有些得不偿失了。

3. 锁策略

锁策略是指在锁的开销和数据的安全性之间寻求平衡。但是这种平衡会影响性能，所以大多数商业数据库系统没有提供更多的选择，一般都是在表上施加行级锁，并以各种复杂的方式来实现，以便在数据比较多的情况下，提供更好的性能。

在 MySQL 中，每种存储引擎都可以实现自己的锁策略和锁粒度。因此，它提供了多种锁策略。在存储引擎的设计中，锁管理是非常重要的决定，它将锁粒度固定在某个级别，可以为某些特定的应用场景提供更好的性能，但同时会失去对另外一个应用场景的良好支持。幸好 MySQL 支持多个存储引擎，所以不用单一的通用解决方法。下面将介绍两种重要的锁策略。

1）表级锁(Table Lock)

表级锁是 MySQL 中最基本的锁策略，而且是开销最小的策略。它会锁定整张表，一个用户在对表进行操作(如插入、更新和删除等)前，需要先获得写锁，这会阻塞其他用户对该表的所有读写操作。只有没有写锁时，其他读取的用户才能获得读锁，并且读锁之间是不相互阻塞的。

另外，由于写锁比读锁的优先级高，所以一个写锁请求可能会被插入到读锁队列的前面，但是读锁则不能插入到写锁的前面。

2）行级锁(Row Lock)

行级锁可以最大限度地支持并发处理，同时也带来了最大的锁开销。在 InnoDB 或者一些其他存储引擎中实现了行级锁。行级锁只在存储引擎层实现，而服务器层没有实现。服务器层完全不了解存储引擎中的锁实现。

4. 锁的生命周期

锁的生命周期是指在一个 MySQL 会话内，对数据进行加锁到解锁之间的时间间隔。锁的生命周期越长，并发性能就越低，反之并发性能就越高。另外，锁是数据库管理系统的重要资源，需要占据一定的服务器内存，锁的生命周期越长，占用的服务器内存时间就越长；相反占用的服务器内存时间也就越短。因此，应该尽可能地缩短锁的生命周期。

8.3.2 MyISAM 表的表级锁

在 MySQL 的 MyISAM 类型数据表中，并不支持 COMMIT(提交)和 ROLLBACK(回滚)命令。当用户对数据库执行插入、删除、更新等操作时，这些变化的数据都被立刻保存在磁盘中。这样，在多用户环境中，会导致诸多问题。为了避免同一时间有多个用户对数据库中的指定表进行操作，可以应用表锁定来避免用户在操作数据表过程中受到干扰。当且仅当该用户释放表的操作锁定后，其他用户才可以访问这些修改后的数据表。

设置表级锁定代替事务的基本步骤如下。

(1) 为指定数据表添加锁定。其语法格式如下。

```
LOCK TABLES table_name lock_type,...
```

其中，table_name 为被锁定的表名，lock_type 为锁定类型，该类型包括以读方式(READ)锁定数据表和以写方式(WRITE)锁定数据表。

(2) 用户执行数据表的操作，可以添加、删除或者更改部分数据。

(3) 用户完成对锁定数据表的操作后，需要对该表进行解锁操作，释放该表的锁定状态。其语法格式如下。

```
UNLOCK TABLES
```

下面将分别介绍如何以读方式锁定数据表和以写方式锁定数据表。

1. 以读方式锁定数据表

该方式是设置锁定用户的其他方式操作，如删除、插入、更新都不被允许，直至用户进行解锁操作。

【例 8-4】 以读方式锁定 jwsystem 数据库中的用户数据表 tb_user。具体步骤如下。

(1) 在 jwsystem 数据库中，创建一个采用 MyISAM 存储引擎的用户表 tb_user，SQL 语句如下。

```
CREATE TABLE tb_user
(
id int(10) unsigned NOT NULL AUTO_INCREMENT PRIMARY KEY,
username varchar(30),
```

```
pwd varchar(30)
)ENGINE = MyISAM;
```

(2) 在 tb_user 表中插入三条用户信息,SQL 语句如下。

```
INSERT INTO tb_user(username,pwd)
VALUES
('gzhtzy','111111'),
('soft','111111'),
('wgh','111111');
```

(3) 输入以读方式锁定数据库 jwsystem 中的用户数据表 tb_user 的代码,SQL 语句如下。

```
LOCK TABLE tb_user READ;
```

执行结果如图 8-12 所示。

(4) 使用 SELECT 语句查看数据表 tb_user 中的信息,SQL 语句如下。

```
SELECT * FROM tb_user;
```

执行结果如图 8-13 所示。

图 8-12 以读方式锁定数据表

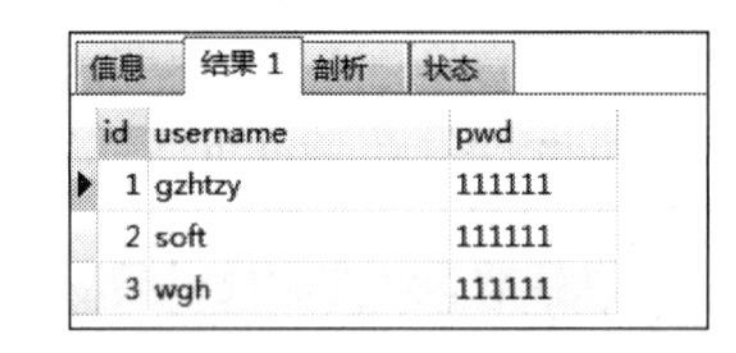
信息 结果 1 剖析 状态

id	username	pwd
1	gzhtzy	111111
2	soft	111111
3	wgh	111111

图 8-13 查看以读方式锁定的 tb_user 表

(5) 尝试向数据表 tb_user 中插入一条数据,SQL 语句如下。

```
INSERT INTO tb_user(username, pwd)VALUES('mrsoft','111111');
```

执行结果如图 8-14 所示。

```
信息 状态
INSERT INTO tb_user(username, pwd)VALUES('mrsoft','111111')
> 1099 - Table 'tb_user' was locked with a READ lock and can't be updated
> 时间: 0.001s
```

图 8-14 向以读方式锁定的表中插入数据

从图 8-14 中可以看出,当用户试图向数据库中插入数据时,将会返回失败信息。当用户将锁定的表解锁后,再次执行插入操作,SQL 语句如下。

```
UNLOCK TABLES;
INSERT INTO tb_user(username,pwd) VALUES('mrsoft','111111');
```

执行结果如图 8-15 所示。

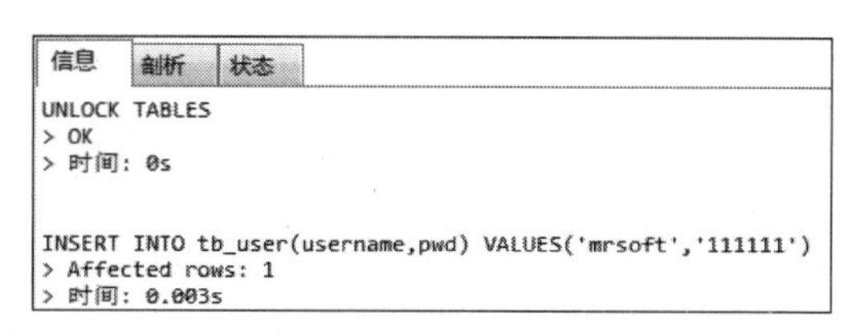

图 8-15 向解锁后的数据表中添加记录

锁定被释放后，用户可以对数据库执行添加、删除、更新等操作。

注意：在 LOCK TABLES 的参数中，用户指定数据表以读方式(READ)锁定数据表的变体为 READ LOCAL 锁定，其与 READ 锁定的不同点是：该参数所指定的用户会话可以执行 INSERT 操作。它是为了使用 MySQL dump 工具而创建的一种变体形式。

2. 以写方式锁定数据表

与以读方式锁定数据表类似，表的写锁定是设置用户可以修改数据表中的数据，但是除自己以外其他会话中的用户不能进行任何读操作。其语法格式如下。

```
LOCK TABLE 要锁定的数据表 WRITE;
```

【例 8-5】 仍然以例 8-4 创建的数据表 tb_user 为例进行演示。这里演示以写方式锁定用户表 tb_user，具体步骤如下。

输入以写方式锁定数据库 jwsystem 中的用户数据表 tb_user 的代码，SQL 语句如下。

```
LOCK TABLE tb_user WRITE;
```

执行结果如图 8-16 所示。

因为 tb_user 表为写锁定，所以用户可以对数据库的数据执行修改、添加、删除等操作。那么是否可以应用 SELECT 语句查询该锁定表呢？输入以下命令试试。

```
SELECT * FROM tb_user;
```

执行结果如图 8-17 所示。

图 8-16 以写方式锁定数据表

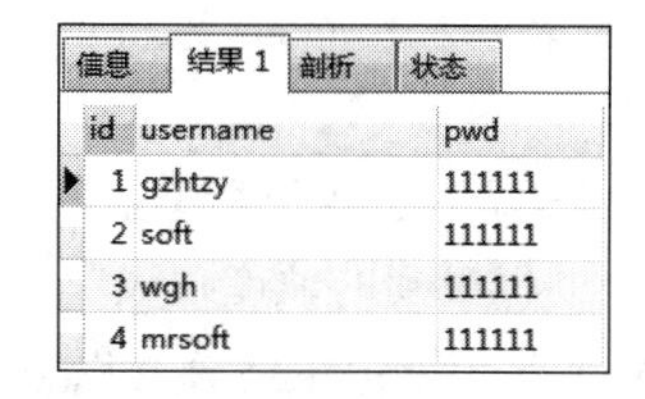

id	username	pwd
1	gzhtzy	111111
2	soft	111111
3	wgh	111111
4	mrsoft	111111

图 8-17 查询应用写操作锁定的 tb_user 表

从图 8-17 中可以看出，当前用户仍然可以应用 SELECT 语句查询该表的数据，并没有限制用户对数据表的读操作。这是因为，以写方式锁定数据表并不能限制当前锁定用户的查询操作。下面再打开一个新用户会话，即保持图 8-17 所示窗口不被关闭，打开一个 MySQL 的命令行客户端，并执行下面的查询语句。

```
USE jwsystem;
SELECT * FROM tb_user;
```

执行结果如图 8-18 所示。

在新打开的命令行提示窗口中，读者可以看到，应用 SELECT 语句执行查询操作，并没有结果显示，这是因为之前该表以写方式锁定。故当操作用户释放该数据表锁定后，其他用户才可以通过 SELECT 语句查看之前被锁定的数据表。在图 8-18 所示的命令行窗口中输入如下代码解除写锁定。

```
UNLOCK TABLES;
```

这时，在打开的命令行窗口中，即可显示查询结果，如图 8-19 所示。

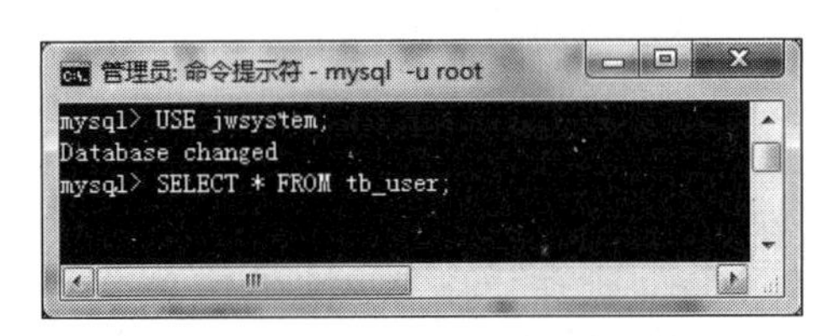

图 8-18　打开新会话查询被锁定的数据表

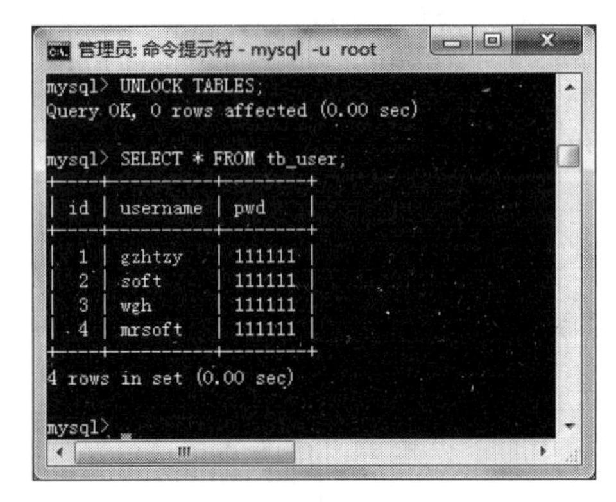

图 8-19　解除写锁定后的查询结果

由此可知，当数据表被释放锁定后，其他访问数据库的用户才可以查看数据表的内容。即使用 UNLOCK TABLE 命令后，将会释放所有当前处于锁定状态的数据表。

8.3.3　InnoDB 表的行级锁

为 InnoDB 表设置锁比为 MyISAM 表设置锁更为复杂，这是因为 InnoDB 表既支持表级锁，又支持行级锁。由于为 InnoDB 表设置表级锁也是使用 LOCK TABLES 命令，其使用方法与 MyISAM 表基本相同，这里将不再赘述。下面将重点介绍如何为 InnoDB 表设置行级锁。

在 InnoDB 表中，提供了两种类型的行级锁，分别是读锁（又称共享锁）和写锁（又称排他锁）。InnoDB 表的行级锁的粒度仅仅是受查询语句或者更新语句影响的记录。

为 InnoDB 表设置行级锁主要分为以下三种方式。

（1）在查询语句中设置读锁，其语法格式如下。

```
SELECT 语句 LOCK IN SHARE MODE;
```

例如，为采用 InnoDB 存储引擎的数据表 tb_account 在查询语句中设置读锁，可以使用下面的语句。

```
SELECT * FROM tb_account LOCK IN SHARE MODE;
```

(2) 在查询语句中设置写锁,其语法格式如下。

```
SELECT 语句 FOR UPDATE;
```

例如,为采用 InnoDB 存储引擎的数据表 tb_account 在查询语句中设置写锁,可以使用下面的语句。

```
SELECT * FROM tb_account FOR UPDATE;
```

(3) 在更新(包括 INSERT、UPDATE 和 DELTET)语句中,InnoDB 存储引擎自动为受更新语句影响的记录添加隐式写锁。

通过以上三种方式为表设置行级锁的生命周期非常短暂。为了延长行级锁的生命周期,可以采用开启事务实现。

【例 8-6】 通过事务实现延长行级锁的生命周期。具体步骤如下。

(1) 在 jwsystem 数据库中,创建一个采用 INNODB 存储引擎的用户表 tb_account,SQL 语句如下。

```
CREATE TABLE tb_account
(
    id int(10) unsigned NOT NULL AUTO_INCREMENT PRIMARY KEY,
    name varchar(30),
    balance varchar(30)
)ENGINE = INNODB;
```

(2) 在 MySQL 中开启事务,并为采用 InnoDB 存储引擎的数据表 tb_account 在查询语句中设置写锁,SQL 语句如下。

```
USE jwsystem;
START TRANSACTION;
SELECT * FROM tb_account FOR UPDATE;
```

执行结果如图 8-20 所示。

(3) 打开命令行窗口,开启事务,并为采用 InnoDB 存储引擎的数据表 tb_account 在查询语句中设置写锁,SQL 语句如下。

```
USE jwsystem;
START TRANSACTION;
SELECT * FROM tb_account FOR UPDATE;
```

信息　结果 1　剖析　状态

id	name	balance
1	A	800
2	B	1000
3	C	1200

图 8-20　在查询语句中设置写锁

执行结果如图 8-21 所示。

(4) 在 Navicat 15 for MySQL 窗口中,执行提交事务语句,从而为 tb_account 表解锁,SQL 语句如下。

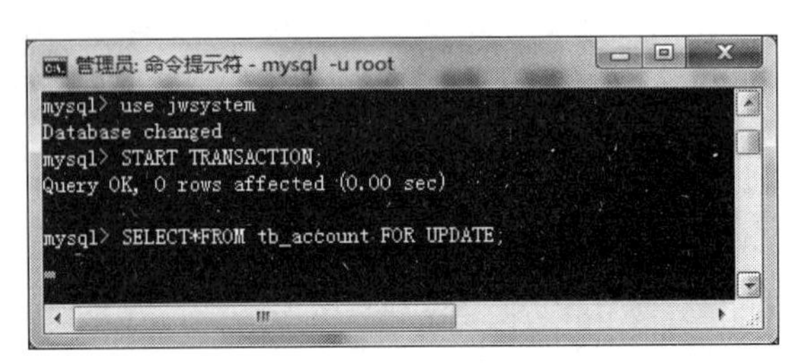

图 8-21　MySQL 命令行窗口被“阻塞”

```
COMMIT;
```

执行提交命令后，在 MySQL 命令行窗口中将显示具体的查询结果，如图 8-22 所示。

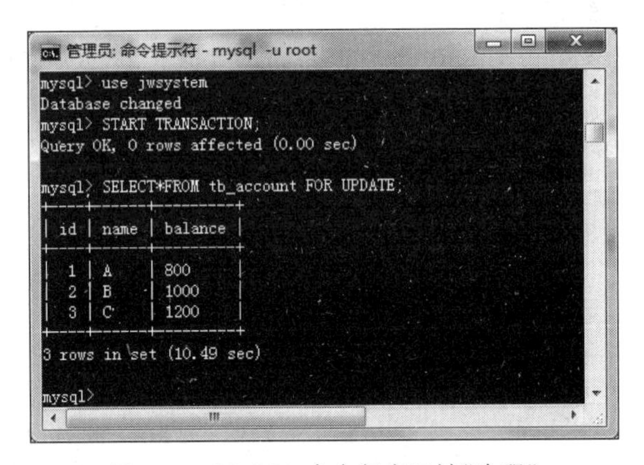

图 8-22　MySQL 命令行窗口被“唤醒”

由此可知，事务中的行级锁的生命周期从加锁开始，直到事务提交或者回滚才会被释放。

8.3.4　死锁的概念与避免

死锁，即当两个或者多个处于不同序列的用户打算同时更新某相同的数据库时，因互相等待对方释放权限而导致双方一直处于等待状态。在实际应用中，两个不同序列的客户打算同时对数据执行操作，极有可能产生死锁。更具体地讲，当两个事务相互等待对方释放所持有的资源，而导致两个事务都无法操作对方持有的资源，这样无限期的等待被称为死锁。

不过，MySQL 的 InnoDB 表处理程序具有检查死锁这一功能，如果该处理程序发现用户在操作过程中产生死锁，该处理程序会立刻通过撤销操作来撤销其中一个事务，以便使死锁消失。这样就可以使另一个事务获取对方所占有的资源而执行逻辑操作。

8.4　事务的隔离级别

MySQL 在数据库访问过程中采用的是并发访问方式。在多个线程同时开启事务访问数据库时，可能会出现脏读、不可重复读以及幻读等情况。

1）脏读

脏读就是一个事务读取了另一个事务没有提交的数据。即第一个事务正在访问数据，并且对数据进行了修改，当这些修改还没有提交时，第二个事务访问和使用了这些数据。如果第一个事务回滚，那么第二个事务访问和使用的数据就是错误的脏数据。

2）不可重复读

不可重复读是指在一个事务内，对同一数据进行了两次相同查询，但返回结果不同。这是由于在一个事务两次读取数据之间，有第二个事务对数据进行了修改，造成两次读取数据的结果不同。

3）幻读

幻读是指在同一事务中，两次按相同条件查询到的记录不一样。造成幻读的原因在于事务处理没有结束时，其他事务对同一数据集合增加或者删除了记录。

为了避免以上情况的发生，MySQL 设置了事务的四种隔离级别，由低到高分别为 READ UNCOMMITTED、READ COMMITTED、REPEATABLE READ、SERIALIZABLE，能够有效地防止脏读、不可重复读以及幻读等情况。

（1）READ UNCOMMITTED（未提交读）。READ UNCOMMITTED 是指“读未提交”，该级别下的事务可以读取另一个未提交事务的数据，它是最低事务隔离级别。这种隔离级别在实际应用中容易出现脏读等情况，因此很少被应用。

（2）READ COMMITTED（提交后读）。READ COMMITTED 是指“读提交”，该级别下的事务只能读取其他事务已经提交的数据。这种隔离级别容易出现不可重复读的问题。

（3）REPEATABLE READ（可重读）。REPEATABLE READ 是指“可重复读”，是 MySQL 的默认事务隔离级别。它确保同一事务的多个实例并发读取数据时，读到的数据是相同的。这种隔离级别容易出现幻读的问题。

（4）SERIALIZABLE（序列化）。SERIALIZABLE 是指“可串行化”，是 MySQL 最高的事务隔离级别。它通过对事务进行强制性的排序，使事务之间不会相互冲突，从而解决幻读问题。但是这种隔离级别容易出现超时现象和锁竞争。各个隔离级别可能产生的问题如表 8-1 所示。

表 8-1 隔离级别和并发副作用

隔离级别	脏读	不可重复读	幻读
READ UNCOMMITTED	√	√	√
READ COMMITTED	×	√	√
REPEATABLE READ	×	×	√
SERIALIZABLE	×	×	×

用户可以用 SET TRANSACTION 语句改变当前会话或所有新建连接的隔离级别。其语法格式如下。

```
SET [SESSION | GLOBAL] TRANSACTION ISOLATION LEVEL {READ UNCOMMITTED | READ COMMITTED |
REPEATABLE READ | SERIALIZABLE}
```

例如，设置当前会话的隔离级别为 READ COMMITTED，具体语句如下。

```
SET SESSION TRANSACTION ISOLATION LEVEL READ COMMITTED;
```

8.5 事务的性能

应用不同孤立级的事务可能会对系统造成一系列影响。采用不同孤立级处理事务,可能会对系统稳定性和安全性等诸多因素造成影响。另外,有些数据库操作中不需要应用事务处理,只需要用户在选择数据表类型时,选择合适的数据表类型。所以,选择表类型时,应该考虑数据表具有完善的功能,且高效执行的前提下也不会给系统增加额外的负担。

8.5.1 应用小事务

应用小事务的意义在于,保证每个事务不会在执行前等待很长时间,从而避免各个事务因为相互等待而导致系统性能大幅下降。用户在应用少数大事务时,可能无法看出因事务间相互等待而导致系统性能下降,但是当系统中存在处理量很大的数据库或多种复杂事务时,用户就可以明显感觉到事务因长时间等待而导致系统性能下降。所以,应用小事务可以保证系统的性能,其可以快速变化或退出,这样,其他在队列中准备就绪的事务就不会受到明显影响。

8.5.2 选择合适的孤立级

事务的性能与其对服务器产生的负载成反比,即事务孤立级越高,其性能越低,但是其安全性会越高。事务孤立级性能关系如图 8-23 所示。

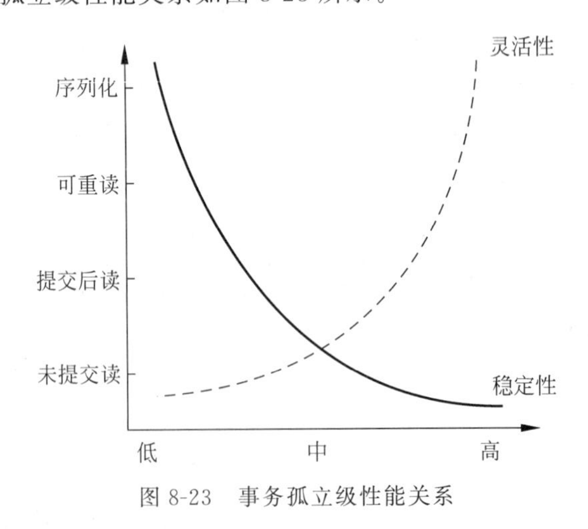

图 8-23 事务孤立级性能关系

虽然随着孤立级的增高,稳定性和灵活性也会随之改变,但这并不代表稳定性会越低,也不代表灵活性会越高,故用户在选择孤立级时,需要根据自身的实际情况选择适合应用的孤立级,切勿生搬硬套。

单元小结

本单元对 MySQL 中事务的创建、提交、撤销，以及存在周期进行了详细讲解，通过本单元的学习，读者应该重点掌握事务如何自动提交；在锁机制中，主要介绍了 MySQL 锁机制的基础知识、如何为 MyISAM 表设置表级锁以及如何为 InnoDB 表设置行级锁等内容。另外，还对事物的隔离级别进行了简要介绍。其中，如何在 MySQL 中创建事务是本单元的重点。

单元实训项目

项目：在“网上书店”数据库中实现事务处理

目的：掌握事务的启动、提交和回滚。

内容：

启动一个事务，在事务中使用 SQL 语句删除“网上书店”数据库中会员表的所有记录，第一次不提交事务，第二次提交事务，第三次回滚事务。重启 MySQL 服务器分别查看记录是否被永久删除。

单元练习题

一、选择题

1. 用户定义的一系列数据库更新操作，这些操作要么都执行，要么都不执行，是一个不可分割的逻辑工作单元，这体现了事务的(　　)。

　A. 原子性　　B. 一致性　　C. 隔离性　　D. 持久性

2. MySQL 创建事务的一般步骤是(　　)。

　A. 初始化事务、创建事务、应用 SELECT 查看事务、提交事务

　B. 初始化事务、应用 SELECT 查看事务、应用事务、提交事务

　C. 初始化事务、创建事务、应用事务、提交事务

　D. 创建事务、应用事务、应用 SELECT 查看事务、提交事务

3. 事务的隔离级别中，(　　)可以解决幻读问题。

　A. READ UNCOMMITTED　　B. READ COMMITTED

　C. REPEATABLE READ　　D. SERIALIZABLE

4. 下列控制事务自动提交的命令，正确的是(　　)。

　A. SET AUTOCOMMIT=0;　　B. SET AUTOCOMMIT=1;

　C. SELECT @@autocommit;　　D. SELECT @@tx_isolation;

5. 下列关于锁策略的描述错误的是(　　)。

A. 表级锁是 MySQL 中最基本的锁策略,而且是开销最小的策略

B. 行级锁可以最大限度地支持并发处理,同时也带来了最大的锁开销

C. 一个读锁请求可能会被插入到写锁队列的前面

D. 在 MySQL 中,每种存储引擎都可以实现自己的锁策略和锁粒度

二、简答题

1. 事务具有哪些特性?
2. 事务的隔离级别有哪些?各自有什么特点?

数据库高级管理

确保数据库的安全性与完整性的措施是进行数据备份和数据还原。在数据库中有一些高级操作，如数据的备份、恢复，用户管理、权限管理等，本单元将针对这些知识进行详细讲解。

本单元主要学习目标如下：

- 了解数据备份的基本概念。
- 掌握 MySQL 中数据备份、数据恢复的基本操作。
- 掌握 MySQL 中创建、删除用户的基本操作。
- 掌握 MySQL 中授予、查看权限和收回权限的基本操作。

9.1 数据库的备份与还原

操作数据库时，难免发生一些意外，造成数据损坏或者丢失，如突然停电或者数据库管理员误操作等都会导致数据损坏或丢失。因此，工作人员要定期进行数据库备份，如此一来当出现意外并造成数据库数据损坏或者丢失时，就可以通过备份的数据还原数据库，将不良影响和损失降到最低。本节将介绍 MySQL 数据库的备份和还原。

1. 数据备份的分类

(1) 按备份时服务器是否在线来划分。

① 热备份。数据库正处于运行状态，此时依赖数据库的日志文件进行备份。

② 温备份。进行数据备份时数据库服务正常运行，但数据只能读不能写。

③ 冷备份。数据库处于关闭状态，能够较好地保证数据库的完整性。

(2) 按备份的内容来划分。

① 逻辑备份。使用软件从数据库中提取数据并将结果写到一个文件上，该文件格式一般与原数据库的文件格式不同。逻辑备份是原数据库中数据内容的一个映像。

② 物理备份。物理备份是指直接复制数据库文件。与逻辑备份相比，其速度较快，但占用空间较大。

(3) 按备份涉及的数据范围来划分。

① 完整备份。完整备份是指备份整个数据库。这是任何备份策略中都要求完成的第

一种备份类型,其他所有备份类型都依赖于完整备份。换句话说,如果没有执行完整备份,就无法执行差异备份和增量备份。

② 增量备份。增量备份是指对数据库从上一次完整备份或者最近一次增量备份以来改变的内容的备份。

③ 差异备份。差异备份是指对最近一次完整备份以后发生改变的数据进行的备份。差异备份仅备份自最近一次完整备份后发生更改的数据。

备份是一种十分耗费时间和资源的操作,对其使用不能太过频繁。应该根据数据库使用情况确定一个合适的备份周期。

2. 数据还原的方法

数据还原就是指当数据库出现故障时,将备份的数据库加载到系统中,从而使数据库还原到备份时的正确状态。MySQL 有以下三种保证数据还原的方法。

(1) 数据库备份。通过导出数据或者表文件的副本来保护数据。

(2) 二进制日志文件保存更新数据的所有语句。

(3) 数据库复制。MySQL 的内部复制功能建立在两个或多个服务器之间,是通过设定它们之间的主从关系来实现的。其中一个作为主服务器,其他的作为从服务器。

本单元主要介绍前两种方法。还原是与备份相对应的系统维护和管理操作。数据库系统进行恢复操作时,先执行一些系统安全性方面的检查,包括检查要恢复的数据库是否存在、数据库是否变化、数据库文件是否兼容等,然后根据所采用的数据库备份类型采取相应的恢复措施。

9.1.1 使用 mysqldump 命令备份数据

在数据库的管理和维护过程中,要定期对数据库进行备份,以便数据库在遇到数据丢失或损坏时加以利用。MySQL 数据库提供了 mysqldump 命令进行备份,该命令备份一个或者多个数据库的语法格式如下。

```
mysqldump -u 用户名 -p[密码] --databases 数据库 1 [数据库 2  数据库 3 … ]> 备份文件.sql;
```

参数说明如下。

(1) 用户名。必选项,备份数据的用户名。

(2) [密码]。可选项,备份数据的用户名对应的密码。如果命令中不输入密码,会在执行命令过程中提示用户输入。

(3) --databases。必选项,后面接要备份的数据库名。

(4) 数据库 1。必选项,要备份的数据库名。

(5) [数据库 2 数据库 3…]。可选项。如果需要备份多个数据库,通过空格分隔。

(6) 备份文件. sql。必选项,备份文件名,以. sql 文件名结尾,里面存放的是一些可执行的 SQL 语句。

需要注意的是,在使用 mysqldump 命令备份数据库时,直接在 DOS 命令行窗口中执行该命令即可,不需要登录到 MySQL 数据库。

接下来,通过对前面所建的教务管理系统(jwsystem)数据库进行备份来演示如何使用

mysqldump 命令。

【例 9-1】 使用 mysqldump 命令备份 jwsystem 数据库到 jwsystem. sql 文件，保存到 D 盘的 Backup 文件夹下。

在 D 盘创建一个名为 Backup 的文件夹，用来存放数据库的备份文件。mysqldump 命令需要以管理员身份运行 cmd 命令打开 Windows 命令行工具，并切换到 mysqldump 命令所在目录。使用 mysqldump 命令备份数据库，SQL 语句如下。

```
mysqldump - u root -- databases jwsystem > D:\Backup\jwsystem.sql;
```

执行结果如图 9-1 所示，在 D 盘的 Backup 文件夹下可以发现 jwsystem. sql。

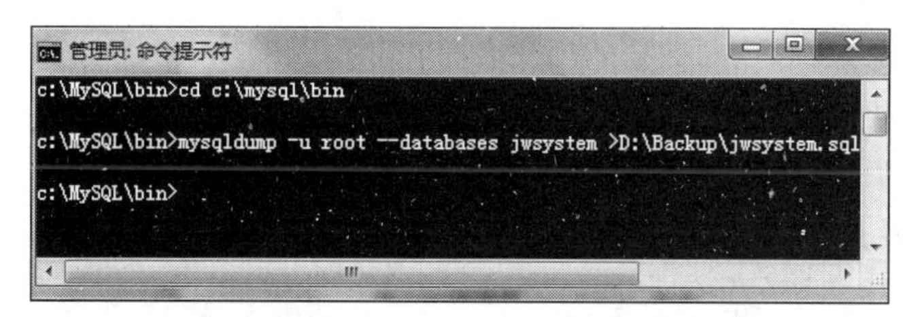

图 9-1 使用 mysqldump 命令备份单个数据库

使用 mysqldump 命令备份所有数据库的语法格式如下。

```
mysqldump - u 用户名 - p[密码] -- all - databases > 备份文件.sql;
```

参数说明如下。

(1) 用户名：必选项，备份数据的用户名。

(2) [密码]：可选项，备份数据的用户名对应的密码。如果命令中不输入密码，会在执行命令过程中提示用户输入。

(3) --all-databases：必选项，说明要备份所有数据库。

(4) 备份文件. sql：必选项，备份文件名，以. sql 结尾，里面存放的是一些可执行的 SQL 语句。

【例 9-2】 使用 mysqldump 命令备份所有数据库到 all. sql 文件，并保存到 D 盘的 Backup 文件夹下。

mysqldump 命令需要以管理员身份运行 cmd 命令打开 Windows 命令行工具，并切换到 mysqldump 命令所在目录。使用 mysqldump 命令备份数据库，SQL 语句如下。

```
mysqldump - u root -- all - databases > D:\Backup\all.sql;
```

执行结果如图 9-2 所示，在 D 盘的 Backup 文件夹下可以发现 all. sql。

图 9-2 使用 mysqldump 命令备份所有数据库

9.1.2 使用 mysql 命令还原数据

使用 mysqldump 命令备份完数据库后，如果数据库中的数据被破坏，可以通过备份的数据文件进行还原。通过 9.1.1 节的介绍可知，备份的.sql 文件中包含的是可执行的 SQL 语句，因此只要使用 mysql 命令执行这些语句就可以将数据还原。

使用 mysql 命令还原数据的语法格式如下。

```
mysql -u 用户名 -p[密码] [数据库名] < 备份文件.sql
```

参数说明如下。

(1) 用户名。必选项，还原数据的用户名。

(2) [密码]。可选项，还原数据的用户名对应的密码。如果命令中不输入密码，会在执行命令过程中提示用户输入。

(3) [数据库名]。可选项，说明要还原的数据库名。

(4) 备份文件.sql。必选项，指明从该备份文件还原数据。

【例 9-3】 使用 mysql 命令从 library.sql 文件恢复数据到 library 数据库。

执行恢复操作前，MySQL 服务器中必须存在 library 数据库，如果不存在，在数据恢复过程中会出错。执行过程如下。

(1) 为了还原 library 数据库中的数据，首先要使用 DROP 语句将 library 数据库删除，SQL 语句如下。

```
DROP database library;
```

执行结果如图 9-3 所示。

(2) 使用 mysql 命令还原 library.sql 文件，SQL 语句如下。

```
mysql -u root < D:\Backup\library.sql;
```

执行结果如图 9-4 所示。

图 9-3 使用 DROP 语句删除 library 数据库

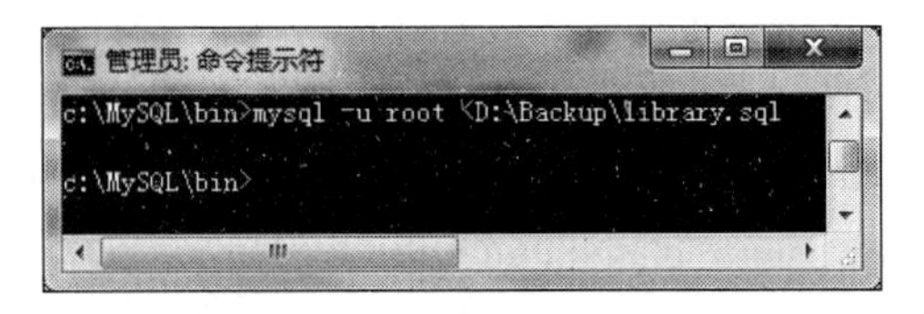

图 9-4 使用 mysql 命令还原 library 数据库

(3) 为了确保数据还原成功，使用 SELECT 语句查询 library 数据库中 books 表的数据，SQL 语句如下。

```
SELECT * from books;
```

执行结果如图 9-5 所示。

信息	结果 1	剖析	状态	
bookid	bookname	author	press	pubdate
E0005	细节:如何轻松影响他人	罗伯特西奥迪尼	中信出版社	2016-11-20
H0001	丝绸之路:一部全新的世界史	彼得弗兰科潘	浙江大学出版社	2016-10-01
H0002	中国通史	吕思勉	中国华侨出版社	2016-06-01
H0003	半小时漫画世界史	陈磊	江苏凤凰文艺出版社	2018-04-20
H0004	人类简史:从动物到上帝	尤瓦尔•赫拉利	中信出版社	2018-05-01

图 9-5　查询 books 表中的数据

从图 9-5 中可以看出,数据已经被还原了。

还原数据还可以使用另外一种方式,即登录 MySQL 服务器,使用 SOURCE 语句导入已经备份的 library. sql 文件。

SOURCE 语句的语法格式如下。

```
SOURCE library.sql;
```

SOURCE 语句的语法格式比较简单。需要注意的是,在导入文件时,指定的文件名称必须为全路径名称。该语句执行结果和在命令行执行 mysql 命令的结果一样。

9.2　用户管理

用户管理可以保证 MySQL 系统的安全性。MySQL 的用户管理包括创建用户、删除用户、管理密码等。MySQL 用户分为 root 用户和普通用户,root 用户为超级管理员,具有所有权限,而普通用户只拥有被赋予的指定权限。

9.2.1　user 表

在安装 MySQL 时,系统会自动创建一个名为 mysql 的数据库,该数据库中的表都是权限表,如 user、db、host、tables_priv、column_priv、procs_priv 等,其中 user 表是最重要的权限表,它记录了允许连接到服务器的账号信息以及一些全局级别的权限信息。通过操作该表就可以对这些信息进行修改。user 表中的一些常用字段如表 9-1 所示。

表 9-1　user 表中的一些常用字段

字段名称	字段名义	默认值
Host	主机名	
User	用户名	
Password	密码	
Select_priv	确定用户是否可以通过 SELECT 命令选择数据	N
Insert_priv	确定用户是否可以通过 INSERT 命令插入数据	N
Update_priv	确定用户是否可以通过 UPDATE 命令修改现有数据	N
Delete_priv	确定用户是否可以通过 DELETE 命令删除现有数据	N
Create_priv	确定用户是否可以创建新的数据库和表	N
Drop_priv	确定用户是否可以删除现有数据库和表	N

续表

字段名称	字段名义	默认值
Reload_priv	确定用户是否可以执行用来刷新和重新加载 MySQL 所用的各种内部缓存(包括日志、权限、主机、查询和表)的特定命令	N
Shutdown_priv	确定用户是否可以关闭 MySQL 服务器。在将此权限提供给 root 账户之外的任何用户时,都应当非常谨慎	N
ssl_type	用于加密	
ssl_cipher	用于加密	NULL
max_questions	每小时允许用户执行查询操作的次数	0
max_updates	每小时允许用户执行更新操作的次数	0
max_connections	每小时允许用户建立连接的次数	0
max_user_connections	允许单个用户同时建立连接的次数	0

表 9-1 只列举了 user 表的一部分字段,实际上 MySQL 8.0 的 user 表中有 51 个字段,有兴趣的读者可以自行查阅。

9.2.2 创建新用户

在 MySQL 数据库中,只有一个 root 用户是无法管理众多数据的,因此需要创建多个普通用户来管理不同类型的数据。创建普通用户有以下两种方法。

1. 使用 CREATE USER 语句创建新用户

使用 CREATE USER 语句创建一个新用户时,MySQL 服务器会自动修改相应的授权表。该语句创建的新用户可以连接数据库,但是不具有任何权限。

使用 CREATE USER 语句创建新用户的语法格式如下。

```
CREATE USER 用户名 1 [IDENTIFIED BY [PASSWORD] '密码字符串 1'] [,用户名 2 [IDENTIFIED BY
[PASSWORD] '密码字符串 2']]…
```

参数说明如下。

(1) 用户名 1。必选项,表示新建用户的账户,用户名包含两部分,分别是用户名(USER)和主机名(HOST),表示为 USER@HOST 的形式。

(2) [IDENTIFIED BY]。可选项,用于设置用户账户的密码,MySQL 新用户可以没有密码。

(3) [PASSWORD]。可选项,该关键字主要用于实现对密码进行加密,如果密码是一个普通的字符串,则不需要 PASSWORD 关键字。

(4) 密码字符串 1。可选项,表示新建用户的密码,如果是一个普通的字符串,则不需要 PASSWORD 关键字。

(5) [,用户名 2 [IDENTIFIED BY[PASSWORD]'密码字符串 2']]子句。可选项,用于创建新用户。可以使用 CREATE USER 语句同时创建多个新用户。

【例 9-4】 使用 CREATE USER 语句向数据库中添加一个新用户,用户名为 tom,主机名为 localhost,密码为 123456。

使用 CREATE USER 语句创建新用户，SQL 语句如下。

```
CREATE USER 'tom'@'localhost' IDENTIFIED BY '123456';
```

执行结果如图 9-6 所示。

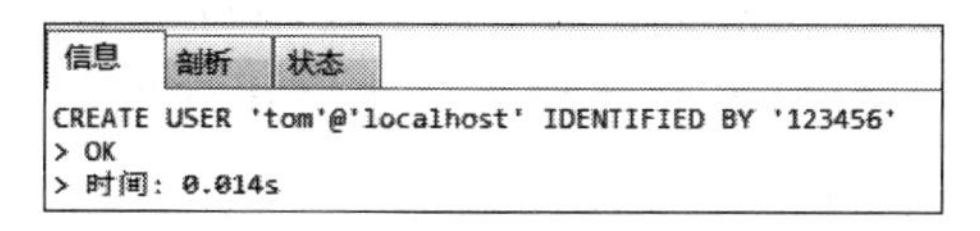

图 9-6 使用 CREATE USER 语句创建新用户

上述语句执行成功后，可以通过 SELECT 语句验证用户是否创建成功，SQL 语句如下。

```
SELECT Host,User,authentication_string FROM user;
```

验证结果如图 9-7 所示。

信息 | 结果 1 | 剖析 | 状态

Host	User	authentication_string
localhost	mysql.infoschema	A005$THISISACOMBINATIONOFINVALIDSALTAND
localhost	mysql.session	A005$THISISACOMBINATIONOFINVALIDSALTAND
localhost	mysql.sys	A005$THISISACOMBINATIONOFINVALIDSALTAND
localhost	root	
localhost	tom	*6BB4837EB74329105EE4568DDA7DC67ED2CA2AD9

图 9-7 用户 tom 创建成功

从图 9-7 中可以看出，tom 用户已经创建成功，但密码显示的并不是“123456”，而是一串字符，这是因为在创建用户时，MySQL 会对用户的密码自动加密，以提高数据库的安全性。

tom 用户可以登录到 MySQL，但是不能使用 USE 语句选择用户创建的任何数据库，因此也无法访问那些数据库中的表。如果该用户已经存在，则在执行 CREATE USER 语句时系统会报错。

2. 使用 INSERT 语句创建新用户

从上面的讲述中可以看出，使用 CREATE USER 语句创建新用户，实际上就是在 mysql 数据库的 user 表中添加一条新的记录。因此，可以使用 INSERT 语句直接将新用户的信息添加到 mysql. user 表中。

使用 INSERT 语句创建新用户的语法格式如下。

```
INSERT INTO mysql. user(Host, User, authentication_string, ssl_cipher, x509_issuer, x509_
subject)
VALUES('主机名','用户名',MD5('密码字符串'),'','','')
```

参数说明如下。

(1) mysql. user。必选项，mysql. user 是 MySQL 中管理用户信息的表，可以通过

INSERT 语句向这个表中插入数据创建新用户。

(2) Host。必选项,表示允许登录的用户主机名称。

(3) User。必选项,表示新建用户的账户。

(4) authentication_string。必选项,表示新建用户的密码。

(5) ssl_cipher。必选项,mysql. user 表中的字段,用于表示加密算法,这个字段没有默认值,向 user 表中插入新记录时,一定要设置这个字段的值,否则 INSERT 语句将执行失败。

(6) x509_issuer,x509_subject。必选项,mysql. user 表中的字段,用于标志用户,这两个字段没有默认值,向 user 表中插入新记录时,一定要设置这两个字段的值,否则 INSERT 语句将执行失败。

(7) 主机名。必选项,表示创建新用户的主机名称的字符串。

(8) 用户名。必选项,表示创建新用户名的字符串。

(9) MD5。必选项,MD5()函数,用于对密码进行加密。

(10) 密码字符串。必选项,表示新建用户的密码。

【例 9-5】 使用 INSERT 语句向数据库中添加一个新用户,用户名为 lily,主机名为 localhost,密码为 123456。

(1) 使用 INSERT 语句创建新用户,SQL 语句如下。

```
INSERT INTO user(Host,User,authentication_string,ssl_cipher,x509_issuer,x509_subject)
VALUES('localhost','lily',MD5('123456'),'','','');
```

执行结果如图 9-8 所示。

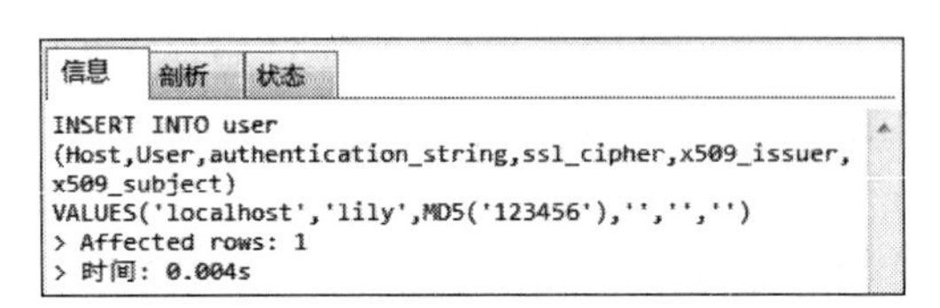
信息 剖析 状态
INSERT INTO user
(Host,User,authentication_string,ssl_cipher,x509_issuer,
x509_subject)
VALUES('localhost','lily',MD5('123456'),'','','')
> Affected rows: 1
> 时间: 0.004s

图 9-8 使用 INSERT 语句创建新用户

(2) 上述语句执行成功后,通过 SELECT 语句验证用户是否创建成功,SQL 语句如下。

```
SELECT Host,User,authentication_string FROM user;
```

验证结果如图 9-9 所示。

信息 结果 1 剖析 状态

Host	User	authentication_string
localhost	lily	e10adc3949ba59abbe56e057f20f883e
localhost	mysql.infoschema	A005$THISISACOMBINATIONOFINVALIDSALTAND
localhost	mysql.session	A005$THISISACOMBINATIONOFINVALIDSALTAND
localhost	mysql.sys	A005$THISISACOMBINATIONOFINVALIDSALTAND
localhost	root	
localhost	tom	*6BB4837EB74329105EE4568DDA7DC67ED2CA2AD9

图 9-9 用户 lily 创建成功

(3) 从图 9-9 中可以看出，用户 lily 已经创建成功。由于 INSERT 语句执行完毕后，没有自动刷新权限表的功能，lily 用户暂时是不能使用的。我们可以通过重启 MySQL 服务器或者刷新当前权限表使 lily 用户生效。刷新权限表的语句如下。

```
FLUSH PRIVILEGES;
```

执行结果如图 9-10 所示。

图 9-10　MySQL 重新装载权限

上述语句执行成功后，就可以使用 lily 用户来登录 MySQL 数据库了。

9.2.3　修改用户信息

创建好用户后，还可以对用户的名称和密码进行修改。

在 MySQL 中，修改用户的名称可以使用 RENAME USER 语句。其基本语法格式如下。

```
RENAME USER old_username1 TO new_username1[,old_username2 TO new_username2][,…]
```

参数说明如下。

(1) old_username 为已经存在的 SQL 用户修改前的旧名称。

(2) new_username 为已经存在的 SQL 用户修改后的新名称。

使用 RENAME USER 语句，必须拥有 CREATE USER 权限或 mysql 数据库的 UPDATE 权限。如果旧名称不存在或者新名称已经存在，则会出现错误。

【例 9-6】　将用户 lily 的用户名改为 jack。SQL 语句如下。

```
RENAME USER 'lily'@'localhost' TO 'jack'@'localhost';
```

上述语句执行成功后，通过 SELECT 语句验证用户名是否修改成功，SQL 语句如下。

```
SELECT Host,User,authentication_string FROM user;
```

验证结果如图 9-11 所示。

信息　结果 1　剖析　状态

Host	User	authentication_string
localhost	jack	e10adc3949ba59abbe56e057f20f883e
localhost	mysql.infoschema	A005$THISISACOMBINATIONOFINVALIDSALTAND
localhost	mysql.session	A005$THISISACOMBINATIONOFINVALIDSALTAND
localhost	mysql.sys	A005$THISISACOMBINATIONOFINVALIDSALTAND
localhost	root	

图 9-11　用户名修改成功

从图 9-11 中可以看出，user 表中的 lily 用户名被改成了 jack。

用户密码的修改操作在 2.3.2 节中已经介绍过，此处不再赘述。

9.2.4 删除普通用户

在 MySQL 中,通常会创建多个用户来管理数据库。在使用过程中如果发现某些用户没有存在的必要了,就可以将这些用户删除。在 MySQL 中有以下两种删除用户的方式。

1. 使用 DROP USER 语句删除用户

使用 DROP USER 语句删除用户时,必须拥有 DROP USER 权限。DROP USER 语句的基本语法格式如下。

```
DROP USER 用户名 1 [,用户名 2]…
```

参数说明如下。

(1) 用户名 1。必选项,要删除的用户名称,表示为 USER@HOST 的形式。

(2) [,用户名 2]。可选项,要删除的用户名称。可以使用 DROP USER 命令同时删除多个用户。

【例 9-7】 使用 DROP USER 语句删除 MySQL 数据库用户 tom。SQL 语句如下。

```
DROP USER tom@localhost;
```

执行结果如图 9-12 所示。

图 9-12 使用 DROP USER 语句删除用户 tom

上述语句执行成功后,可通过 SELECT 语句验证用户 tom 是否删除成功,SQL 语句如下。

```
SELECT Host,User,authentication_string FROM user;
```

验证结果如图 9-13 所示。

信息 | 结果 1 | 剖析 | 状态

Host	User	authentication_string
localhost	lily	e10adc3949ba59abbe56e057f20f883e
localhost	mysql.infoschema	A005$THISISACOMBINATIONOFINVALIDSALTAND
localhost	mysql.session	A005$THISISACOMBINATIONOFINVALIDSALTAND
localhost	mysql.sys	A005$THISISACOMBINATIONOFINVALIDSALTAND
localhost	root	

图 9-13 用户 tom 删除成功

从图 9-13 中可以看出,user 表中已经不存在用户 tom 了,说明该用户已经被删除了。

2. 使用 DELETE 语句删除用户

所谓删除用户,就是将 mysql 数据库 user 表中的一条记录删除,因此,也可以通过 DELETE 语句实现用户删除。使用 DELETE 语句删除 user 表中的数据时,要指定表名为 mysql.user,用户还必须拥有对 mysql.user 表的 DELETE 权限。

DELETE 语句的语法格式如下。

```
DELETE FROM mysql.user WHERE Host = '主机名' AND User = '用户名';
```

参数说明如下。

（1）mysql. user。必选项，mysql. user 是 MySQL 中管理用户信息的表，可以通过 DELETE 语句从这个表中删除数据来删除用户。

（2）Host。必选项，表示用户所在的主机名称。

（3）User。必选项，表示用户的账户。

（4）主机名。必选项，表示所删除用户的主机名称的字符串。

（5）用户名。必选项，表示所删除用户名的字符串。

【例 9-8】 使用 DELETE 语句删除 MySQL 数据库用户 lily。SQL 语句如下。

```
DELETE FROM mysql.user WHERE Host = 'localhost' AND User = 'lily';
```

上述语句执行成功后，通过 SELECT 语句验证用户 lily 是否删除成功，SQL 语句如下。

```
SELECT Host,User,authentication_string FROM user;
```

验证结果如图 9-14 所示。

信息　结果 1　剖析　状态

Host	User	authentication_string
localhost	mysql.infoschema	A005$THISISACOMBINATIONOFINVALIDSALTAND
localhost	mysql.session	A005$THISISACOMBINATIONOFINVALIDSALTAND
localhost	mysql.sys	A005$THISISACOMBINATIONOFINVALIDSALTAND
localhost	root	

图 9-14　用户 lily 删除成功

从图 9-14 中可以看出，user 表中已经没有用户 lily 的记录了，说明该用户已经被成功删除。执行 DELETE 命令后也需要使用 FLUSH PRIVILEGES 语句刷新用户权限。

9.3　权限管理

在 MySQL 数据库中，为了保证数据的安全性，数据库管理员需要为每个用户赋予不同的权限，以满足不同用户的需求。对权限管理简单的理解就是 MySQL 控制用户只能做权限以内的事情，不可以越界。比如用户只具有 SELECT 权限，那么该用户就只能执行 SELECT 操作，不能执行其他操作。

权限管理主要是对登录到 MySQL 的用户进行权限验证。所有用户的权限都存储在 MySQL 的权限表中。合理的权限管理能够保证数据库系统的安全，而不合理的权限设置会给 MySQL 服务器带来安全隐患。

9.3.1　MySQL 的权限类型

MySQL 数据库中有很多种类的权限，这些权限都存储在 MySQL 数据库的权限表中。表 9-2 列出了 MySQL 的权限信息。通过权限设置，用户可以拥有不同的权限，合理的权限设置可以保证数据库的安全。

表 9-2 MySQL 的权限信息

权限名称	权限范围	权限说明
CREATE	数据库、表或索引	创建数据库、表或索引的权限
DROP	数据库或表	删除数据库或表的权限
GRANT OPTION	数据库、表或保存的程序	赋予权限选项
REFERENCES	数据库或表	创建外键约束的权限
ALTER	表	更改表的权限，如添加字段、索引等
DELETE	表	删除数据的权限
INDEX	表	添加索引的权限
INSERT	表	插入数据的权限
SELECT	表	查询数据的权限
UPDATE	表	更新数据的权限
CREATE VIEW	视图	创建视图的权限
SHOW VIEW	视图	查看视图的权限
ALTER ROUTINE	存储过程、函数	更改存储过程或函数的权限
CREATE ROUTINE	存储过程、函数	创建存储过程或函数的权限
EXECUTE	存储过程、函数	执行存储过程或函数的权限
FILE	服务器主机上的文件	文件访问权限
CREATE TEMPORARY TABLES	表	创建临时表权限
LOCK TABLES	表	锁表权限
CREATE USER	服务器管理	创建用户权限
PROCESS	服务器管理	查看进程权限
RELOAD	服务器管理	执行 flush hosts、flush logs、flush privileges、flush status、flush tables、flush threads、refresh、reload 等命令的权限
REPLICATION CLIENT	服务器管理	复制权限
REPLICATION SLAVE	服务器管理	复制权限
SHOW DATABASES	服务器管理	查看数据库权限
SHUTDOWN	服务器管理	关闭数据库权限
SUPER	服务器管理	执行 kill 线程权限

9.3.2 权限授予

权限授予就是向某个用户赋予某些权限，如可以向新建立的用户授予查询某些表的权限。在 MySQL 中使用 GRANT 关键字为用户设置权限。只有拥有 GRANT 权限，才能执行 GRANT 语句。GRANT 语句的语法格式如下。

```
GRANT 权限列表 [列列表] ON 数据库名.表名
    To 用户名 1 [WITH 选项 1[选项 2]…]
```

参数说明如下。

(1) 权限列表。必选项,表示授予的权限的列表,用逗号分隔,ALL PRIVILEGES 用于授予所有权限。

(2) 列列表。可选项,表示权限作用在数据表的哪些列上,如果不指定,则表示权限作用于整个表。

(3) 数据库名.表名。必选项,表示权限作用的数据库名及表名。

(4) 用户名1。必选项,表示授予权限的用户名,形式是 username@hostname。

(5) [WITH 选项1[选项2]…]子句。可选项,用于设置可选参数,这个参数有以下5个选项。

① GRANT OPTION。被授权的用户可以将这些权限授予别的用户。

② MAX_QUERIES_PER_HOUR count 设置每小时可以允许执行 count 次查询。

③ MAX_UPDATES_PER_HOUR count 设置每小时可以允许执行 count 次更新。

④ MAX_CONNECTIONS_PER_HOUR count 设置每小时可以允许执行 count 次连接。

⑤ MAX_USER_CONNECTIONS count 设置每个用户可以同时具有的 count 个连接数。

【例 9-9】 使用 GRANT 语句授予 tom 用户对所有数据库的查询、插入权限,并使用 WITH GRANT OPTION 子句授予该用户可将其权限授予其他用户的权限。GRANT 语句如下。

```
GRANT INSERT,SELECT ON *.* TO 'tom'@'localhost'  WITH GRANT OPTION;
```

执行结果如图 9-15 所示。

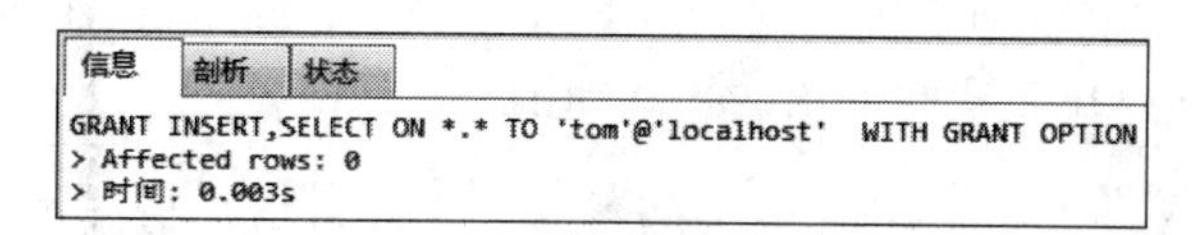

图 9-15　授予 tom 用户对所有数据库的查询、插入权限

【例 9-10】 使用 GRANT 语句授予用户 lily 对 jwsystem 数据库的 studentinfo 表的更新权限。GRANT 语句如下。

```
GRANT UPDATE on jwsystem.studentinfo TO lily@localhost;
```

执行结果如图 9-16 所示。

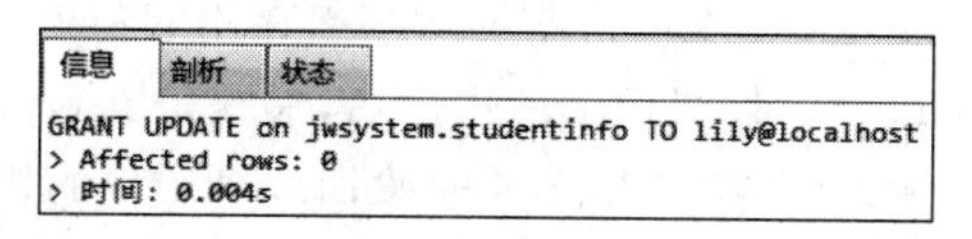

图 9-16　使用 GRANT 语句授予 UPDATE 权限

9.3.3　权限查询

在 MySQL 中,用户的权限存储在 mysql.user 表中,可以使用 SELECT 语句查询 user

表中的用户权限。除此之外，还可以使用 SHOW GRANT 语句查看用户的权限。SHOW GRANT 的语法格式如下。

```
SHOW GRANT FOR '用户名'@'主机名'
```

参数说明如下。

(1) 用户名。必选项，待查看权限的用户名。

(2) 主机名。必选项，待查看权限的用户所在的主机名。

【例 9-11】 使用 SHOW GRANT 语句查看 lily 用户的权限。SHOW GRANT 语句如下。

```
SHOW GRANTS FOR lily@localhost;
```

执行结果如图 9-17 所示。

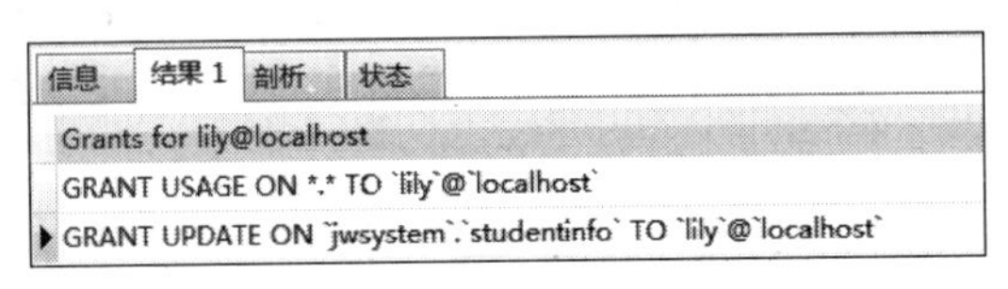

图 9-17 使用 SHOW GRANT 语句查看用户权限

9.3.4 权限收回

权限收回就是取消某个用户的某些权限，例如，管理员认为某个用户不应具有 DELETE 权限，可以通过收回该用户的 DELETE 权限，保证数据库的安全。收回权限使用 REVOKE 语句。REVOKE 语句的语法格式如下。

```
REVOKE 权限列表 [列列表] ON 数据库名.表名
FROM 用户名 1, [用户名 2]…;
```

参数说明如下。

(1) 权限列表。必选项，表示收回权限的列表，用逗号分隔，ALL PRIVILEGES 用于收回所有权限。

(2) 列列表。可选项，表示待收回的权限作用在数据表的哪些列上，如果不指定，则表示权限作用于整个表。

(3) 数据库名.表名。必选项，表示待收回的权限作用的数据库名及表名。

(4) 用户名 1。必选项，表示收回权限的用户名，形式是 username@hostname。

(5) [,用户名 2]…子句。可选项，用于同时收回多个用户的权限。

【例 9-12】 使用 REVOKE 语句收回用户 lily 对 jwsystem 数据库的 studentinfo 表的更新权限。REVOKE 语句如下。

```
REVOKE UPDATE on jwsystem.studentinfo FROM lily@localhost;
```

执行结果如图 9-18 所示。

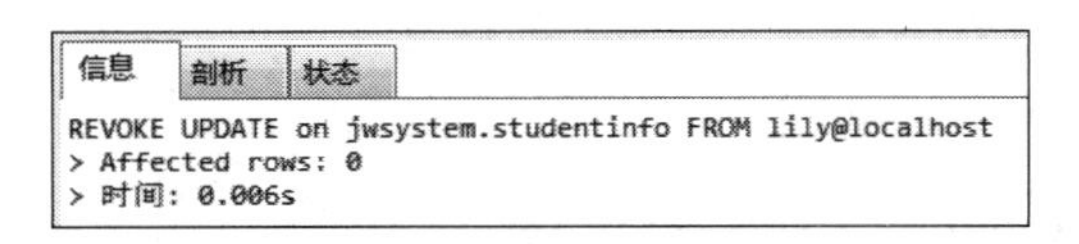

图 9-18　使用 REVOKE 语句收回 UPDATE 权限

【例 9-13】 使用 REVOKE 语句收回用户 lily 的所有权限。REVOKE 语句如下。

```
REVOKE ALL PRIVILEGES on * . * FROM lily@localhost;
```

执行结果如图 9-19 所示。

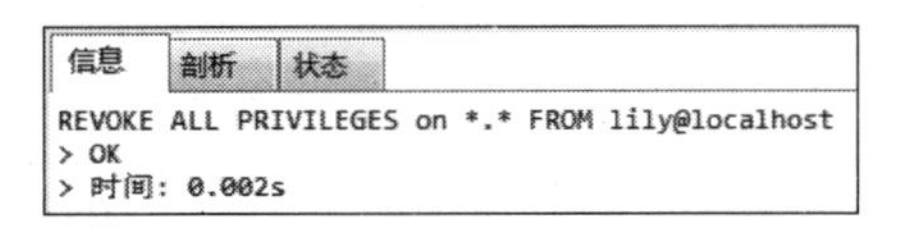

图 9-19　使用 REVOKE 语句收回所有权限

单元小结

本单元主要介绍了 MySQL 数据库安全与管理的相关知识。首先介绍了创建新用户和删除用户的功能。创建和删除用户有多种方法,包括使用 CREATE USER 语句、INSERT 语句创建新用户,使用 DROP USER 语句、DELETE 语句删除用户。其次介绍了用户授权的管理,分别介绍了使用 GRANT 语句和 REVOKE 语句授予和收回权限的方法。介绍了使用 mysqldump 命令备份数据库,使用 mysql 命令恢复数据库。上述方法经常用于 MySQL 数据库的管理和开发过程当中,对于数据库管理和开发人员来说,掌握并熟练使用上述方法非常重要。

单元实训项目

项目一：使用 SQL 语句备份与恢复数据

目的：掌握利用 SQL 语句对数据库进行备份与恢复。

内容：

(1) 在 D 盘创建一个新的备份文件夹 s3_bak。

(2) 使用 SQL 语句将“学生选课”数据库中的所有数据备份到 s3_bak 文件夹下。

(3) 删除“学生选课”数据库,使用 SQL 命令恢复“学生选课”数据库。

项目二：创建新用户

日的：掌握使用 SQL 语句进行用户的创建、查看和删除操作。

内容：

(1) 使用 SQL 语句创建 test 用户。

(2) 使用 SQL 语句查看创建的 test 用户的信息。

(3) 使用 SQL 语句删除 test 用户。

项目三：用户权限的授予和收回

目的：掌握使用 SQL 语句授予和收回用户权限。

内容：

(1) 使用 SQL 语句授予 test 用户对“学生选课”数据库中 studentInfo 表、teacher 表的查询、插入、更新和删除数据的权限。

(2) 使用 SQL 语句收回 test 用户的全部权限。

单元练习题

一、选择题

1. 下列有关数据库还原的说法中，错误的是(　　)。
   A. 还原数据库是通过备份好的数据文件进行还原
   B. 还原是指还原数据库中的数据，而库是不能被还原的
   C. 使用 mysql 命令可以还原数据库中的数据
   D. 数据库中的库是可以被还原的
2. 下列使用 SET 语句将 root 用户的密码修改为 mypwd3 的描述中，正确的是(　　)。
   A. root 登录到 MySQL，再执行：SET authentication_string=MD5('mypwd3');
   B. 直接在 DOS 中执行：SET PASSWORD=password('mypwd3');
   C. root 登录到 MySQL，再执行：SET PASSWORD=password(mypwd3);
   D. 直接在 DOS 中执行：SET PASSWORD='mypwd3';
3. 下列选项中，允许为其他用户授权的权限是(　　)。
   A. ALTER 权限　　B. GRANT 权限
   C. RENAME 权限　　D. GRANT USER 权限
4. 下列选项中，用于创建或删除数据库、表、索引的权限有(　　)。(多选)
   A. DROP 权限　　B. CREATE 权限
   C. DELETE 权限　　D. DECLARE 权限

二、判断题

1. root 用户具有最高的权限，不仅可以修改自己的密码，还可以修改普通用户的密码，而普通用户只能修改自己的密码。(　　)

2. 在安装 MySQL 时，会自动安装一个名为 mysql 的数据库，该数据库中的表都是权限表。(　　)

3. 使用 mysql 命令还原数据库时，需要先登录到 MySQL 命令窗口。(　　)

4. 在 MySQL 中，为了保证数据库的安全性，需要将用户不必要的权限收回。(　　)

三、简答题

1. 简述解决 root 用户密码丢失问题的步骤。
2. 简述使用 SHOW GRANTS 语句查询权限信息的基本语法结构。
3. 什么是数据库的备份和恢复？为什么要进行数据库的备份？
4. 写出为用户授予权限的命令。
5. 如果 root 用户的密码泄露，应如何解决？

单元10

银行业务系统数据库的设计与实现

通过前面单元的学习，读者已经了解了数据库的基础知识，掌握了基于 MySQL 的开发和管理技术。本单元通过一个典型的数据库管理系统——银行业务系统的项目开发，对本书所讲内容进行总结和巩固。

本单元主要学习目标如下：

- 使用 SQL 语句创建数据库和表。
- 使用 SQL 语句编程实现用户业务。
- 使用事务和存储过程封装业务逻辑。
- 使用视图简化复杂的数据查询。

10.1 银行业务系统分析

10.1.1 需求概述

某银行是一家民办的小型银行企业，现有十多万客户。为提高工作效率，该银行将请公司开发一套管理系统，业务操作包括存款、取款和转账，为简化数据库设计和实现，其中转账操作仅实现银行内账户之间的转账，银行职员可以为客户进行账户管理操作，包括创建、注销账户以及修改账户信息。要求保证数据的安全性。

系统要求完成客户要求的功能要求，运行稳定。

10.1.2 问题分析

通过和银行柜台人员的沟通交流，确定该银行的业务描述如下。

(1) 银行为客户提供了各种银行存取款业务，如表 10-1 所示。

(2) 每个客户凭个人身份证在银行可以开设多个银行卡账户。开设账户时，客户需要提供的开户数据如表 10-2 所示。

表 10-1　银行存取款业务

业　务	描　　述
活期	无固定存期，可随时存取，存取金额不限的一种比较灵活的存款
定活两便	事先不约定存期，一次性存入，一次性支取的存款
通知	不约定存期，支取时需提前通知银行，约定支取日期和金额方能支取的存款
整存整取	选择存款期限，整笔存入，到期提取本息的一种定期储蓄。银行提供的存款期限有 1 年、2 年和 3 年
零存整取	一种事先约定金额，逐月按约定金额存入，到期支取本息的定期储蓄。银行提供的存款期限有 1 年、2 年和 3 年
转账	办理同一币种账户的银行卡之间互相划转

表 10-2　开设银行卡账户的客户信息

数　据	说　　明
姓名	必须提供
身份证号	唯一确定用户。由 17 位数字和最后一位数字或字符组成
联系电话	分为座机号码和手机号码 > 座机号码由数字和“-”构成，有以下两种格式： ◆ XXX-XXXXXXXX ◆ XXXX-XXXXXXXX > 手机号码由 11 位数字组成
居住地址	可以选择

(3) 银行为每个账户提供一个银行卡，每个银行卡可以存入一种币种的存款。银行保存账户的信息如表 10-3 所示。

表 10-3　银行卡账户信息

数　据	说　　明
卡号	银行的卡号由 16 位数字组成。其中：一般前 8 位代表特殊含义，如某总行某支行等。假定该行要求其营业厅的卡号格式为：6227 2666 XXXX XXXX，后面 8 位是随机产生且唯一的，每 4 位号码后有空格
密码	由 6 位数字构成，开户时默认为“888888”
币种	默认为 RMB，该银行目前尚未开设其他币种存款业务
存款类型	必须选择
开户日期	客户开设银行卡账户的日期，默认为当日
开户金额	客户开设银行卡账户时存入的金额
余额	客户账户目前剩余的金额
是否挂失	默认为“否”

(4) 客户持卡在银行柜台或 ATM 机上输入密码，经系统验证身份后办理存款、取款和转账等银行业务。

(5) 银行在为客户办理存取款业务时，需要记录每一笔交易。银行卡交易信息如表10-4所示。

表10-4　银行卡交易信息

数　据	说　明
卡号	银行的卡号由16位数字组成
交易日期	交易时的日期和时间
交易金额	必须大于0
交易类型	包括存入和支取两种
备注	对每笔交易做必要说明

(6) 该银行要求这套软件实现银行客户的开户、存款、取款、转账和余额查询等业务，使银行储蓄业务方便、快捷，同时保证银行业务数据的安全性。

(7) 为了使开发人员尽快了解银行业务，该银行提供了银行卡手工账户和存取款单据的样本数据，以供项目开发参考，如表10-5和表10-6所示。

表10-5　银行卡手工账户信息

账户姓名	王小利	账户姓名	王平顺
身份证号	530103195412236346	身份证号	530103600115346
联系电话	0852-68837215	联系电话	15801112309
住址	贵州省遵义市虾子镇	住址	贵州遵义市红花岗区
卡号	6227 2666 1010 5112	卡号	6227 0071 1822 6631
存款类型	定期一年	存款类型	活期
开户日期	2019-11-13 15:30:12	开户日期	2020-08-21 09:10:11
开户金额	￥1.00	开户金额	￥1.00
余额	￥2,5132.19	余额	￥1983.89
密码	881248	密码	787542
账户状态		账户状态	挂失

表10-6　银行卡交易信息的样本数据

交易日期	交易类型	卡　号	交易金额	余额	终端机编号
2018-11-21 09:21:16	存入	6227 2666 1010 5112	￥4,000.00	￥4,234.00	1201
2018-12-13 21:18:21	存入	6227 2666 1010 5112	￥1,000.00	￥5,220.00	2305
2018-12-19 10:36:37	支取	6227 2666 7173 8982	￥300.00	￥466.00	2104
2019-01-01 11:08:09	支取	6227 2666 9989 8112	￥2,600.00	￥1,000.00	3482
2019-01-01 13:01:01	存入	6227 2666 9331 9007	￥2,000.00	￥5,800.71	8803
2019-01-01 15:17:16	支取	6227 2666 1010 5112	￥3,000.00	￥1,200.00	1101
2020-01-02 08:09:03	存入	6227 2666 9989 8112	￥4,000.00	￥7,000.00	2305
2021-01-02 09:01:02	存入	6227 2666 1822 6631	￥200.00	￥2,083.89	1101
2021-03-09 13:15:31	支取	6227 2666 1822 6631	￥400.00	￥1783.89	4482

10.2　银行业务系统设计

10.2.1　数据库设计

1. 创建银行业务系统 E-R 图

任务描述

明确银行业务系统的实体、实体属性，以及实体之间的关系。

提示：

(1) 在充分理解银行业务需求后，围绕银行的业务需求进行分析，确认与银行业务系统有紧密关系的实体，并得到每个实体的必要属性。

(2) 对银行业务进行分析，找出多个实体之间的关系。实体之间的关系可以是：一对一、一对多、多对多。

银行业务系统 E-R 图如图 10-1 所示。

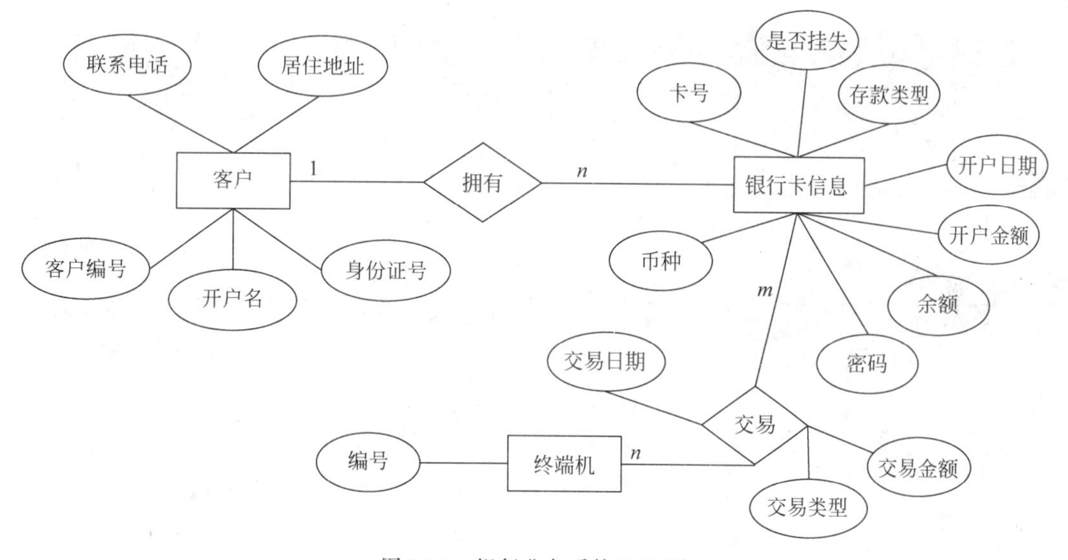

图 10-1　银行业务系统 E-R 图

2. 将 E-R 图转换为关系模式

按照将 E-R 图转换为关系模式的规则，图 10-1 所示的 E-R 图转换的关系模式为：

客户(客户编号，开户名，身份证号，联系电话，居住地址)

银行卡(卡号，密码，开户日期，开户金额，存款类型，余额，是否挂失，币种，客户编号)

交易(银行卡号，交易日期，交易类型，交易金额，终端机编号)

终端机(编号)

对上述关系模式进行优化："终端机"关系只有一个"编号"属性，而且此属性已经包含在"交易"关系中了，这个关系可以删除。"银行卡"关系中的"存款类型"皆为汉字，会出现大量的数据冗余，为减少数据冗余，可分出一个“存款类型”关系，里面包含“存款类型编号”和“存款类型名称”等属性，将“银行卡”关系中的“存款类型”改变为“存款类型编号”。

优化后的关系模式为：

客户(客户编号，开户名，身份证号，联系电话，居住地址)

银行卡(卡号，密码，开户日期，开户金额，存款类型编号，余额，币种，是否挂失，客户编号)

交易(银行卡号，交易日期，交易类型，交易金额，终端机编号)

存款类型(存款类型编号，存款类型名称，描述)

3. 规范数据库设计

使用第一范式、第二范式、第三范式对关系进行规范化，使每个关系都要达到第三范式。在规范化关系时，也要考虑软件运行性能。必要时，可以有悖于第三范式的要求，适当增加冗余数据，减少表间连接，以空间换取时间。

4. 设计表结构

客户表结构如表10-7所示。

表10-7　客户表结构

字段名称	数据类型	含义	说　明
customerID	int	客户编号	自动增量，从1开始，主键
customerName	varchar	开户名	必填
PID	char	身份证号	必填，只能是18位，唯一约束
telephone	varchar	联系电话	必填，格式为xxxx-xxxxxxxx或xxx-xxxxxxxx或11位手机号
address	varchar	居住地址	可选输入

银行卡表结构如表10-8所示。

表10-8　银行卡表结构

字段名称	数据类型	含义	说　明
cardID	char	卡号	必填，主键，银行的卡号规则和电话号码一样，一般前8位代表特殊含义，如某总行某支行等。假定该行要求其营业厅的卡号格式为6227 2666 XXXX XXXX，每4位号码后有空格，卡号一般随机产生
curID	varchar	货币种类	外键，必填，默认为RMB
savingID	tinyint	存款类型	外键，必填
openDate	datetime	开户日期	必填，默认为系统当前日期和时间
openMoney	double	开户金额	必填
balance	double	余额	必填
password	char	密码	必填，6位数字，开户时默认为6个“8”
isReportLoss	char	是否挂失	必填，是/否值，默认为“否”
customerID	int	客户编号	外键，必填

交易表结构如表 10-9 所示。

表 10-9　交易表结构

字段名称	数据类型	含义	说　明
tradeDate	datetime	交易日期	必填，默认为系统当前日期和时间
cardID	varchar	卡号	外键，必填
tradeType	char	交易类型	必填，只能是存入/支取
tradeMoney	double	交易金额	必填，大于 0
machine	char	终端机编号	客户业务操作的机器编号

存款类型表结构如表 10-10 所示。

表 10-10　存款类型表结构

字段名称	数据类型	含义	说　明
savingID	tinyint	存款类型编号	自动增量，从 1 开始，主键
savingName	varchar	存款类型名称	必填
descript	varchar	描述	可空

10.2.2　创建库、创建表、创建约束

1. 创建数据库

任务描述

使用 CREATE DATABASE 语句创建“银行业务系统”数据库 bankDB。

任务要求

创建数据库时要求检测是否存在 bankDB，如果存在，则先删除再创建。

对应的 SQL 语句如下。

```
DROP DATABASE IF EXISTS bankDB;
CREATE DATABASE bankDB;
```

2. 创建表

任务描述

根据设计出的“银行业务系统”的数据表结构，使用 CREATE TABLE 语句创建表。

任务要求

创建表时要求检测是否存在同名的表，如果存在，则先删除再创建。

参考代码

```
USE bankDB;
#创建客户表
DROP  TABLE  IF  EXISTS  userInfo;
CREATE TABLE userInfo
```

```
(customerID  INT  AUTO_INCREMENT  PRIMARY KEY,,
customerName  VARCHAR(20)  NOT  NULL,
PID  CHAR(18)  NOT  NULL,
telephone  VARCHAR(15)  NOT  NULL,
address VARCHAR(50));
#创建银行卡表
DROP  TABLE  IF  EXISTS  cardInfo;
CREATE  TABLE  cardInfo
(cardID  CHAR(19)  NOT  NULL,
curID  VARCHAR(10)  NOT  NULL,
savingID  INT  NOT  NULL,
openDate  DATETIME  NOT  NULL,
openMoney  DOUBLE  NOT  NULL,
balance  DOUBLE  NOT  NULL,
password  CHAR(6)  NOT  NULL,
isReportLoss  CHAR(1)  NOT  NULL,
customerID  INT  NOT  NULL);
#创建交易表
DROP  TABLE  IF EXISTS  tradeInfo;
CREATE TABLE tradeInfo
(tradeDate  DATETIME  NOT  NULL,
tradeType  ENUM("存入","支出")  NOT  NULL,
cardID  CHAR(19)  NOT  NULL,
tradeMoney  DOUBLE  NOT  NULL,
machine  CHAR(8)  NOT  NULL );
#创建存款类型表
DROP  TABLE  IF EXISTS  deposit
CREATE TABLE deposit
(savingID  TINYINT  AUTO_INCREMENT PRIMARY KEY ,
savingName  VARCHAR(20)  NOT  NULL,
descript VARCHAR(50) );
```

3. 添加约束

任务描述

根据银行业务,分析表中每列相应的约束要求,使用 ALTER TABLE 语句为每个表添加各种约束。

提示:为表添加主外键约束时,要先添加主表的主键约束,然后再添加子表的外键约束。

参考代码

```
/* deposit 表的约束
SavingID 存款类型号,自动增量,从 1 开始,主键 */
```

此约束在创建表时已经建立。

```
/* userInfo 表的约束
customerID 客户编号,自动增量,从 1 开始,主键
```

```
customerName 开户名,必填
PID 身份证号,必填,身份证号唯一约束
telephone 联系电话,必填
address 居住地址,可选输入 */
```

主键约束在创建表时已经建立。

```
ALTER TABLE userInfo
ADD CONSTRAINT UQ_PID UNIQUE(PID) ;#给 PID 创建唯一约束
/* cardInfo 表的约束
cardID  卡号,必填,主键
curID 币种,必填,默认为"RMB"
openDate 开户日期,必填,默认为系统当前日期
openMoney 开户金额,必填
balance 余额,必填
password 密码,必填,6 位数字,默认为 6 个 8
isReportLoss 是否挂失,必填,是(1)/否(0)值,默认为"否"(0)
customerID  客户编号,必填,表示该卡对应的客户编号,外键,参照客户表的客户编号
savingID  存款类型编号,必填,外键,参照存款类型表的存款类型编号 */

ALTER TABLE cardInfo ADD CONSTRAINT PK_cardID PRIMARY KEY(cradID);
ALTER TABLE cardInfo ALTER curID SET DEFAULT "RMB";
ALTER TABLE cardInfo MODIFY COLUMN openDate DATETIME NOT NULL DEFAULT CURRENT_TIMESTAMP;
ALTER TABLE cardInfo ALTER password SET DEFAULT "888888";
ALTER TABLE cardInfo ALTER isReportLoss SET DEFAULT 0;
ALTER TABLE cardInfo ADD CONSTRAINT FK_customerID FOREIGN KEY(customerID) REFERENCES userInfo
(customerID);
ALTER TABLE cardInfo ADD CONSTRAINT FK_savingID FOREIGN KEY(savingID) REFERENCES deposit
(savingID);
/* tradeInfo 表的约束
tradeType  必填
cardID  卡号,必填,外键,可重复索引
tradeMoney  交易金额,必填
tradeDate  交易日期,必填,默认为系统当前日期
machine  终端机编号,必填
cardID 和 tradeDate 合起来做主键
*/
ALTER TABLE tradeInfo ADD CONSTRAINT PK_cardID_tradeInfo
PRIMARY KEY(cardID,tradeDate);
ALTER TABLE tradeInfo ADD CONSTRAINT FK_cardID
FOREIGN KEY(cardID) REFERENCES cardInfo(cardID);
ALTER TABLE tradeInfo MODIFY COLUMN tradeDate DATETIME NOT NULL DEFAULT CURRENT_TIMESTAMP;
CREATE INDEX IX_cardID ON tradeInfo(cardID);
```

10.2.3 插入测试数据

任务描述

使用 SQL 语句向数据库中已经创建的每个表中插入测试数据。在输入测试数据时,卡

号由人工填写，暂不随机产生。向相关表中插入表10-11所示的开户信息。

表10-11 两位客户的开户信息

姓名	身份证号	联系电话	地址	开户金额	存款类型	卡号
张三	522101196012213211	0852-65453214	贵州省贵阳市乌当区	1000	活期	6227 2666 1234 5678
李四	530103198310206548	0852-64322123	贵州省遵义市汇川区	6000	定期一年	6227 2666 5678 1234
王五	430524198511300539	0852-8613675	贵州省遵义市汇川区	8000	活期	6227 2666 1060 0159
赵六	522125198611300539	0852-8612675	贵州省遵义市汇川区	3000	定期一年	6227 2666 1020 0158
钱七	520115199211200532	0852-8633675	贵州省遵义市汇川区	2500	活期	6227 2666 1020 0148

插入交易信息：张三的卡号(6227 2666 1234 5678)取款900元，李四的卡号(6227 2666 5678 1234)存款5000元，王五的卡号(6227 2666 1060 0159)存款5000元，赵六的卡号(6227 2666 1020 0158)取款2000元，钱七的卡号(6227 2666 1020 0148)存款1000元。要求保存交易记录，以便客户查询和银行业务统计。

例如，当张三取款900元时，会向交易表(tradeInfo)中添加一条交易记录，同时应自动更新银行卡表(cardInfo)中的现有余额(减少900元)，先假定手动插入更新信息。

任务要求

(1) 插入到各表中的数据要保证业务数据的一致性和完整性。

(2) 当客户持银行卡办理存款和取款业务时，银行要记录每笔交易账目，并修改该银行卡的存款余额。

(3) 每个表至少要插入3～5条记录。

提示：为了保证主外键的关系，建议：先插入主表中的数据，再插入从表中的数据。

客户取款时需要记录"交易账目"，并修改存款余额。它需要分以下两步完成。

(1) 在交易表中插入交易记录。

```
INSERT INTO tradeInfo(tradeType,cardID,tradeMoney)
VALUES('支取', '6227 2666 1234 5678',900);
```

(2) 更新银行卡表中的现有余额。

```
UPDATE cardInfo SET balance = balance - 900
WHERE cardID = '6227 2666 1234 5678';
```

客户存款时需要记录"交易账目"，并修改存款余额。它需要分以下两步完成。

(1) 在交易表中插入交易记录。

```
INSERT INTO tradeInfo(tradeType,cardID,tradeMoney)
VALUES('存入', '6227 2666 5678 1234',5000);
```

(2) 更新银行卡表中的现有余额。

```
UPDATE cardInfo SET balance = balance + 5000
WHERE cardID = '6227 2666 5678 1234';
```

参考代码

```
/*存款类型*/
INSERT INTO deposit(savingName,descript) VALUES('活期','按存款日结算利息')
INSERT INTO deposit(savingName,descript) VALUES('定期一年','存款期 1 年')
INSERT INTO deposit(savingName,descript) VALUES('定期二年','存款期 2 年')
INSERT INTO deposit(savingName,descript) VALUES('定期三年','存款期 3 年')
INSERT INTO deposit(savingName) VALUES('按定活两便')
INSERT INTO deposit(savingName,descript) VALUES''零存整取一年','存款期 1 年')
INSERT INTO deposit(savingName,descrip) VALUES('零存整取二年','存款期 2 年')
INSERT INTO deposit(savingName,descrip) VALUES('零存整取三年','存款期 3 年')
INSERT INTO deposit(savingName,descrip) VALUES('存本取息五年','按月取利息')
SELECT * FROM deposit

/*客户信息*/
INSERT INTO userInfo(customerName,PID,telephone,address)
    VALUES('张三','522101196012213211','0852-65453214','贵州省贵阳市乌当区');
INSERT INTO cardInfo(cardID,savingID,openMoney,balance,customerID)
    VALUES('6227 2666 1234 5678',1,1000,1000,1)

INSERT INTO userInfo(customerName,PID,telephone,address)
VALUES('李四','530103198310206548','0852-64322123','贵州省遵义市汇川区');
INSERT INTO cardInfo(cardID,savingID,openMoney,balance,customerID)
    VALUES('6227 2666 5678 1234',2,6000,6000,2)

INSERT INTO userInfo(customerName,PID,telephone,address)
VALUES('王五','430524198511300539','0852-8613675','贵州省遵义市汇川区');
INSERT INTO cardInfo(cardID,savingID,openMoney,balance,customerID)
    VALUES('6227 2666 1060 0159',2,8000,8000,3)

INSERT INTO userInfo(customerName,PID,telephone,address)
VALUES('赵六','522125198611300539','0852-8612675','贵州省遵义市汇川区');
INSERT INTO cardInfo(cardID,savingID,openMoney,balance,customerID)
VALUES('6227 2666 1020 0158',3,3000,3000,4);

INSERT INTO userInfo(customerName,PID,telephone,address)
VALUES('钱七','520115199211200532','0852-8633675','贵州省遵义市汇川区');
INSERT INTO cardInfo(cardID,savingID,openMoney,balance,customerID)
VALUES('6227 2666 1020 0148',3,2500,2500,5);

SELECT * FROM userInfo
SELECT * FROM cardInfo

/*--------------交易表插入交易记录--------------------------*/
INSERT INTO tradeInfo(tradeType,cardID,tradeMoney)
    VALUES('支取', '6227 2666 1234 5678',900);
/*-------------更新银行卡表中的现有余额------------------*/
UPDATE cardInfo SET balance = balance - 900 WHERE cardID = '6227 2666 1234 5678';

INSERT INTO tradeInfo(tradeType,cardID,tradeMoney)
```

```
    VALUES('存入','6227 2666 5678 1234',5000);
UPDATE cardInfo SET balance = balance + 5000 WHERE cardID = '6227 2666 5678 1234';

INSERT INTO tradeInfo(tradeType,cardID,tradeMoney)
    VALUES('存入', '6227 2666 1060 0159',5000);
UPDATE cardInfo SET balance = balance + 5000 WHERE cardID = '6227 2666 1060 0159';

INSERT INTO tradeInfo(tradeType,cardID,tradeMoney)
    VALUES('支取','6227 2666 1020 0158',2000);
UPDATE cardInfo SET balance = balance - 2000 WHERE cardID = '6227 2666 1020 0158';

INSERT INTO tradeInfo(tradeType,cardID,tradeMoney)
    VALUES('存入','6227 2666 1020 0148',1000);
UPDATE cardInfo SET balance = balance + 1000 WHERE cardID = '6227 2666 1020 0148';

/* --------- 检查测试数据是否正确 ---------- */
SELECT * FROM cardInfo
SELECT * FROM tradeInfo
```

10.2.4 编写SQL语句实现银行的日常业务

1. 修改客户密码

任务描述

修改张三(卡号为6227 2666 1234 5678)银行卡密码为“123456”,修改李四(卡号为6227 2666 5678 1234)银行卡密码为“123123”。

参考代码

```
/* ---------- 修改密码 ----- */
UPDATE cardInfo SET password = '123456' WHERE cardID = '6227 2666 1234 5678';
UPDATE cardInfo SET password = '123123' WHERE cardID = '6227 2666 5678 1234';
#查询账户信息
SELECT * FROM cardInfo;
```

2. 办理银行卡挂失

任务描述

李四(卡号为6227 2666 5678 1234)因银行卡丢失,申请挂失。

参考代码

```
/* ---------- 挂失账号 ---------- */
#李四(卡号为6227 2666 5678 1234)因银行卡丢失,申请挂失
UPDATE cardInfo SET isReportLoss = 1 WHERE cardID = '6227 2666 5678 1234';
SELECT * FROM cardInfo

#查看修改密码和挂失结果
```

```
SELECT cardID 卡号,curID 货币,savingName 存款类型,openDate 开户日期,
       openMoney 开户金额,balance 余额,password 密码,
       CASE isReportLoss
            WHEN 1 THEN '挂失'
            WHEN 0 THEN '未挂失'
       END 是否挂失,customerName 客户姓名
FROM cardInfo INNER JOIN deposit ON cardInfo.savingID = deposit.savingID
INNER JOIN userInfo ON cardInfo.customerID = userInfo.customerID;
```

3. 查询本周开户信息

任务描述

查询本周开户的卡号,查询该卡的相关信息。

提示：DATE_SUB() 函数从日期减去指定的时间间隔。其语法格式如下。

```
DATE_SUB(date, INTERVAL expr type)
```

参数说明如下。

(1) date：合法的日期表达式。

(2) expr：指定的时间间隔。

(3) type：间隔类型,有 microsecond、second、minute、hour、day、week、month、year 等。

参考代码

```
/* -------- 查询本周开户的卡号,显示该卡的相关信息 ------------------ */
SELECT c.cardID 卡号,u.customerName 客户姓名,c.curID 货币,d.savingName 存款类型, c.openDate
开户日期,c.openMoney 开户金额,c.balance 余额,
CASE c.isReportLoss
      WHEN 1 THEN '挂失账户'
      WHEN 0 THEN '正常账户'
 END 账户状态
FROM cardInfo c INNER JOIN userInfo u ON c.customerID = u.customerID
INNER JOIN deposit d ON c.savingID = d.savingID
WHERE openDate > DATE_SUB(CURDATE(),INTERVAL 1 WEEK);
```

4. 查询本月交易金额最高的卡号

任务描述

查询本月存、取款交易金额最高的卡号信息。

提示：在交易信息表中,采用子查询和 DISTINCT 去掉重复的卡号。

参考代码

```
/* --------- 查询本月交易金额最高的卡号 ---------------------- */
SELECT DISTINCT cardID FROM tradeInfo
WHERE tradeMoney = (SELECT MAX(tradeMoney) FROM tradeInfo
                    WHERE tradeDate > DATE_SUB(CURDATE(),INTERVAL 1 MONTH));
```

5. 查询挂失客户

任务描述

查询挂失账号的客户信息。

提示：利用子查询 IN 的方式或内部连接 INNER JOIN。

参考代码

```
/*---------- 查询挂失账号的客户信息 ----------------------*/
SELECT customerName 客户名称,telephone 联系电话 FROM userInfo
WHERE customerID IN(SELECT customerID FROM cardInfo WHERE isReportLoss = 1);
```

6. 催款提醒业务

任务描述

根据某种业务(如代缴电话费、代缴手机费等)的需要，每个月末，如果发现客户账上余额少于200元，将由银行统一致电催款。

提示：利用连接查询或子查询。

参考代码

```
/*------催款提醒：根据某种业务的需要，每个月末，如果发现用户账上余额少于200元，将致电
催款。---*/
SELECT customerName 客户名称,telephone 联系电话,balance 余额
FROM userInfo INNER JOIN cardInfo ON cardInfo.customerID = userInfo.customerID
WHERE balance < 200;
```

10.2.5 创建、使用视图

任务描述

为了向客户提供友好的用户界面，使用SQL语句创建下面几个视图，并使用这些视图查询输出各表的信息。

(1) view_user 输出银行客户记录。

(2) view_card 输出银行卡记录。

(3) view_trade 输出银行卡的交易记录。

任务要求

显示的列名全为中文。

参考代码

```
#1.创建视图：为了向客户显示信息友好，查询各表要求字段全为中文字段名.
DROP VIEW IF EXISTS view_user;
CREATE VIEW view_user   #客户表视图
AS
SELECT customerID as 客户编号,customerName as 开户名, PID as 身份证号,
       telephone as 电话号码,address as 居住地址  from userInfo;
```

```
#使用视图
SELECT * FROM view_user;

#2.创建视图：查询银行卡信息
DROP VIEW IF EXISTS view_card;
CREATE VIEW view_card
AS
SELECT c.cardID 卡号, u.customerName 客户姓名, c.culID 货币种类, d.savingName 存款类型,
c.openDate 开户日期, c.balance 余额, c.password 密码,
    CASE c.isReportLoss
        WHEN 1 THEN '挂失'
        WHEN 0 THEN '正常'
    END 账户状态
FROM cardInfo c INNER JOIN userInfo u ON c.customerID = u.customerID
INNER JOIN deposit d ON c.savingID = d.savingID;
#使用视图
SELECT * FROM view_card;

#3.创建视图：查看交易信息
DROP VIEW IF EXISTS view_trade;
CREATE VIEW view_trade
AS
SELECT tradeDate as 交易日期, tradeType as 交易类型, cardID as 卡号, tradeMoney as 交易金额,
machine as 终端机编号 FROM tradeInfo;
#使用视图
SELECT * FROM view_trade;
```

10.2.6 使用事务和存储过程实现业务处理

1. 完成存款或取款业务

任务描述

(1) 根据银行卡号和交易金额，实现银行卡的存款和取款业务。

(2) 每一笔存款、取款业务都要记入银行交易账，同时更新客户的存款余额。

(3) 如果是取款业务，在记账之前，要看看余额是不是小于0。如果是，说明余额不够取，则取消本次取款操作。

任务要求

编写一个存储过程完成存款和取款业务，并调用存储过程进行取款或存款的测试。测试数据是：张三的卡号支取300元，李四的卡号存入500元。

提示：在存储过程中使用事务，以保证数据操作的一致性。取款之后，如果余额小于0，则回滚事务。

参考代码

```
/* --1.取款或存款的存储过程 */
DROP PROCEDURE IF EXISTS trade_proc
```

```
DELIMITER //
CREATE PROCEDURE trade_proc(IN t_type CHAR(2), IN t_money DOUBLE, IN card_id char(19), IN m_id
CHAR(8))
MODIFIES SQL DATA
BEGIN
  DECLARE ye DOUBLE;
  START TRANSACTION;
   IF(t_type = "支取") THEN
     INSERT INTO tradeInfo(tradeType, cardID, tradeMoney, machine)
VALUES(t_type, card_id, t_money, m_id);
     UPDATE cardInfo SET balance = balance - t_money WHERE cardID = card_id;
     SELECT balance INTO ye FROM cardInfo WHERE cardID = card_id;
     IF(ye < 0) THEN
       SELECT "余额不足";
       ROLLBACK;
     ELSE
       COMMIT;
     END IF;
   END IF;
   IF(t_type = "存入")
THEN
     INSERT INTO tradeInfo(tradeType, cardID, tradeMoney, machine)
VALUES(t_type, card_id, t_money, m_id);
     UPDATE cardInfo SET balance = balance + t_money WHERE cardID = card_id;
     COMMIT;
END IF;
  END; //
DELIMITER ;
```

2. 产生随机卡号

任务描述

创建存储过程产生8位随机数字，与前8位固定的数字"6227 2666"连接，生成一个由16位数字组成的银行卡号，并输出。

提示：使用随机函数生成银行卡后8位数字。

随机函数的用法：

RAND(随机种子)

将产生0～1的随机数，要求每次的随机种子不一样。为了保证随机种子每次都不相同，一般采用的算法是：

随机种子＝当前的月份数×100000＋当前的分钟数×1000＋当前的秒数×100

产生了0～1的随机数后，取小数点后8位，即0.xxxxxxxx。

参考代码

```
/* --产生随机卡号的存储过程(用当前月份数\当前分钟数\当前秒数乘以一定的系数作为随机种
子) -- */
```

```
DROP PROCEDURE IF EXISTS use_randCardID;
DELIMITER //
CREATE PROCEDURE use_randCardID(OUT randCardID char(19))
BEGIN
  DECLARE r DECIMAL(15,8);
  DECLARE tempStr CHAR(10);
  SELECT RAND((MONTH(NOW()) * 100000) + (MINUTE(NOW()) * 1000) + (SECOND(NOW()) * 10)) INTO r;
  SET tempStr = CONVERT(r,CHAR(10));
  SET randCardID = CONCAT('6227 2666 ',SUBSTRING(tempStr,3,4),' ',
SUBSTRING(tempStr,7,4));
END;//
DELIMITER ;
#测试产生随机卡号
SET @kh = "";
CALL usp_randCardID(@kh);
SELECT @kh;
```

3. 统计银行资金流通余额和盈利结算

任务描述

存入代表资金流入，支取代表资金流出。

计算公式：资金流通金额＝总存入金额－总支取金额。

假定存款利率为千分之三，贷款利率为千分之八。

计算公式：盈利结算＝总支取金额×0.008－总存入金额×0.003。

提示：定义两个变量存放总存入金额和总支取金额。使用 sum()函数进行汇总，使用转换函数 convert()。

参考代码

```
DELIMITER //
CREATE PROCEDURE profit_proc(OUT yl DOUBLE)
READS SQL DATA
BEGIN
  DECLARE l_in DOUBLE;
  DECLARE l_out DOUBLE;
  SELECT sum(tradeMoney) INTO l_in FROM tradeInfo WHERE tradeType = "存入";
  SELECT sum(tradeMoney) INTO l_out FROM tradeInfo WHERE tradeType = "支取";
  SET yl = l_out * 0.008 - l_in * 0.003;
END;//
DELIMITER ;
```

4. 利用事务实现转账

任务描述

使用事务和存储过程实现转账业务，操作步骤如下。

(1) 从某一个账户中支取一定金额的存款。

(2) 将支取金额存入到另一个指定的账户中。

(3) 将交易信息保存到交易表中。

参考代码

```
/* 转账的存储过程。
现实中的 ATM 机依靠读卡器读出转账人的银行卡号,通过界面输入被转账人的卡号,这里直接模拟输
入。*/
DROP PROCEDURE IF EXISTS use_tradefer;
DELIMITER //
CREATE PROCEDURE use_tradefer
(IN out_id CHAR(19),IN in_id CHAR(19),IN z_je DOUBLE,IN m_id CHAR(8))
MODIFIES SQL DATA
BEGIN
 DECLARE ye DOUBLE;
 DECLARE err INT DEFAULT 0;
 DECLARE err1 INT DEFAULT 0;
 DECLARE CONTINUE HANDLER FOR SQLEXCEPTION SET err1 = 1;
 IF NOT EXISTS(SELECT * FROM cardInfo WHERE cardID = in_id) THEN
   SELECT '被转账人账户不存在';
   SET err = err + 1;
 END IF;
 SELECT balance INTO ye FROM cardInfo WHERE cardID = out_id;
 IF(ye < z_je) THEN
    SELECT '账户余额不够';
    SET err = err + 1;
 END IF;
 IF(err = 0) THEN
   START TRANSACTION;
   UPDATE cardInfo SET balance = balance - z_je WHERE cardID = out_id;
   UPDATE cardInfo SET balance = balance + z_je WHERE cardID = in_id;
   INSERT INTO tradeInfo(tradeType,cardID,tradeMoney,machine) VALUES("支取",out_id,z_je,m_id);
   INSERT INTO tradeInfo(tradeType,cardID,tradeMoney,machine) VALUES("存入",in_id,z_je,m_id);
   IF(err1 = 1) THEN
      SELECT err1;
      ROLLBACK;
   ELSE
     COMMIT;
   END IF;
 END IF;
 END; //
DELIMITER ;
 #测试上述事务存储过程
 #从李四的账户转账 2000 到张三的账户
CALL usE_tradefer ,'123123',@card2,2000
SELECT * FROM vw_userInfo
SELECT * FROM vw_cardInfo
SELECT * FROM vw_tradeInfo
```

10.3 进度记录

开发进度记录表如表 10-12 所示。

表 10-12　开发进度记录表

项目分项	开发完成时间	测试通过时间	备注
数据库设计			
建库、建表、建约束			
插入测试数据			
常规业务设计			
创建、使用视图			
使用存储过程实现业务处理			
利用事务实现转账			

参 考 文 献

[1] 萨师煊，王珊. 数据库系统概论[M]. 3 版. 北京：高等教育出版社，2000.

[2] 张素青，孙杰. SQL Server 2008 数据库应用技术[M]. 北京：人民邮电出版社，2013.

[3] 武洪萍，马桂婷. MySQL 数据库原理及应用[M]. 北京：人民邮电出版社，2014.

[4] 马俊，袁暋. SQL Server 2012 数据库管理与开发[M]. 北京：人民邮电出版社，2016.

[5] 北京阿博泰克北大青鸟信息技术有限公司职业教育研究院. 优化 MySQL 数据库设计[M]. 北京：科学技术文献出版社，2011.

[6] 孔祥盛. MySQL 数据库基础与实例教程[M]. 北京：人民邮电出版社，2014.

[7] 杨学全. SQL Server 实例教程[M]. 2 版. 北京：电子工业出版社，2007.

[8] 李立功，祖晓东. SQL Server 2008 项目开发教程[M]. 北京：电子工业出版社，2012.

[9] 黑马程序员. MySQL 数据库原理、设计与应用[M]. 北京：清华大学出版社，2019.